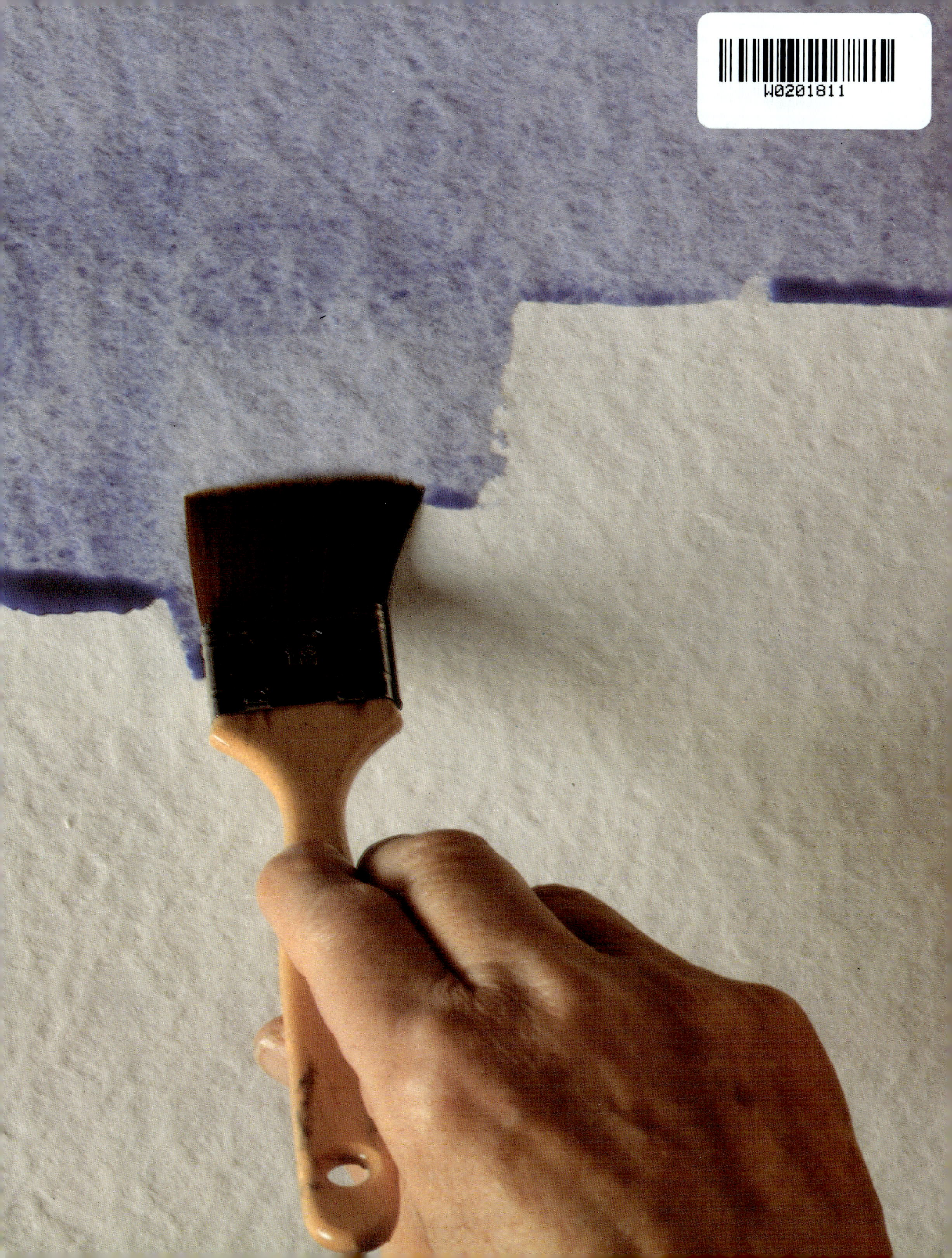

Parramóns Aquarellmalschule

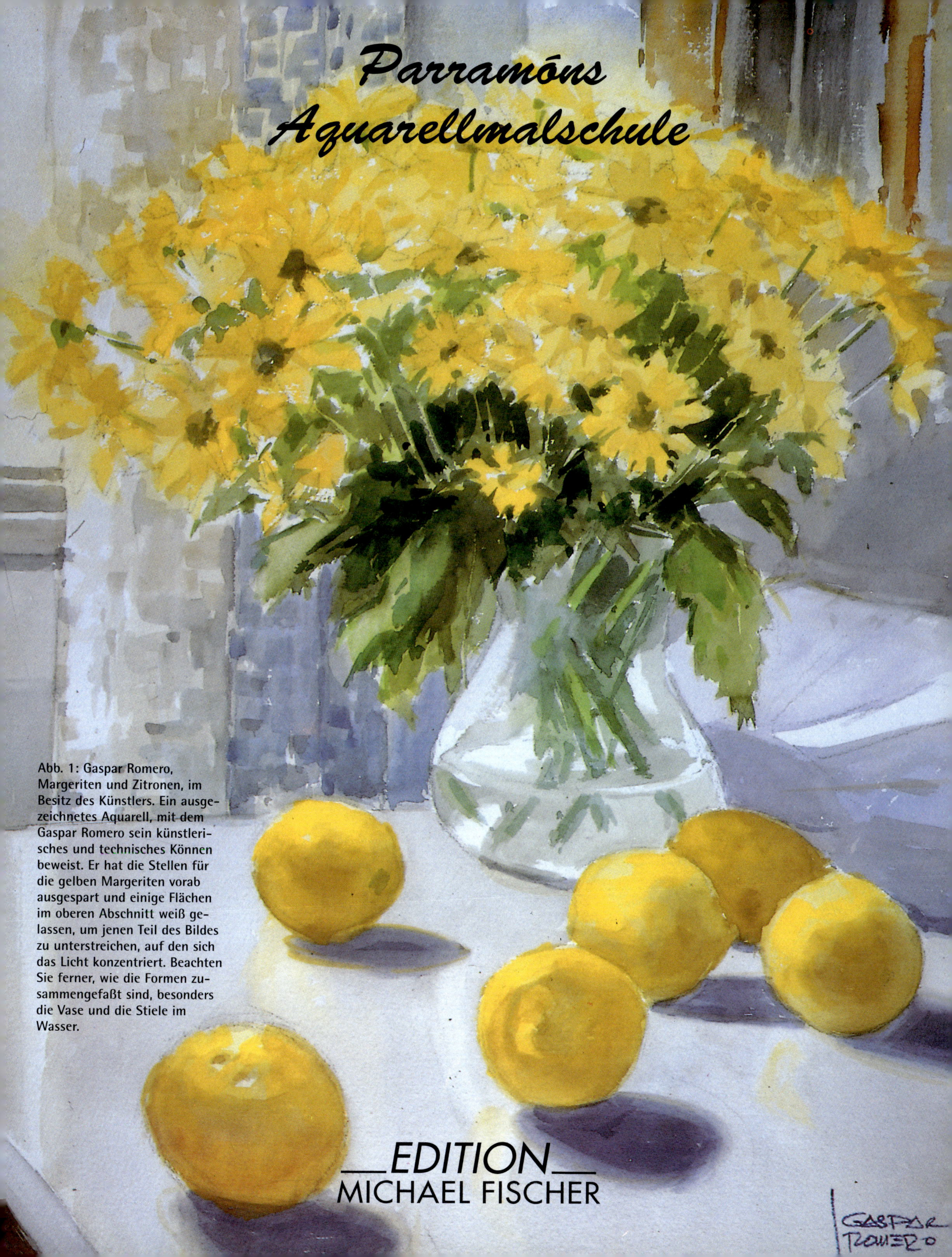

Abb. 1: Gaspar Romero, Margeriten und Zitronen, im Besitz des Künstlers. Ein ausgezeichnetes Aquarell, mit dem Gaspar Romero sein künstlerisches und technisches Können beweist. Er hat die Stellen für die gelben Margeriten vorab ausgespart und einige Flächen im oberen Abschnitt weiß gelassen, um jenen Teil des Bildes zu unterstreichen, auf den sich das Licht konzentriert. Beachten Sie ferner, wie die Formen zusammengefaßt sind, besonders die Vase und die Stiele im Wasser.

EDITION
MICHAEL FISCHER

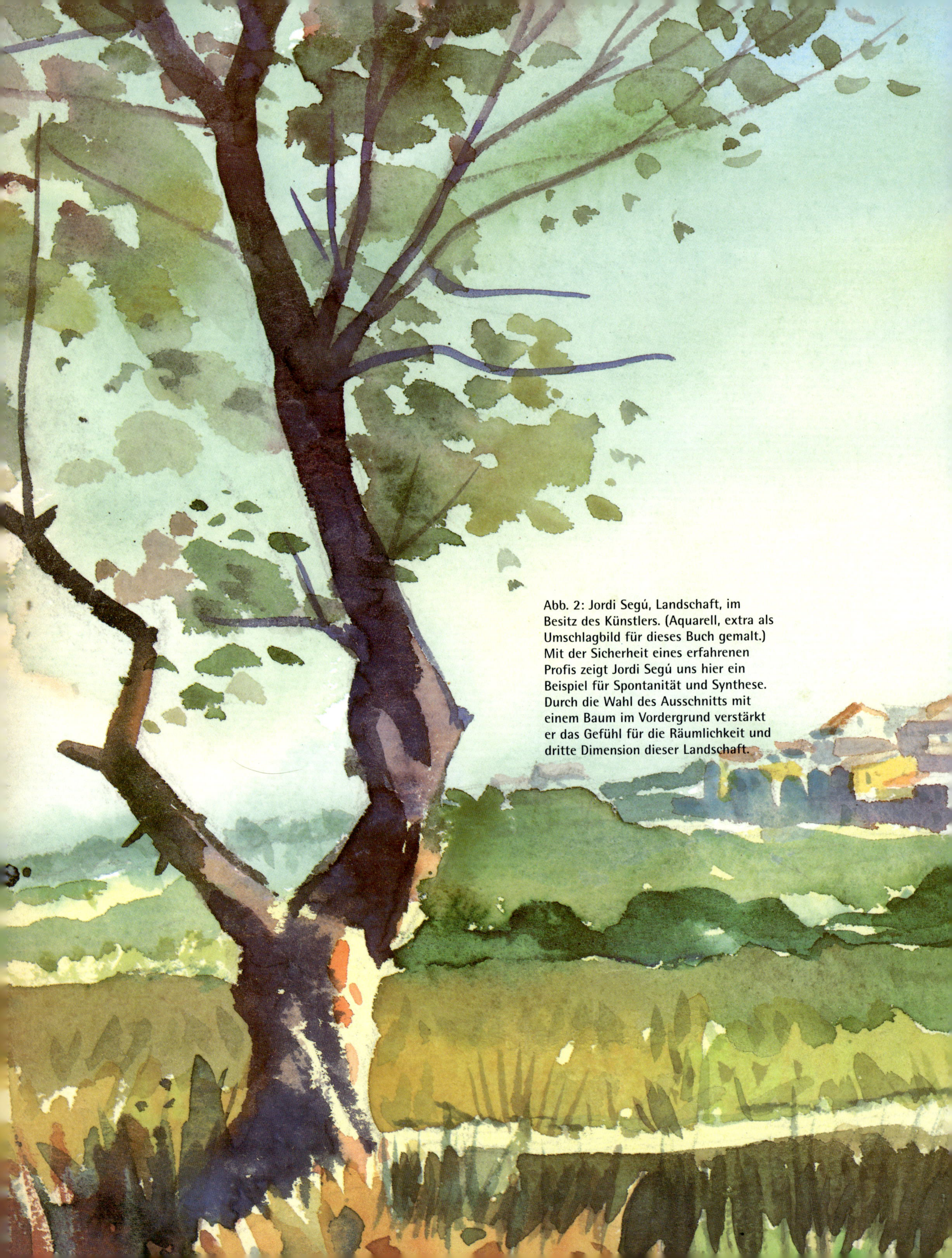

Abb. 2: Jordi Segú, Landschaft, im Besitz des Künstlers. (Aquarell, extra als Umschlagbild für dieses Buch gemalt.) Mit der Sicherheit eines erfahrenen Profis zeigt Jordi Segú uns hier ein Beispiel für Spontanität und Synthese. Durch die Wahl des Ausschnitts mit einem Baum im Vordergrund verstärkt er das Gefühl für die Räumlichkeit und dritte Dimension dieser Landschaft.

Parramóns Aquarellmalschule

Die schönsten Bildmotive Schritt für Schritt

Stilleben, Landschaften, Seestücke, Tiere, Menschliche Gestalten und Porträts

José M. Parramón

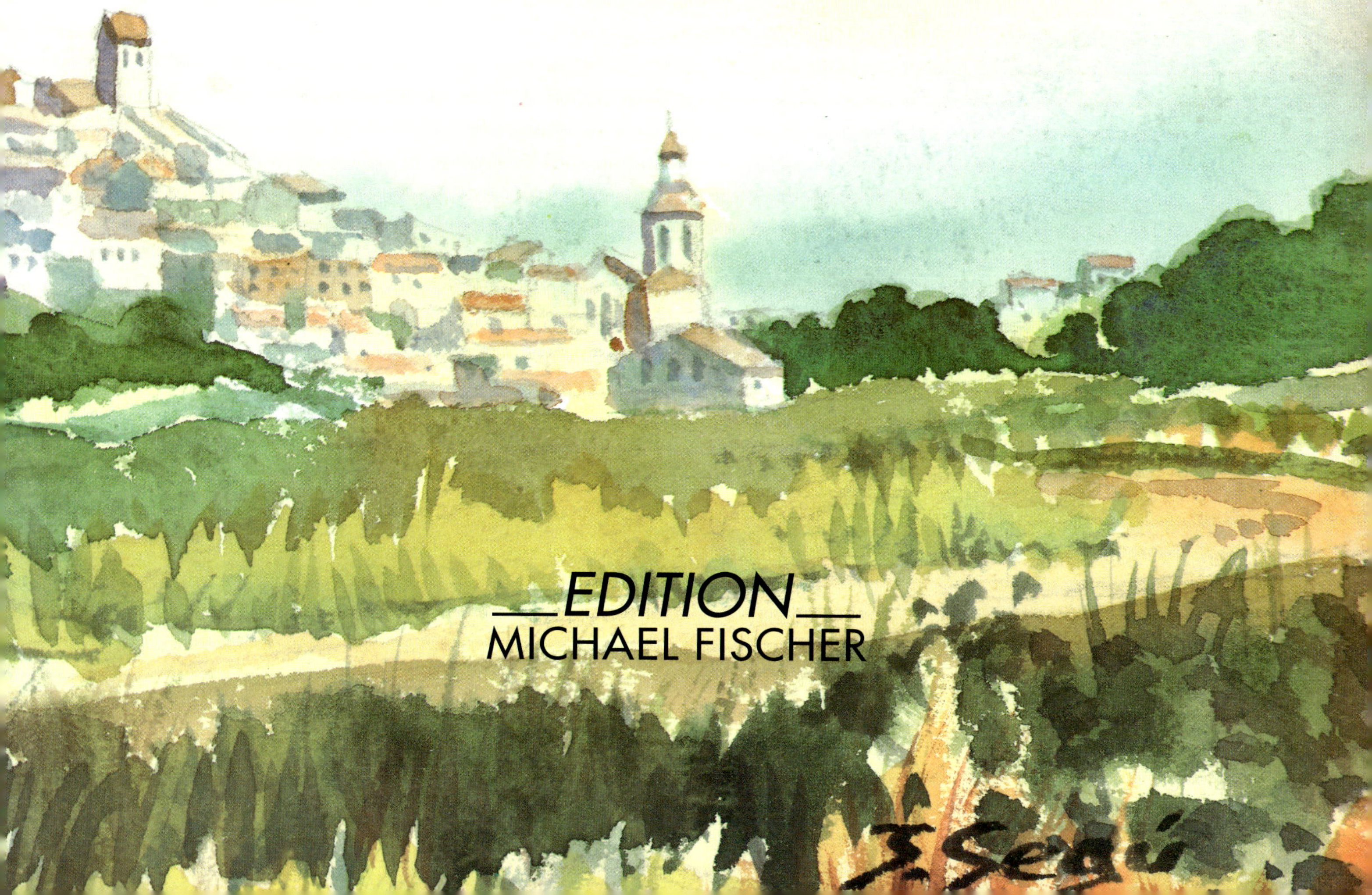

EDITION
MICHAEL FISCHER

Abb. 3: José M. Parramón (geb. 1919), Landschaft bei Rupit (Ausschnitt). Ich war in diesem Dorf in der Provinz Barcelona, malte dort eine Skizze und nahm ein Foto dieses Motivs auf. Im Atelier, genauer gesagt im Haus unseres Fotografen Paco, stellte ich später ein Aquarell davon her, dessen Anfertigung Paco Schritt für Schritt festhielt. Sie finden die Aufnahmen sowie das fertige Werk ab Seite 86 am Ende dieses Buches.

Titel der Originalausgabe: „Temas varios Paso a Paso“ aus der Reihe „Curso Práctico de Pintura a la Acuarela“.
Aus dem Spanischen übertragen von Christa L. Cordes

1. Auflage 1997

Herausgeber: José M. Parramón Vilasaló
Texte: José M. Parramón, José Gaspar Romero und Gabriel Martín
Einband: Gaspar Romero und José M. Parramón
Fotos: Estudio F. Vila Masip

Herstellung und Satz:
Verlagsservice Henninger GmbH, Würzburg

ISBN 3-926651-50-4

Printed in Spain

Inhalt

3

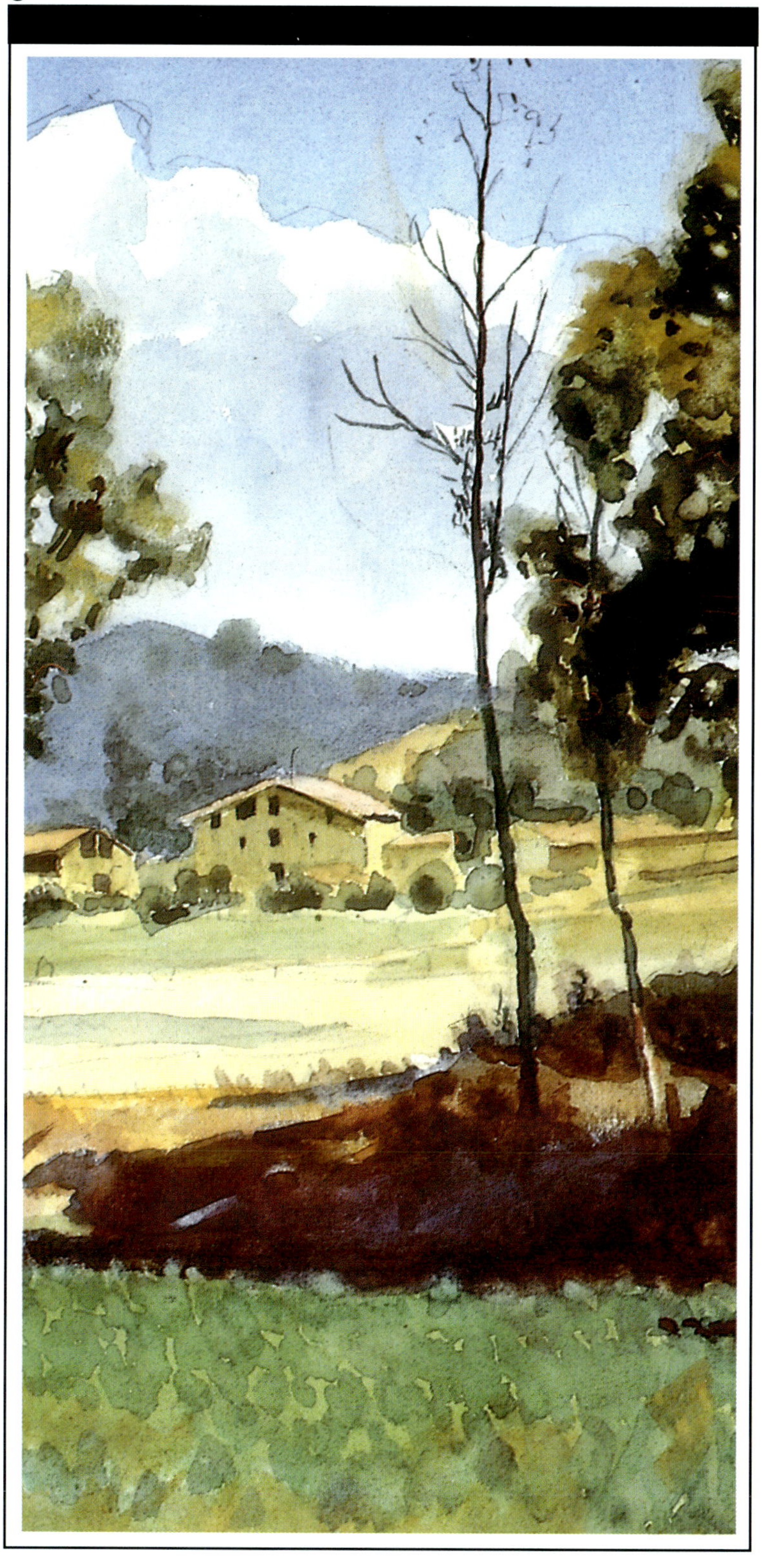

4

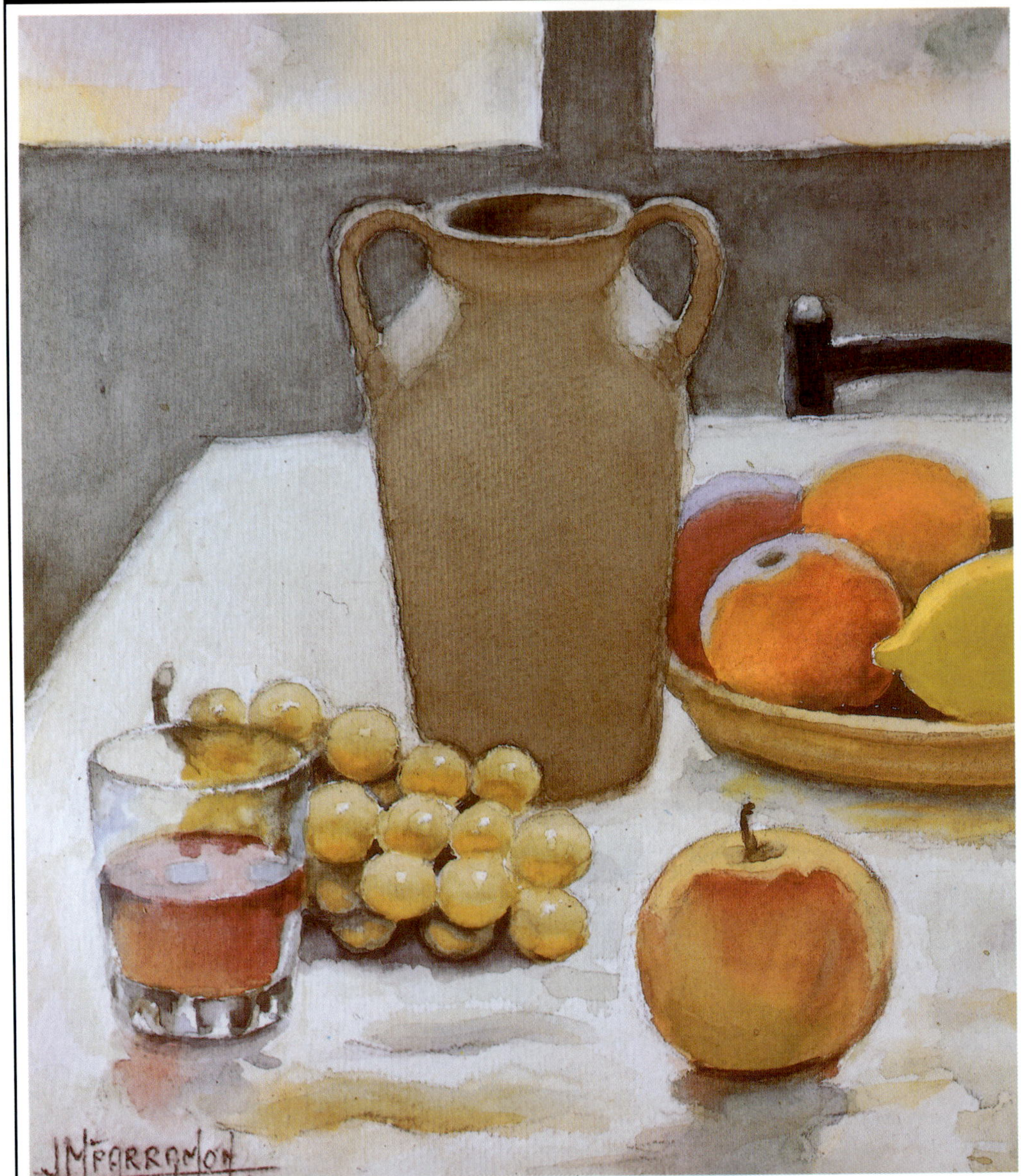

5

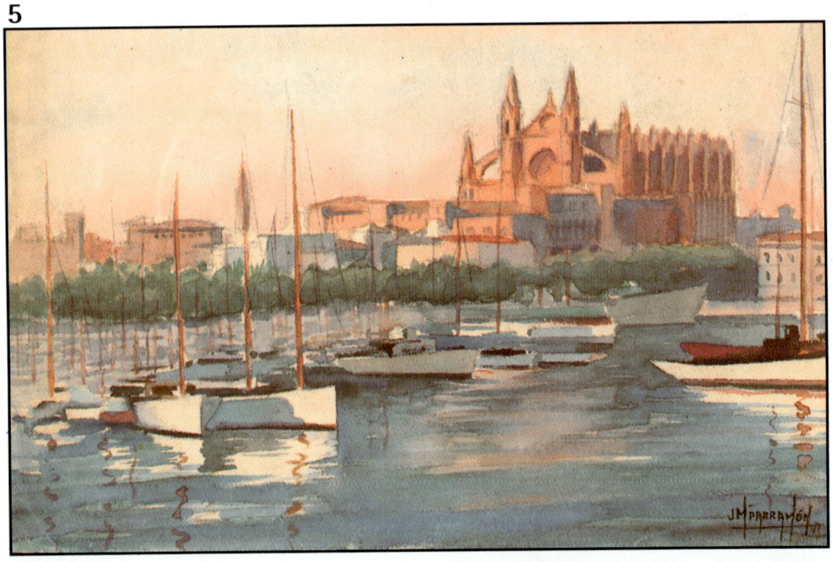

Abb. 4: José M. Parramón (geb. 1919), Stilleben mit Früchten und Weinglas. Die meisten Stilleben des berühmten amerikanischen Aquarellmalers Charles Reid haben eine Beleuchtung mit Gegenlicht. Als ich die Beleuchtung für mein Modell ausprobierte, erinnerte ich mich an Charles Reids Werke und entschied mich ebenfalls für Gegenlicht. Der bekannte Kunsthistoriker Heinrich Wölfflin hatte recht, als er sagte: „Ein Bild verdankt der Betrachtung anderer Werke mehr als der Beobachtung der Natur."

Abb. 5: José M. Parramón, Die Kathedrale. Palma de Mallorca. Mein Freund, der verstorbene Maler Forteza, ein gebürtiger Mallorquiner, sagte: „Wenn du zum Malen nach Mallorca reist, wirst du feststellen, daß der Himmel rosa ist und alles einen Rotstich enthält." Daran erinnerte ich mich als ich dieses Aquarell von der Kathedrale in Palma de Mallorca malte.

Einführung

Der französische Kunstpädagoge **Jean Guitton** empfahl auf die Frage, wie man den Inhalt eines Buches auswählen und gestalten sollte, eine Methode, die ich ebenfalls für meine über vierzig Lehrbücher zum Thema Zeichnen und Malen angewendet habe. Sie ist ganz einfach:

„Man sagt, was gesagt werden muß; und man sagt, was gesagt worden ist."

Hier also der letzte Titel der Reihe **„Parramóns Aquarellmalschule"**. Heute geht es darum, **„zu sagen, was gesagt worden ist."** Das heißt, wir fassen anhand von praktischen Übungen noch einmal zusammen, was wir in den vorigen Bänden besprochen haben. Schritt für Schritt werden wir Landschaften, Interieurs, Stilleben, Skizzen, Tiere, Blumen, Porträts, Köpfe, menschliche Gestalten und Akte malen, mit denen wir an die künstlerischen und technischen Regeln aus den vorigen Büchern über die Komposition, die Interpretation, die Farbe, die Farbmischungen, die Kontraste, die Harmonisierung etc. erinnern und außerdem unsere theoretischen und technischen Kenntnisse mit neuen Medien erweitern: wasservermalbare Farbstifte und Kreiden, wasservermalbare Bleistifte sowie die Kombination von Aquarellfarben und Gouache. Hinzu kommt eine kurze, aber wichtige praktische Ergänzung über die Perspektive.

Alle diese Hinweise nützen jedoch nichts, wenn Sie nicht mitarbeiten, nicht ständig üben und selbst malen. Sagen Sie nicht, daß Sie es nicht können, daß Sie keine Zeit dafür haben oder nicht inspiriert sind. Zum Thema Zeit schrieb der berühmte Maler **Eugène Delacroix** in seinem Tagebuch: *„Alle wundern sich, wieviel ich male. Anstatt mich zu unterhalten und herumzuschlendern, wie die meisten Leute, schließe ich mich in mein Atelier ein."* Ich erwarte gar nicht, daß Sie Delacroix nachahmen. Nehmen Sie sich jeden Tag oder jeden zweiten Tag und vor allem jedes Wochenende etwas Zeit, um zu zeichnen und zu malen, anstatt *„zu schwatzen und herumzuschlendern, wie es die meisten Leute tun"*. **Henri Matisse**, der Begründer des Fauvismus, hatte eine sehr präzise Vorstellung von dieser Notwendigkeit. Er sagte: *„Man muß täglich gewisse Stunden arbeiten. Man muß schuften wie ein Arbeiter. Jeder, der etwas von Wert schuf, hat das getan."* Ein hervorragendes Beispiel für diese maximale Hingabe an die Arbeit ist **Picasso**. In einer kürzlich erschienenen Veröffentlichung klagt seine Tochter **Maya Picasso** über „die Albernheiten", die über das Privatleben ihres Vaters verbreitet würden. Und sie fährt fort: *„Man erfindet wer weiß was über seine sexuellen Affären. Man möchte alles über seine Frauen und seine Geliebten wissen. Und man vergißt, daß er vor allem ein Maler war, ein Künstler, der täglich 14 bis 16 Stunden malte; daß er es keine drei Tage aushielt, ohne sich in sein Atelier zu begeben."*

Über die Inspiration sagte **Picasso**, daß er niemals auf sie warte, sondern sie während seiner Arbeit fände. Besser kann man es nicht beschreiben. Der französische Schriftsteller **Honoré de Balzac** drückte dieselbe Idee mit folgenden Worten aus: *„Auf die Inspiration zu warten, ist ein vergebliches Unterfangen. Man muß das Material nehmen und sich die Hände schmutzig machen."*

Also vorwärts! Nehmen Sie das Material, und zeichnen und malen Sie! Auf den folgenden Seiten finden Sie zahlreiche Vorschläge und Ideen, um zu üben und zum Beispiel ein Stillleben zu zeichnen und zu malen. Sie können es ohne Zeugen tun, ganz allein bei sich zu Hause. Wählen Sie die Elemente Ihres Modells, und üben Sie damit die Kunst der Komposition. Oder fertigen Sie Skizzen an: von Ihrer Familie, Ihren Freunden oder Leuten auf einem Platz oder in einem Park. Zeichnen Sie Tiere bei sich zu Hause, falls Sie welche haben – einen Hund, eine Katze, einen Kanarienvogel –, auf einem Bauernhof oder in einem Zoo. Es ist eine faszinierende Beschäftigung, ein einmaliges Vergnügen, das nur der Künstler erleben kann, also Sie.

Damit ist alles gesagt. Ich überlasse Sie jetzt Ihren Übungen, Ihrer Praxis, und hoffe, daß Sie gute, ja noch bessere Aquarelle malen.

José M. Parramón

6

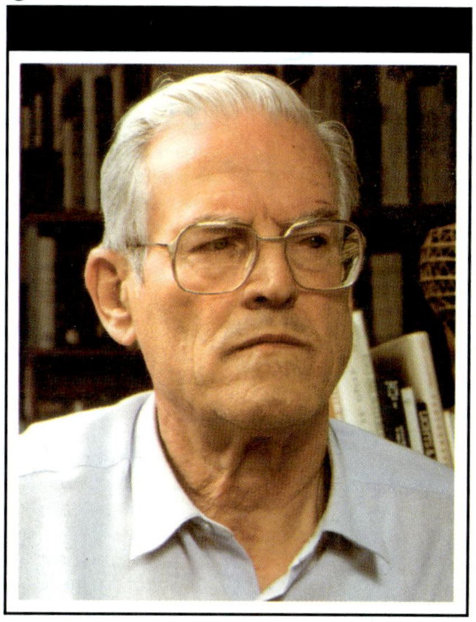

Abb. 6: José M. Parramón (geb. 1919), der Autor von Parramóns Aquarellmalschule und über vierzig weiterer Lehrbücher zum Thema Zeichnen und Malen, die bisher in 16 Ländern übersetzt und veröffentlicht wurden, unter anderem in England, Frankreich, Italien, Japan, Rußland und den Vereinigten Staaten.

7

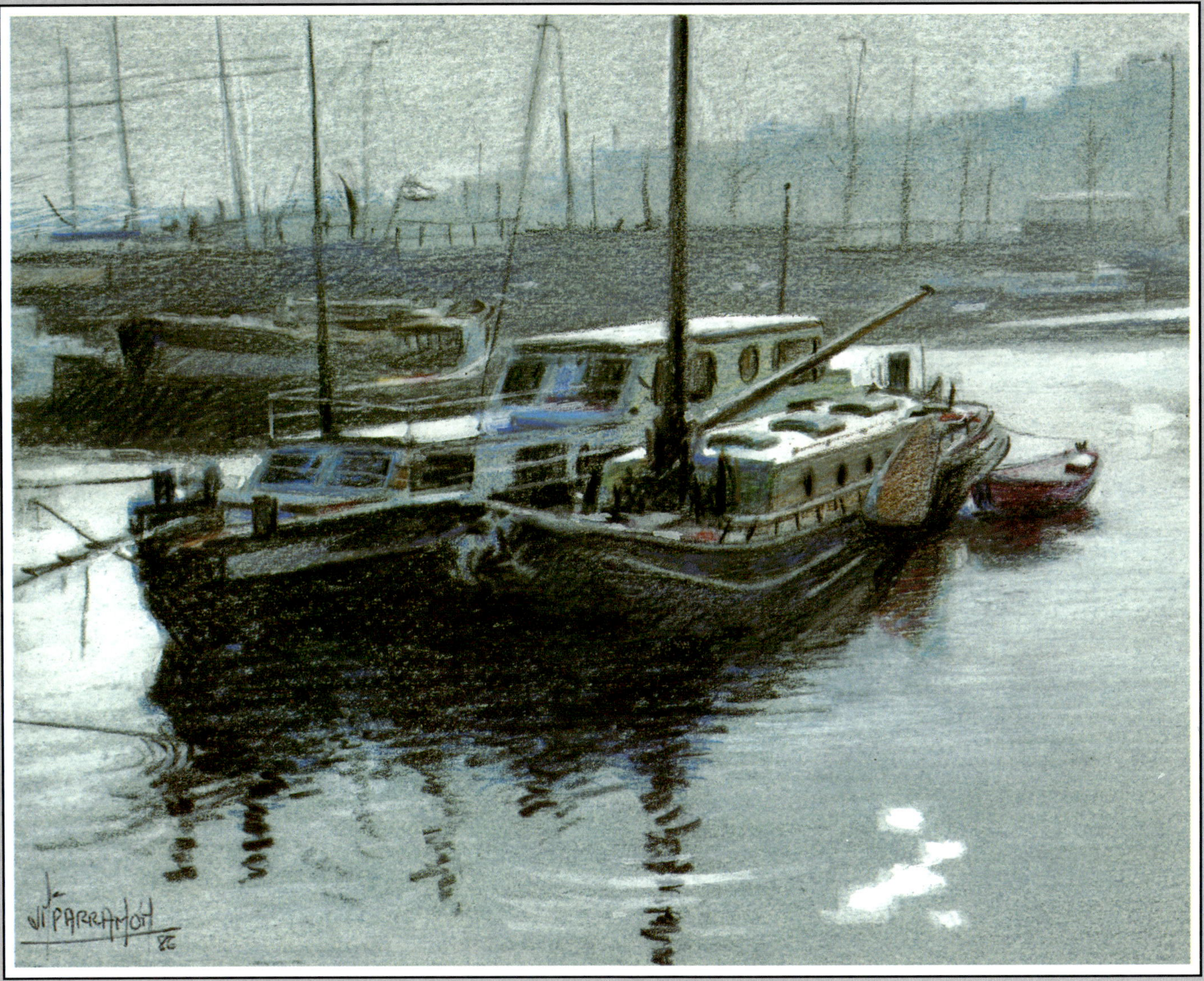

Abb. 7: José M. Parramón (geb. 1919), Schiffe im Hafen von Amsterdam, im Besitz des Künstlers. Auf den folgenden Seiten wird in Wort und Bild von Material und Techniken die Rede sein, die ebenfalls zur Aquarellmalerei gehören: wasservermalbare Farbstifte, wasservermalbare Kreiden und wasservermalbare Bleistifte. Betrachten Sie zur Einführung in das Thema das obige Bild, das mit wasservermalbaren Farbstiften der Serie Prismalo II von Caran d'Ache auf grauem Canson-Papier Mi-Teintes gemalt wurde. Die weißen Stellen entstanden mit dem weißen Farbstift.

UNTERSCHIEDLICHE TECHNIKEN SCHRITT FÜR SCHRITT

Verlassen wir einen Moment die Aquarellmalerei in ihrer traditionellen Form, und befassen wir uns auf den nächsten Seiten mit anderen Medien, die man ebenfalls wie Aquarellfarben einsetzen kann. Ich meine die wasservermalbaren Farbstifte, die wasservermalbaren Kreiden und den ebenfalls wasservermalbaren Blei- oder Graphitstift.

Es handelt sich durchaus nicht um reines Übungsmaterial. Das gegenüber abgebildete Werk habe ich mit wasservermalbaren Farbstiften angefertigt.

Wasservermalbare Farbstifte sind weitgehend bekannt, wasservermalbare Kreiden sind es nicht ganz so stark, und der wasservermalbare Bleistift ist es gewiß noch weniger.

Sowohl die Kreiden als auch der Bleistift bieten die Möglichkeit, qualitätvolle Aquarelle mit leuchtenden Farben bzw. nuancenreichen Lasuren anzufertigen. Auf den folgenden Seiten finden Sie ferner ein Kapitel über die Technik, Aquarellfarben und Gouachefarben zu mischen. Ich lade Sie ein und bitte Sie, dem Inhalt dieses Abschnitts in der Praxis zu folgen, und selbst mit diesen Medien zu arbeiten. Sie können gewiß sein, daß Sie ganz neue Facetten der Aquarellmalerei entdecken werden.

Wasservermalbare Farbstifte und Kreiden

8

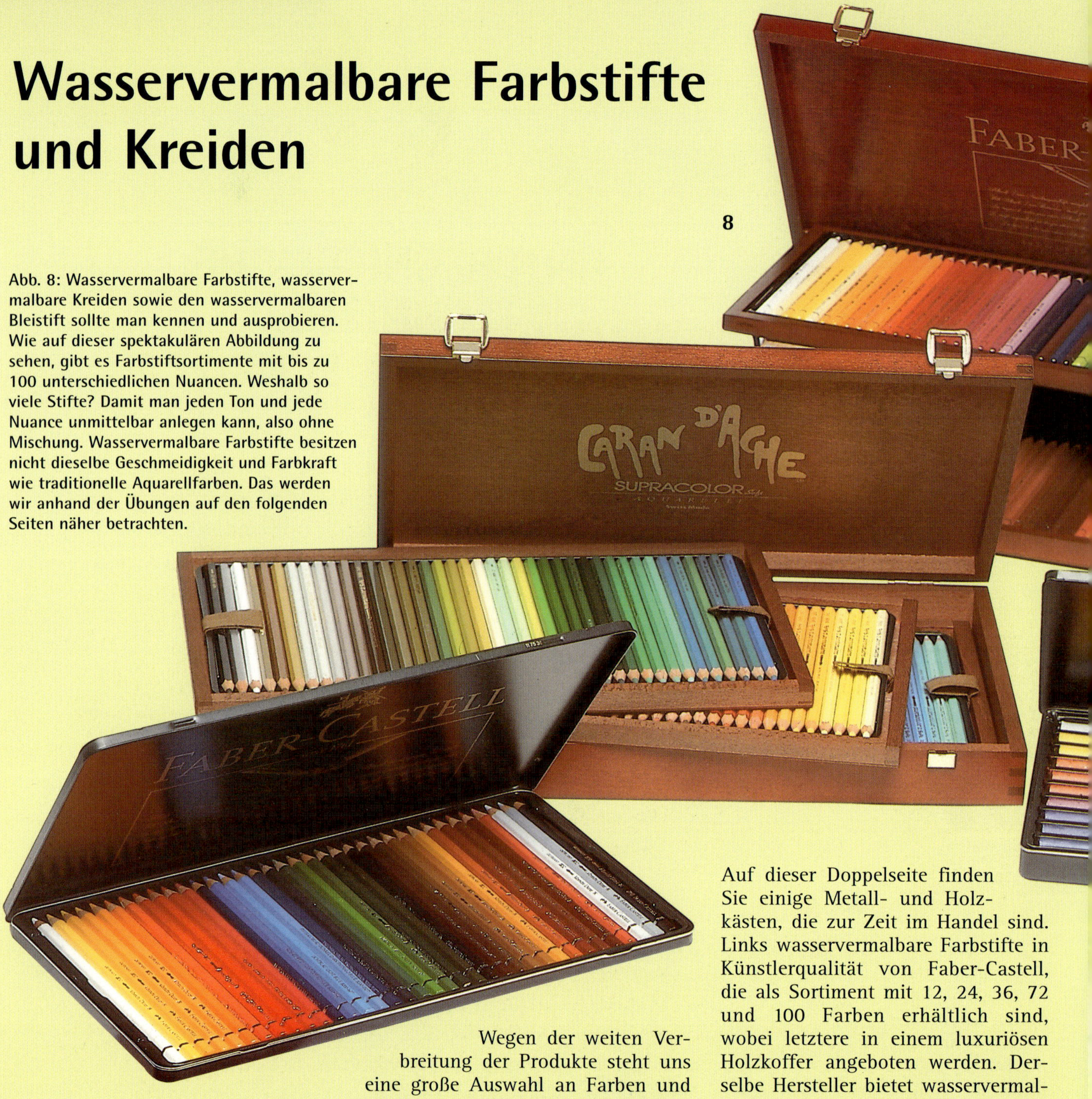

Abb. 8: Wasservermalbare Farbstifte, wasservermalbare Kreiden sowie den wasservermalbaren Bleistift sollte man kennen und ausprobieren. Wie auf dieser spektakulären Abbildung zu sehen, gibt es Farbstiftsortimente mit bis zu 100 unterschiedlichen Nuancen. Weshalb so viele Stifte? Damit man jeden Ton und jede Nuance unmittelbar anlegen kann, also ohne Mischung. Wasservermalbare Farbstifte besitzen nicht dieselbe Geschmeidigkeit und Farbkraft wie traditionelle Aquarellfarben. Das werden wir anhand der Übungen auf den folgenden Seiten näher betrachten.

Mit wasservermalbaren Farbstiften und Kreiden kann man in der traditionellen Technik arbeiten und hat darüber hinaus die Möglichkeit, die Striche, Farbflächen und Abstufungen anzufeuchten, so daß sie sich auflösen und eine Aquarellwirkung entsteht. Aufgrund dieser Eigenschaften sind die Stifte und Kreiden ein ideales Medium, um sich mit der Praxis der Malerei, den Mischungen, Kontrasten und Farbkombinationen vertraut zu machen.

Wegen der weiten Verbreitung der Produkte steht uns eine große Auswahl an Farben und Marken zur Verfügung. Sie können die Stifte einzeln oder als Farbsortimente erwerben, die meistens in einem Metallkasten angeboten werden. Falls Sie erst mit diesem Malverfahren beginnen, empfehle ich Ihnen einen Kasten mittlerer Größe mit einem Sortiment von 24 oder 36 Farben. Nachdem Sie etwas vertrauter mit dem Medium geworden sind, können Sie zu einer Skala mit einer größeren Anzahl von Nuancen greifen oder einzelne Stifte zu Ihrem Sortiment hinzukaufen und erhalten so die Möglichkeit, Ihre Zeichnungen und Bilder farblich zu bereichern.

Auf dieser Doppelseite finden Sie einige Metall- und Holzkästen, die zur Zeit im Handel sind. Links wasservermalbare Farbstifte in Künstlerqualität von Faber-Castell, die als Sortiment mit 12, 24, 36, 72 und 100 Farben erhältlich sind, wobei letztere in einem luxuriösen Holzkoffer angeboten werden. Derselbe Hersteller bietet wasservermalbare Farbstifte der Marke Albrecht Dürer in Kästen mit 12, 24 und 36 Farben an.

Alle Farbstifte der Schweizer Firma Caran d'Ache sind wasservermalbar (auf dieser Seite in der Mitte abgebildet). Sie sind in zwei Gradationen erhältlich: Prismalo I mit normaler Härte und Prismalo II als weicher Stift. Das größte Sortiment umfaßt 40 Farben.

Rexel Cumberland bietet neben der üblichen Skala wasservermalbarer Farbstifte eckige Farbminen von 12 cm Länge und 8 mm Durchmesser an, die mit einer Lackschicht umge-

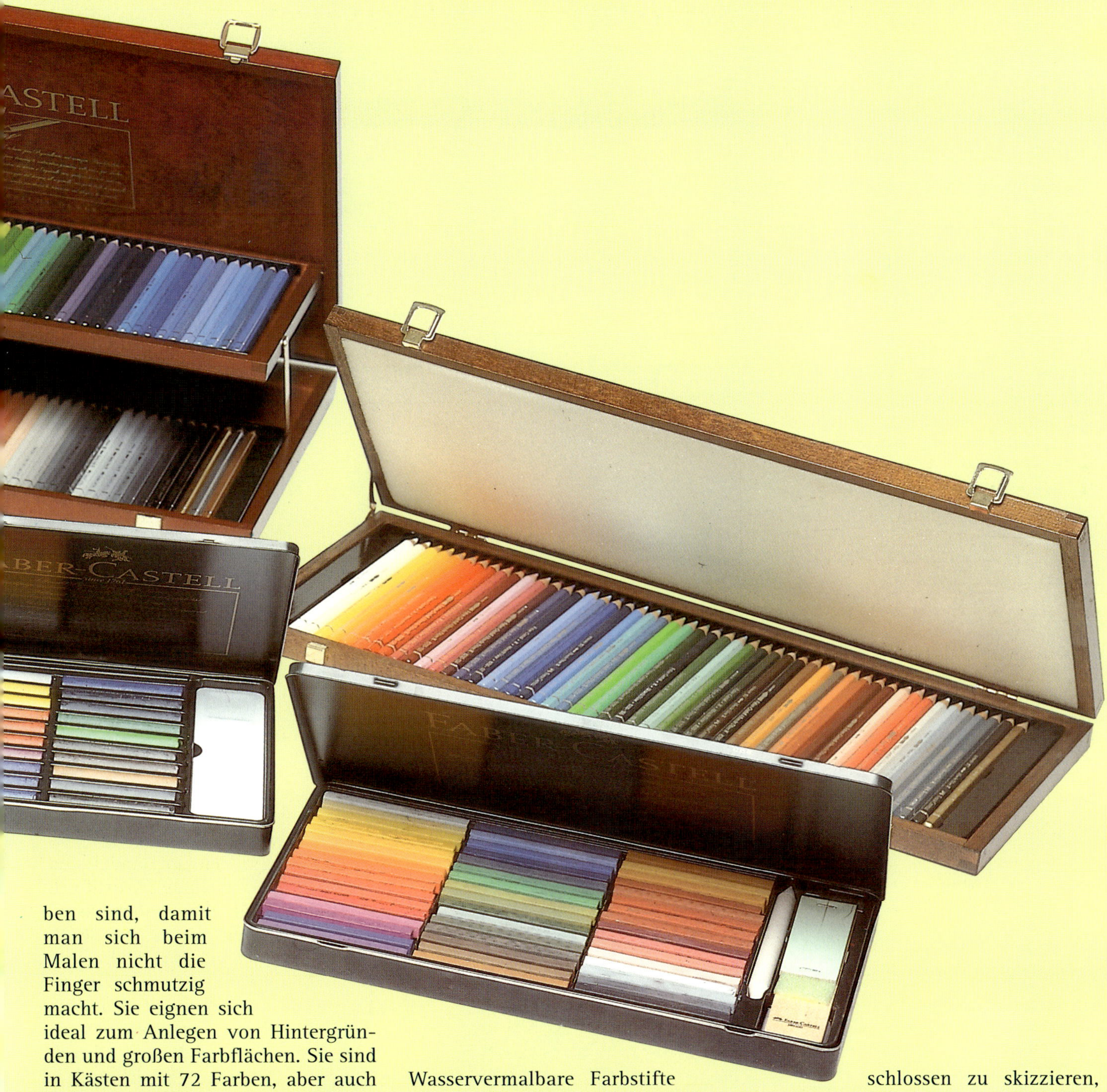

ben sind, damit man sich beim Malen nicht die Finger schmutzig macht. Sie eignen sich ideal zum Anlegen von Hintergründen und großen Farbflächen. Sie sind in Kästen mit 72 Farben, aber auch als Spezialsortimente mit 12 Minen in bestimmten Skalen erhältlich.
In der Mitte dieser Abbildung finden Sie das Sortiment der wasservermalbaren Kreiden. Es handelt sich hier um ein neueres Produkt für die Aquarellmalerei. Die Kreiden sind ebenso wie die Farbstifte mit Wasser vermalbar. Sie sind weicher und ergeben deckendere, intensivere Farbschichten als die Stifte. Erhältlich sind sie von Markenherstellern wie Caran d'Ache, Rexel Cumberland und Faber-Castell.

Wasservermalbare Farbstifte mit vergleichbaren Eigenschaften sind ferner erhältlich von Conté, Stabilo, Koo-i-noor etc. Alle genannten Hersteller bieten die Stifte auch einzeln an.
Wasservermalbare Vollminen bestehen normalerweise nur aus Farbpigmenten, einem wasserlöslichen Bindemittel sowie einem Kleber zum Härten.
Die Arbeit mit Farbstiften erfolgt unmittelbar durch die Bewegung der Hand bzw. der Finger. Das macht sie zu einem idealen Medium, um entschlossen zu skizzieren, aufzubauen oder sorgfältig ausgearbeitete Werke in einem reduzierten Format anzulegen. Natürlich eignen sie sich hervorragend zum Anfertigen von Skizzen nach der Natur. Sie sind leicht und bequem zu transportieren und ermöglichen eine frische, spontane Darstellungsweise.

Techniken und Farbmuster

Wasservermalbare Farbstifte werden zunächst genauso eingesetzt wie gewöhnliche Stifte. Feuchtet man ihre Striche anschließend mit Wasser an, löst sich die Farbe auf und nimmt das Erscheinungsbild der traditionellen Aquarellfarben an. Betrachten Sie zum besseren Verständnis die Farbmuster von Abbildung 9. Die gleichmäßige rosa Fläche (A) wurde ohne weitere Bearbeitung mit dem roten Stift angelegt. Auf der folgenden Abbildung (B) wurde sie anschließend aquarelliert. Abbildung C zeigt eine gleichmäßige Fläche mit roter Aquarellfarbe. In der zweiten Reihe haben wir dasselbe Verfahren mit einer Abstufung durchgeführt: Abbildung D zeigt eine unbearbeitete Abstufung mit dem Rotstift; auf E wurde die vorige Abstufung aquarelliert, und Abstufung F entstand mit Aquarellfarbe.

9

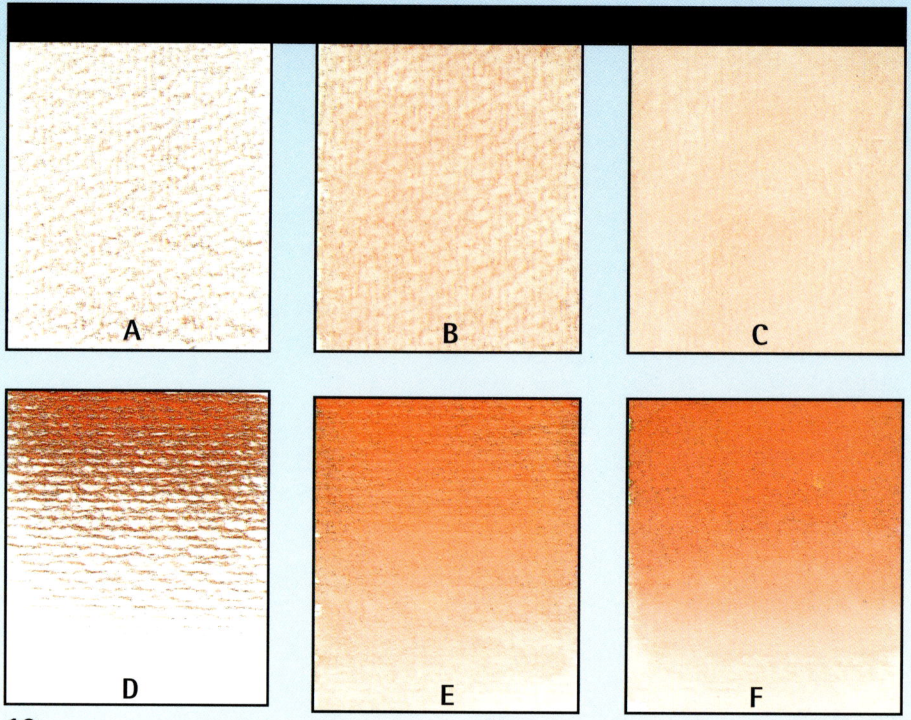

10

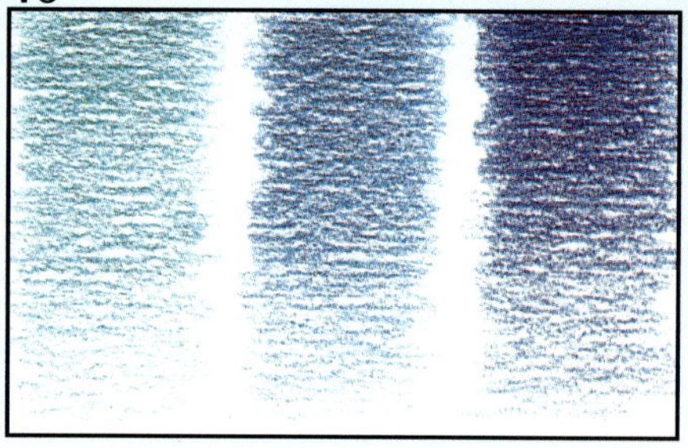

11

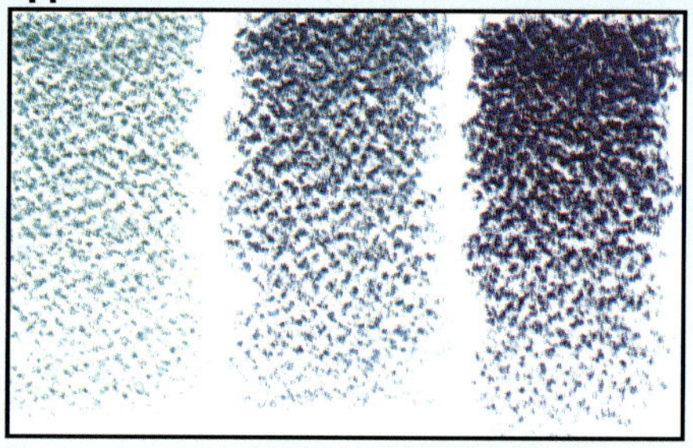

12

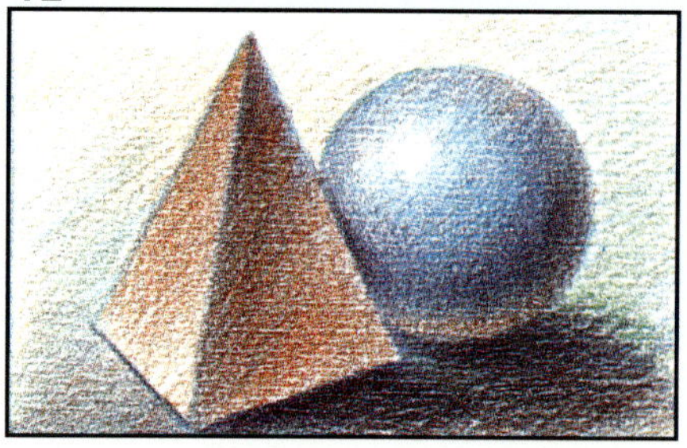

13

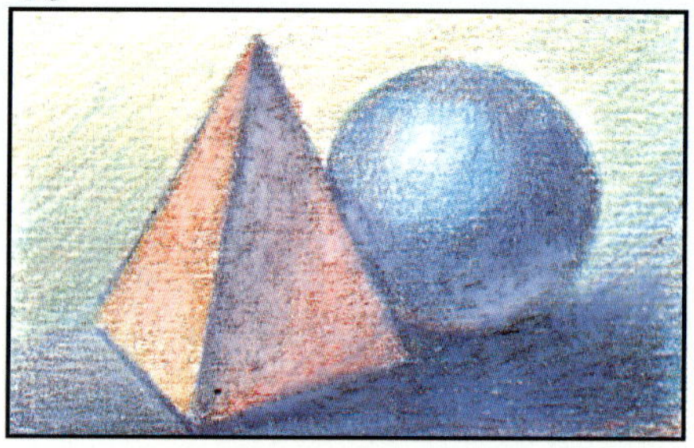

14

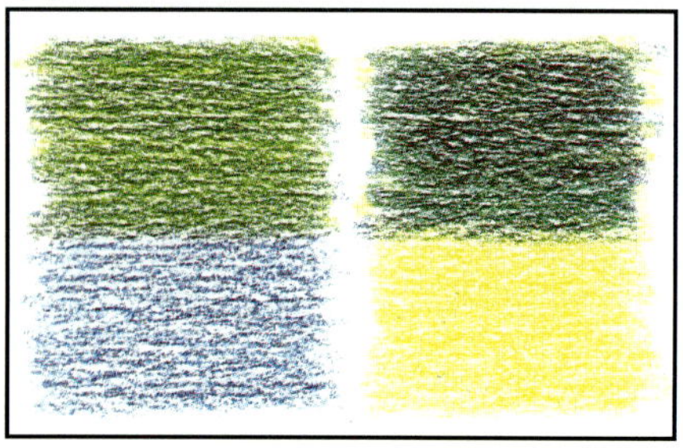

15

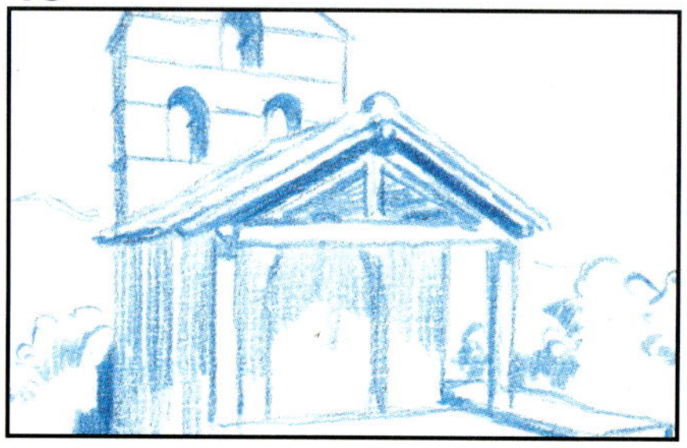

16

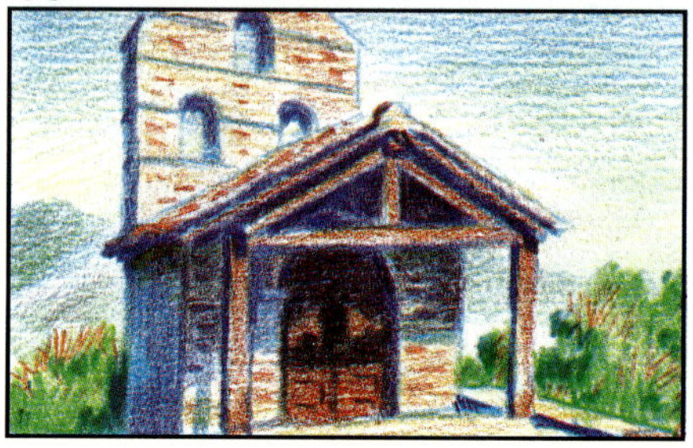

Abb. 9: Eine gleichförmige rosa Fläche mit dem Farbstift, ohne zu aquarellieren (A). Die gleiche Fläche aquarelliert (B) und derselbe Farbton mit Aquarellfarbe (C). Die zweite Reihe zeigt eine Abstufung mit dem roten Farbstift (D), die gleiche Abstufung aquarelliert (E) und eine ebenfalls rote Abstufung mit traditioneller Aquarellfarbe (F).

Abb. 10 und 11: Je nachdem, ob sie auf feinkörnigem (Abb. 10) oder grobkörnigem (Abb. 11) Papier anlegt werden, erhalten Farbstiftstriche eine unterschiedliche Struktur. Für die Arbeit mit wasservermalbaren Stiften empfiehlt sich feinkörniges Papier.

Abb. 12 und 13: Beim zeichnerischen Malen mit Farbstiften hat man die Möglichkeit, die fertige Arbeit zum Abschluß unter leichtem Druck des Stifts mit einer weißen Schicht zu überziehen. Dadurch entsteht der Eindruck von Pastellfarben.

Achten Sie beim Zeichnen mit Farbstiften darauf, daß das Papierkorn der Größe Ihrer Zeichnung entspricht. Für kleinformatige Werke sollten Sie ein feines oder mittleres Korn wählen (Abb. 10); für größere Werke kann man Papier mit mittlerem oder gröberem Korn verwenden (Abb. 11). Die Kugel und die Pyramide von Abbildung 12 und 13 wurden mit denselben Farbstiften gemalt, wirken aber unterschiedlich. Dies ergibt sich aus der Tatsache, daß ich die rechte Abbildung zusätzlich mit weißer Farbe überzogen habe, so daß eine weißliche Patina entstand. Abbildung 14 zeigt, daß es eine erhebliche Rolle spielt, ob man Gelb auf einen Blauton legt oder umgekehrt Blau auf Gelb. Im zweiten Fall fällt das Grün wesentlich kräftiger aus. Die Vorzeichnung für eine Arbeit mit wasservermalbaren Farbstiften sollte man ebenfalls mit einem Farbstift anfertigen: Himmelblau, Grau oder Ocker eignen sich am besten dafür (Abb. 15 und 16). Bleistift würde die Farben beim Aquarellieren verschmutzen.

Vergleichen Sie nun die Farbmuster von Abbildung 9 mit denen von Abbildung 17, die mit wasservermalbaren Kreiden angelegt wurden. Abbildung G zeigt einen abgestuften Blauton. Dieser wurde anschließend mit Wasser aquarelliert (H). Das Muster von Abbildung I wurde direkt mit Aquarellfarben gemalt. Bei den Abbildungen J, K und L erfolgten dieselben Schritte anhand einer gleichmäßigen Fläche. Beachten Sie schließlich die beiden nebeneinander liegenden Abstufungen von Blau und Grün einmal mit unbearbeiteter Kreide (M) und einmal aquarelliert (N).

Abbildung 18 zeigt einige Proben mit dem wasservermalbaren Bleistift, mit dem wir auf den folgenden Seiten Schritt für Schritt eine Übung durchführen werden. Abbildung 19 enthält einen Ausschnitt aus einer Landschaft mit wasservermalbaren Farbstiften und ist eine Zusammenfassung aller Techniken, von denen auf dieser Doppelseite die Rede war. Das Weiß besteht wie bei dem reinen Aquarell aus der Farbe des Papiers.

17

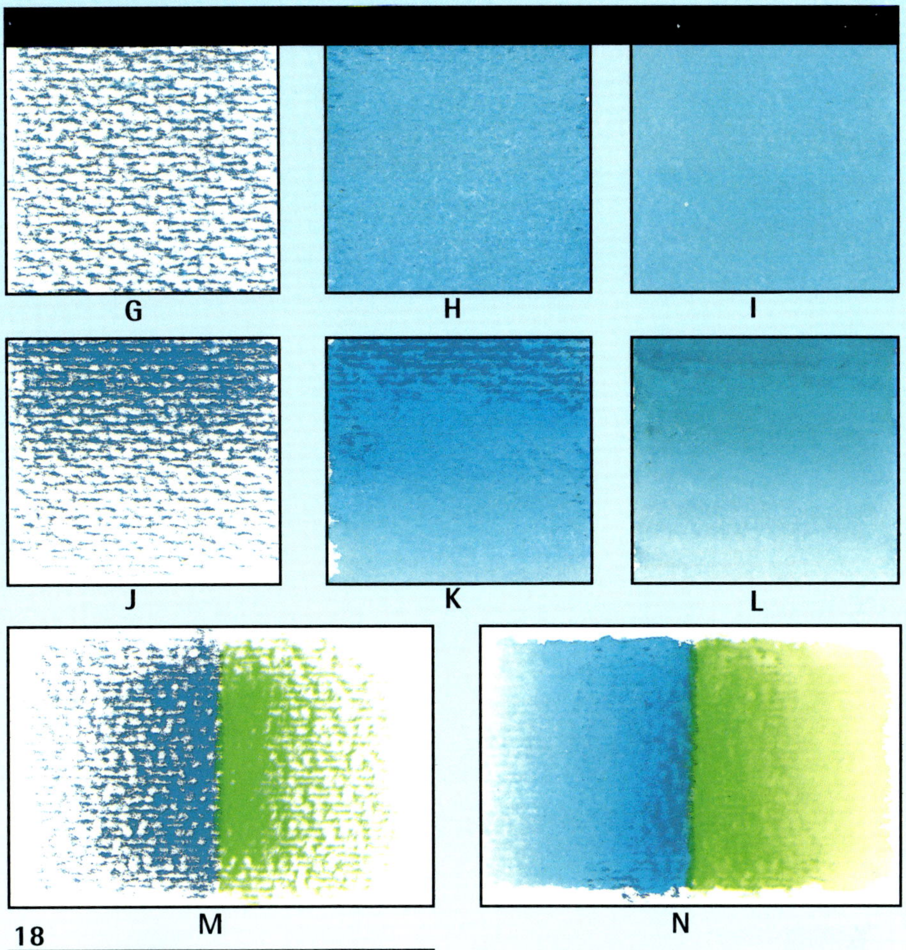

18

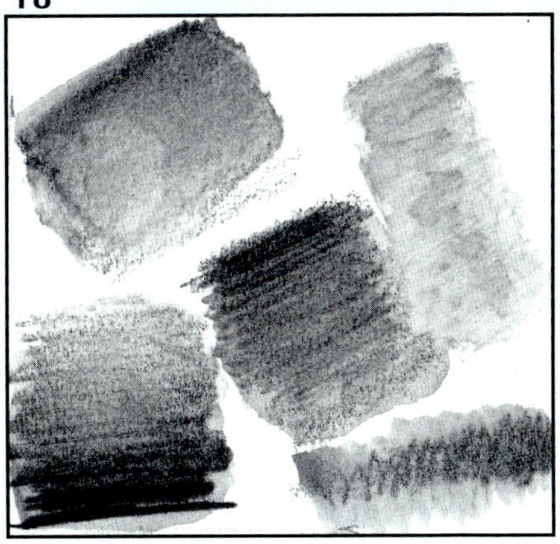

19

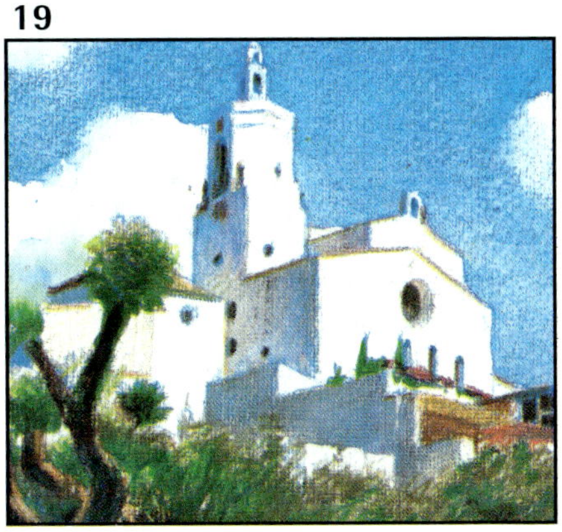

Abb. 14: Malen Sie einen blauen Fond mit Farbstiften und legen Gelb darauf, erhalten Sie helleres Grün, als wenn Sie umgekehrt Blau auf einen gelben Fond legen.

Abb. 15 und 16: Bei der Arbeit mit wasservermalbaren Farbstiften empfiehlt es sich, die Eingangszeichnung mit einem blauen, grünen, braunen oder beigen Stift anzufertigen und nicht mit einem Bleistift, weil der fetthaltige Graphit das Aquarell verschmutzen würde.

Abb. 17: Farbmuster mit den gleichen wasservermalbaren Kreiden wie auf Abbildung 9, diesmal jedoch mit Blau. Bei den Abbildungen M und N handelt es sich um nebeneinander liegende Abstufungen von Blau und Grün.

Abb. 18: Unterschiedliche Muster und Proben mit dem wasservermalbaren Bleistift.

Abb. 19: Ausschnitt aus einem Aquarell mit wasservermalbaren Farbstiften, der zeigt, daß Weiß ebenso wie bei der Arbeit mit wasservermalbaren Kreiden und Bleistiften ausgespart werden muß.

Malen mit wasservermalbaren Farbstiften

Nun wollen wir malen. Sie ebenfalls, nicht wahr? Nehmen Sie Ihren Kasten mit den wasservermalbaren Farbstiften, ein Wassergefäß, einen Lappen oder vierfach zusammengelegtes Saugpapier sowie je einen Rotmarderpinsel Nr. 8 und 12 und feinkörniges Aquarellpapier. Abbildung 20 zeigt einige Farbmuster, die mit Wasser vermalt wurden. Führen Sie diese Übungen ebenfalls durch, um sich mit der Technik vertraut zu machen. Üben Sie, wie man die Farben verdünnt und die Striche und das Papierkorn je nach Wassermenge mehr oder weniger stark betont. Beobachten Sie, wie die Farben unter der Einwirkung von Wasser verschmelzen. Gibt man einige Tropfen auf mehrfarbige Striche, entsteht eine Vielzahl unterschiedlicher Effekte und neuer Farben und Nuancen. Die Muster zeigen ein mittleres Stadium zwischen einem Aquarell und einer Zeichnung, in dem sich kraftvolle Farbstiftstriche mit der klassischen Farbe-Wasser-Mischung eines Aquarells verbinden. Auf Abbildung 21 finden Sie eine Landschaft mit üppiger Vegetation aus wasservermalbaren Farbstiften, in der zahlreiche grüne, goldgelbe und gebrannte Farben und Nuancen zu erkennen sind. Beim Malen mit Farbstiften bleiben die Striche normalerweise sichtbar. Deshalb muß man die Richtung berücksichtigen, um die Form angemessen auszudrükken.

20

Abb. 20: Muster mit unterschiedlich verdünnter Farbe auf feinkörnigem Papier von ca. 18 x 15 cm als gleichförmige Töne, Abstufungen, Farbüberlagerungen, zarte Verschmelzungen etc. Fertigen Sie ebenfalls solche Proben an, bevor Sie ein vollständiges Thema malen, zum Beispiel das auf der nächsten Seite.

21

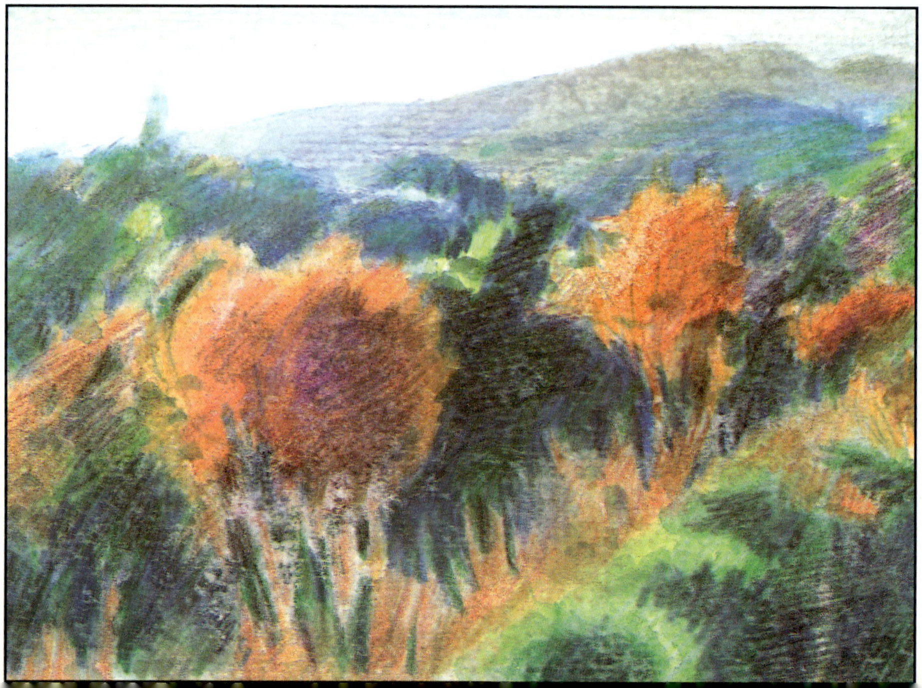

Abb. 21: Eine Farbnotiz mit wasservermalbaren Farbstiften.

Wagen wir uns nun an ein vollständiges Werk, und malen wir das Modell von Abbildung 22: eine einfache Landschaft ohne erkennbare Schwierigkeiten. Da Blau die Dominante des Modells bildet, fertigen wir die Vorzeichnung mit einem hellblauen Farbstift an. Diese Zeichnung wird später vollständig in der Farbgebung des Werkes aufgehen. Wie bereits früher erwähnt, sollte man keinen Bleistift für die Vorzeichnung verwenden, da der fetthaltige Graphit die Farben beim Aquarellieren verschmutzen würde.

Im ersten Stadium habe ich die Struktur des Gehöfts und des Gebirges im Hintergrund gezeichnet und den Berg unmittelbar hinter den Gebäuden im Vordergrund mit einer Reihe von Strichen in den unterschiedlichen Farben angelegt, aber noch nicht aquarelliert (Abb. 23).

Abbildung 24 zeigt nun das zweite Stadium des Bildes. Die Zeichnung des Gehöfts ist abgeschlossen, und die dunkelsten Stellen wurden verstärkt. Außerdem habe ich die Nuancen und die Farbe des Berges hinter den Gebäuden intensiviert und anschließend aquarelliert. Auch das Gebirge im Hintergrund erhielt die erste ebenfalls aquarellierte Farbschicht.

22

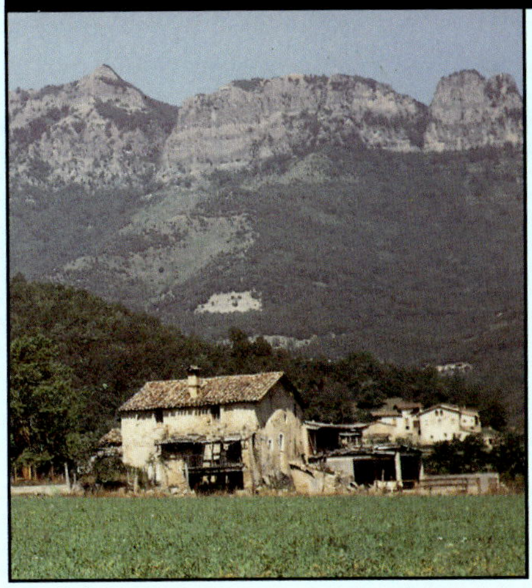

Abb. 22: Das Modell der Landschaft, das wir nun mit wasservermalbaren Farbstiften malen werden.

Abb. 23: Das erste Stadium des Bildes. Die Eingangszeichnung wurde mit einem blauen Farbstift angefertigt. Außerdem erhielt der Berg hinter dem Gehöft die erste Farbschicht.

Abb. 24: Die fertige Zeichnung des Gehöfts, in der die dunkelsten Stellen verstärkt wurden. Die Berge im Hintergrund erhielten ebenfalls eine Farbschicht, die sofort aquarelliert wurde.

23

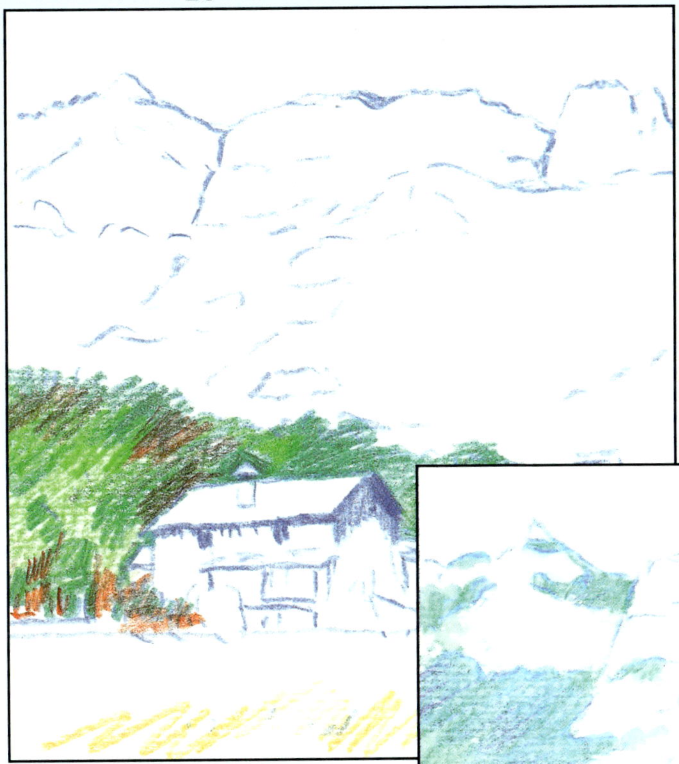

24

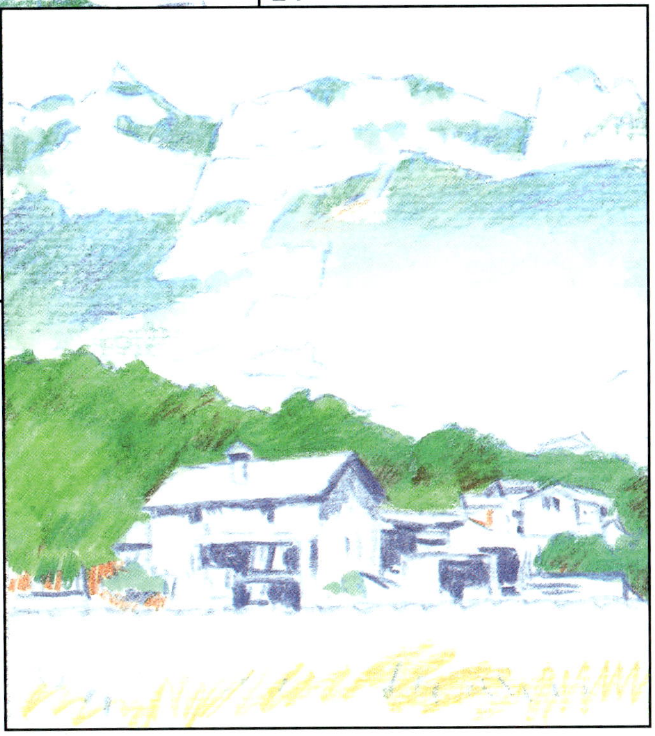

Malen mit wasservermalbaren Farbstiften

Im dritten Stadium muß das Bild nun gleichzeitig gezeichnet und koloriert werden. Die Farbe wird bereichert, die Kontraste nehmen zu. Ich male zum Beispiel das Grün der Wiese und intensiviere die Farben des nahen Berges, die aufgrund des Gesetzes der Simultankontraste das Weiß der Gebäude verstärken. Beachten Sie ferner den gelben Streifen im Vordergrund. Er stellt die kleinen Wiesenblumen dar, die im vorigen Stadium ausgespart wurden. Wichtig ist, daß die Wiese mit kurzen senkrechten Strichen wiedergegeben wird. Für den Schatten der Dächer auf den Hauswänden habe ich eine Spur Karmin hinzugefügt, um beim Aquarellieren eine blauviolette Nuance zu erhalten. Schließlich habe ich die dunkle Fläche für das Gebirge im Hintergrund mit einer blaugrauen Schicht überzogen und die Striche mit Wasser vermalt (Abb. 25). Damit habe ich das letzte Stadium des Bildes erreicht, in dem ich sämtliche Töne und Nuancen noch einmal verstärke. Ich lege das Hellblau für den Himmel an und beende mit senkrechten Strichen das Gebirge im Hintergrund, für dessen oberen Abschnitt ich Grau, rötliches Siena und einige hellblaue Striche mische. Den mittleren und den dunkleren Teil des Gebirges verstärke ich mit Dunkelblau, etwas Karmin und Dunkelgrau. Ferner intensiviere ich die Farben des Berges hinter dem Gehöft und das Grün der Wiese und male die Dächer mit Gelb, Ocker und Rosa und die Mauern mit Gelb und zartem Ocker. Das fertige Bild besteht aus einer Art Mischtechnik zwischen einer Zeichnung und einem Gemälde. Wasservermalbare Farbstifte ermöglichen keine so subtile Lasuren wie die traditionellen Aquarellfarben. Mit zunehmender Praxis werden Sie jedoch feststellen, daß Sie mit diesen Stiften eine breite Skala attraktiver Effekte in Ihre Werke aufnehmen können.

25

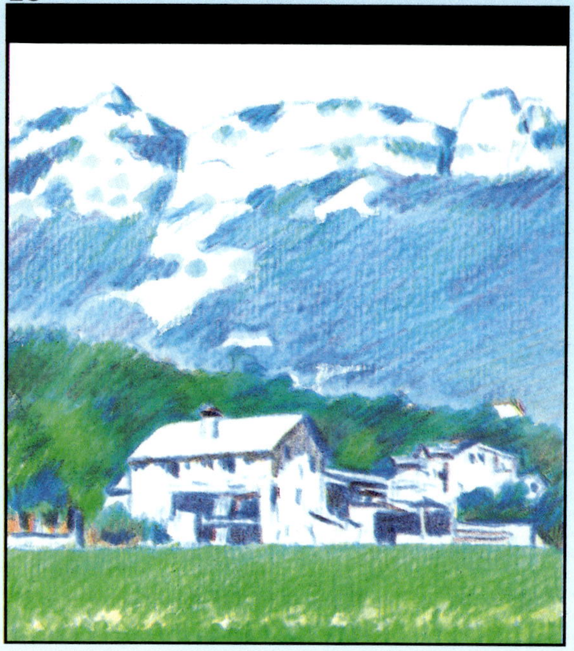

Abb. 25: Das Grün der Wiese habe ich mit kleinen senkrechten Strichen angelegt und den gelblichen Streifen für die Wildblumen im Vordergrund ausgespart. Die Farbe des Berges hinter dem Gehöft wurde verstärkt. Außerdem hat der Schatten der Dächer auf den Hauswänden einige Tupfer Karmin erhalten. Die große Fläche des Gebirges im Hintergrund wurde mit einer Schicht in Graublau überzogen.

Abb. 26: Allgemeine Verstärkung aller Farben im mittleren und oberen Abschnitt des Gebirges sowie des Berges im Vordergrund. Der Himmel entstand aus waagerechten Strichen, und die Wiese erhielt weiteres Grün. Ferner habe ich die Dächer, die Wände sowie die Fenster und Türen des Gehöfts angelegt.

26

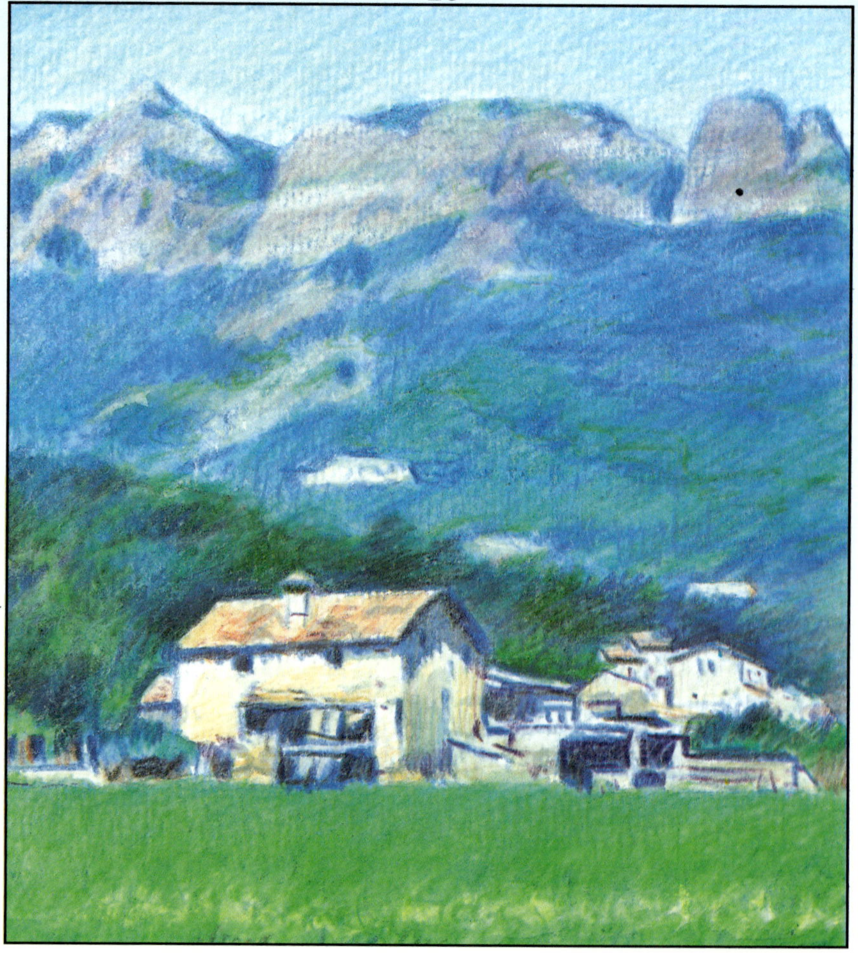

Malen mit wasservermalbaren Kreiden

Seit kurzem sind wasservermalbare Vollminen und Kreiden im Handel, die einen neuen Beitrag zu der breiten Skala von Techniken und Verfahren leisten, die im Rahmen der Aquarellmalerei möglich sind. Wie bereits erwähnt, sind die Farben einzeln oder als geschlossene Sortimente in Metallkästen erhältlich (Abb. 27).
Wasservermalbare Kreiden weisen einige Eigenschaften auf, die sie von wasservermalbaren Farbstiften unterscheiden. Sie sind deckender, so daß man dunkle Farben mit hellen überlagern kann. Aufgrund ihres fetthaltigen Bindemittels kann man sie mit den Fingern verwischen. Der Nachteil aus dieser Tatsache besteht darin, daß wasservermalbare Kreiden schwer zu radieren sind und niemals völlig verschwinden.
Die Arbeit mit wasservermalbaren Kreiden ist weder einfacher noch schwieriger als mit Farbstiften. Um die Eigenschaften dieses Mediums besser kennenzulernen, werden wir nun ein Stilleben damit anfertigen.
Abbildung 28 zeigt das Modell. Natürlich können Sie Ihr eigenes Modell aus Elementen zusammenstellen, die Sie im Haus haben.
Fertigen Sie die Eingangszeichnung mit blauer Kreide an, und malen Sie die erste Farbschicht für die Früchte sowie die Verzierung des Keramikgefäßes, ohne die Striche bereits mit Wasser zu vermalen (Abb. 29).

27

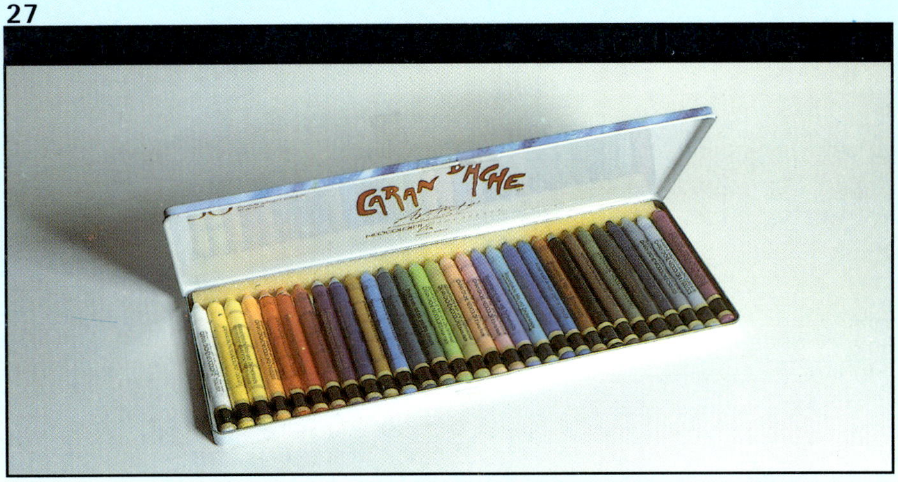

28

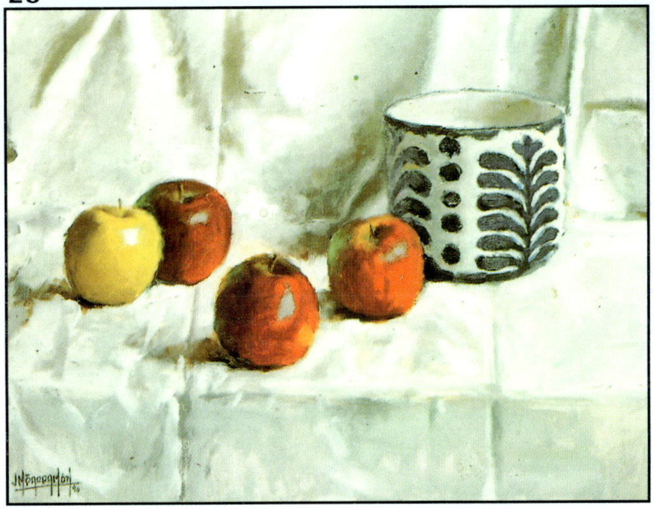

29

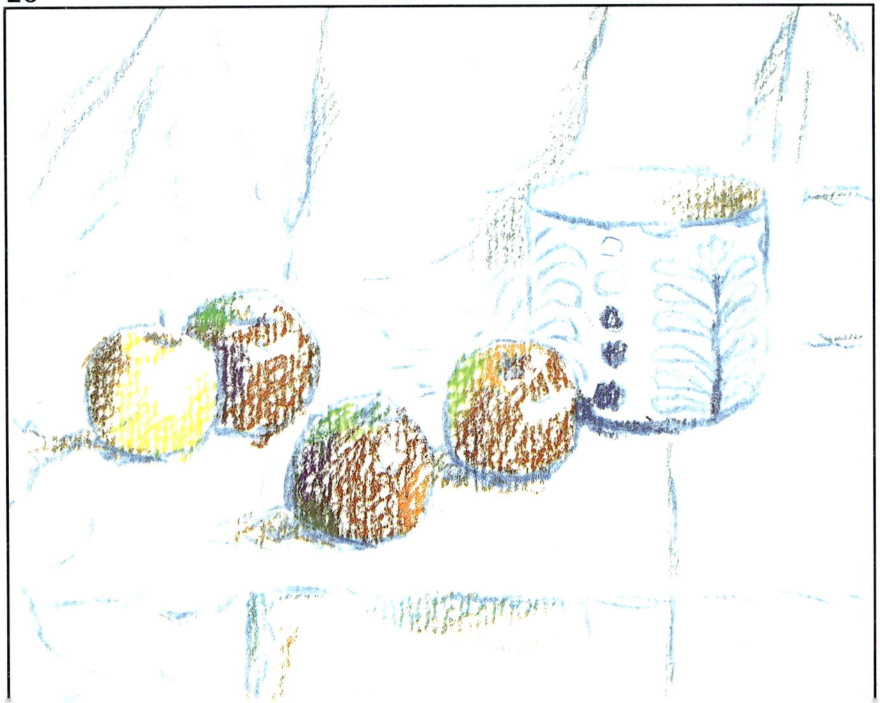

Abb. 27: Metallkasten mit wasservermalbaren Kreiden.

Abb. 28: Stilleben, das wir als Modell für eine Arbeit mit wasservermalbaren Kreiden verwenden werden.

Abb. 29: Ich zeichne das Modell mit Blau vor, ohne die Striche zu aquarellieren, und male die Äpfel in den entsprechenden Farben. Außerdem umreiße ich die Verzierung des Keramikgefäßes.

Malen mit wasservermalbaren Kreiden

Im zweiten Stadium habe ich die Struktur des Tuches, das mir als Hintergrund für das Stilleben dient, leicht verstärkt. Anschließend habe ich die Äpfel gemalt und aquarelliert und die dekorative Verzierung des Keramikgefäßes mit Ultramarinblau ergänzt. Das ist alles. Trotzdem ist etwas Wichtiges festzustellen: Das Weiß für das Tuch, das Keramikgefäß und vor allem für die Glanzlichter auf den Früchten wurde ausgespart (Abb. 30).

Dann erfolgen bereits die Abschlußarbeiten mit der allgemeinen Retusche. Ich verstärke die Formen und Farben, hebe die Kontraste weiter hervor und sorge gleichzeitig dafür, daß die Aussparungen erhalten bleiben. Mir geht es vor allem darum, daß die harmonische Abstimmung zwischen den graustichigen Formen des Hintergrunds und den leuchtenden Farben der Äpfel erhalten bleibt (Abb. 31).

Wenn Sie den Angaben bis hier in der Praxis gefolgt sind und ebenfalls ein Stillleben gemalt haben, ist Ihnen sicher klar geworden, daß die wasservermalbaren Kreiden ein geschmeidiges Medium sind, das sich ausgezeichnet für die Verwandlung in Aquarellfarben eignet.

30

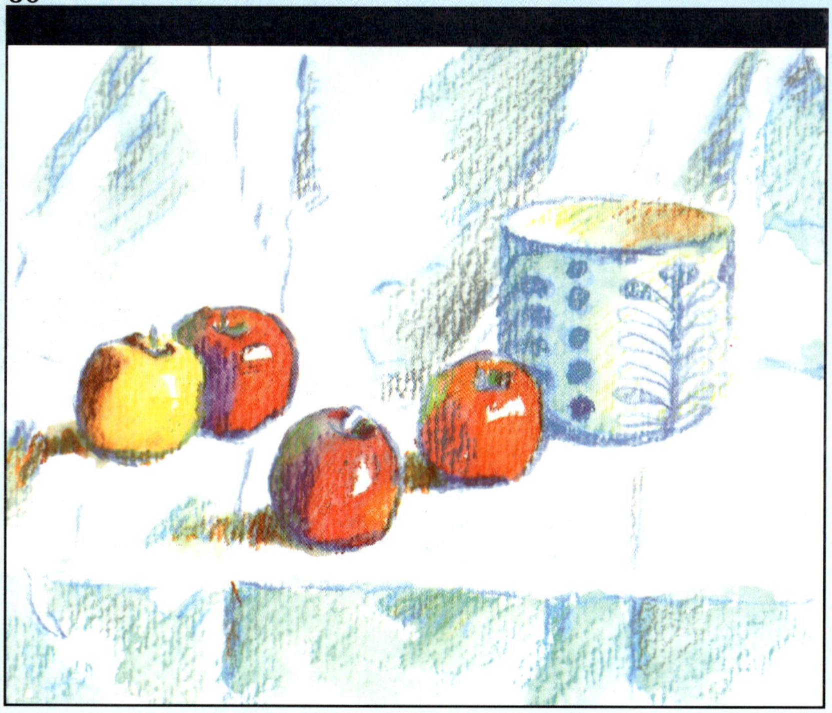

31

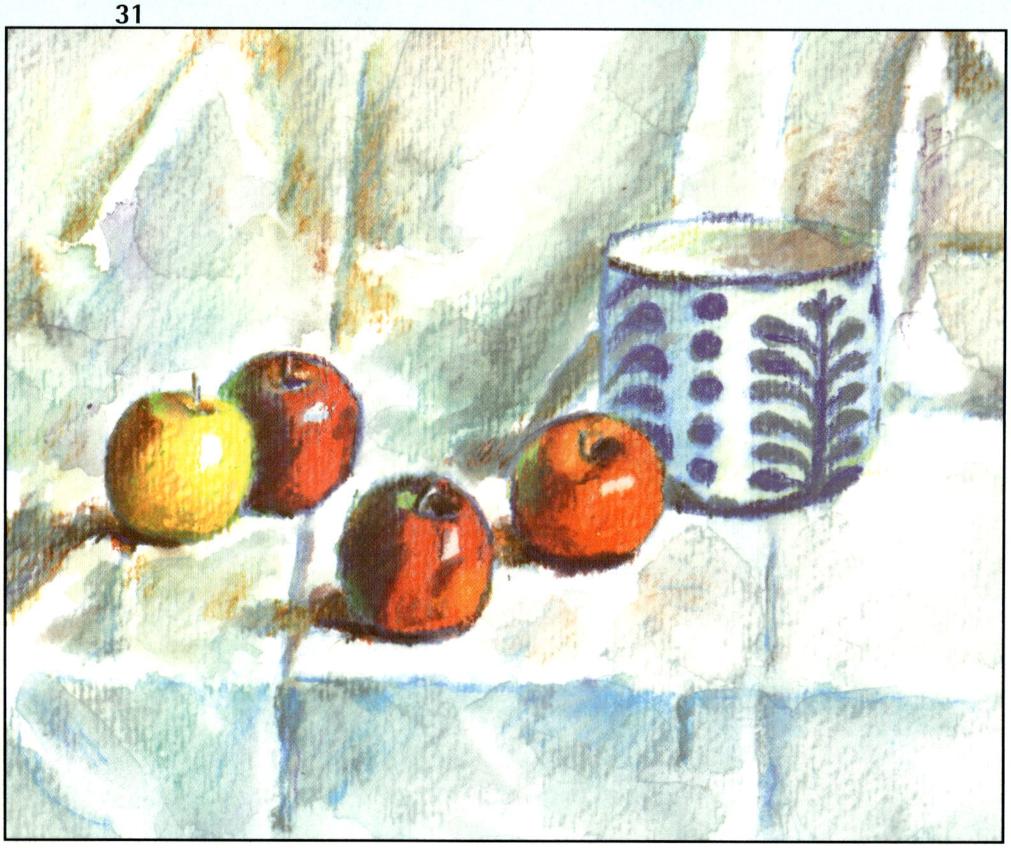

Abb. 30: Ich verstärke die Farben und die Formen des Tuches, das mir als Hintergrund für das Stilleben dient. Anschließend male und aquarelliere ich die Früchte und wechsle zu dem Keramikgefäß. Sowohl bei dem Tuch im Hintergrund als auch bei dem Gefäß und den Früchten spare ich die weißen Stellen aus.

Abb. 31: Ich verstärke alle Farben und lege besonderen Wert auf die Formen sowie die Ausarbeitung des Tuches, der Äpfel und des Keramikgefäßes.

Malen mit dem wasservermalbaren Bleistift

Von der englischen Firma Rexel Cumberland ist ein Bleistift der Gradation 8B der Marke Derwent Sketching, Dark Wash, im Handel, der mit Wasser vermalbar ist. Das heißt, seine Striche lösen sich auf, wenn man mit einem angefeuchteten Pinsel darüber streicht (Abb. 33).

Soweit mir bekannt (und ich habe mich erkundigt), wird diese Bleistiftsorte von keinem anderen Händler angeboten. Besorgen Sie sich solch einen Stift und probieren Sie ihn aus. Zeichnen Sie einen Grauton (Abb. 33A), und aquarellieren Sie die Fläche mit dem Pinsel (B). Wiederholen Sie das Verfahren, und überlagern Sie die Fläche mit weiteren Bleistiftstrichen, solange sie noch feucht ist. Sie werden feststellen, daß das Schwarz erheblich intensiver wird (C). Legen Sie sehr tiefes Schwarz mit dem Bleistift an, können Sie mit dem angefeuchteten Pinsel sogar Farbe davon aufheben und einen Grauton malen, als wäre es traditionelle Aquarellfarbe (Abb. 34).

Machen Sie Proben, bevor Sie sich an das Porträt von Abbildung 32 wagen.

Zeichnen Sie das Porträt auf feinkörnigem Qualitätspapier mit einem Bleistift 2B vor. Bauen Sie den Kopf auf, und wechseln Sie zum wasservermalbaren Stift. Legen Sie zuerst zart die Schatten an (Abb. 35) und aquarellieren die Fläche mit einem Rotmarderpinsel Nr. 9 oder 12. Gehen Sie wie bei der Aquarellmalerei von wenig nach mehr. Aquarellieren Sie zunächst das Grau aus dem vorigen Stadium, verstärken Sie es mit weiteren Bleistiftstrichen, und lösen Sie diese mit Wasser auf. Halten Sie die korrekte Strichrichtung ein, im Gesicht diagonal bzw. kreisförmig und beim Haar der Frisur folgend (Abb. 36).

32

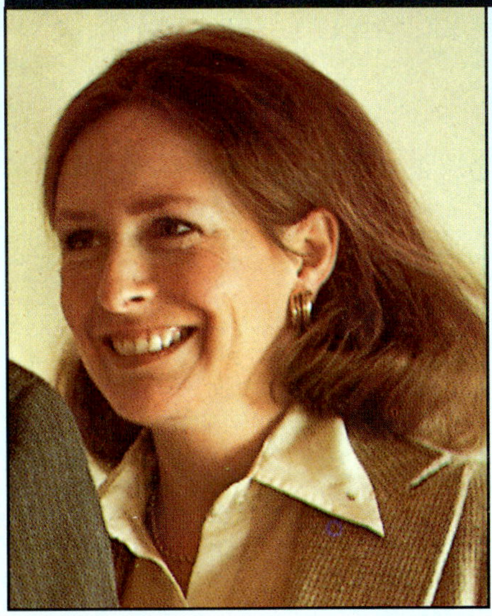

33

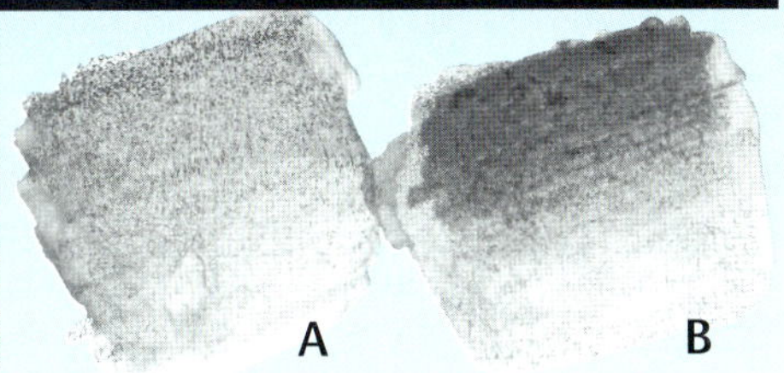

34

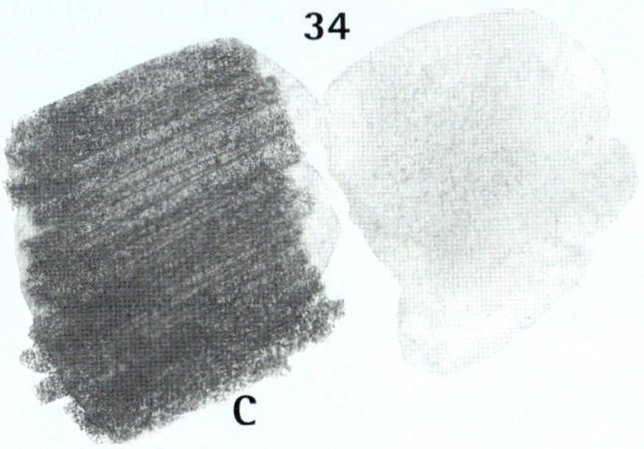

Abb. 32: Das Modell: ein weibliches Gesicht für eine Zeichnung mit dem wasservermalbaren Bleistift.

Abb. 33: Abstufung mit dem wasservermalbaren Bleistift (A), aquarelliert (B) und mit weiteren Strichen auf der noch feuchten vorigen Schicht (C).

Abb. 34: Von einem tiefschwarzen aquarellierten Bleistiftstrich kann man Farbe mit dem Pinsel abheben und einen bestimmten Ton damit malen, als handelte es sich um traditionelle Aquarellfarbe.

35

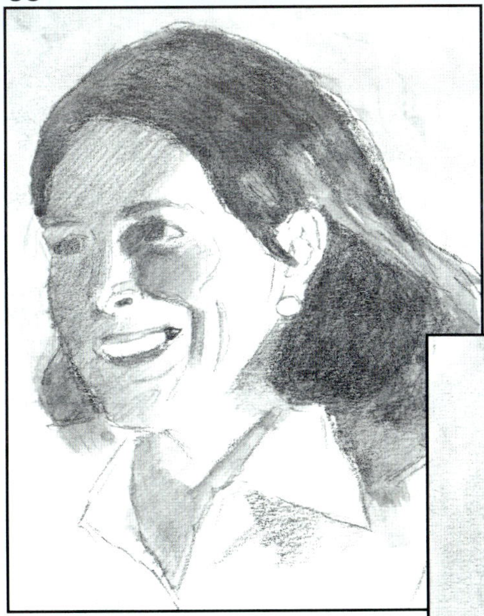

36

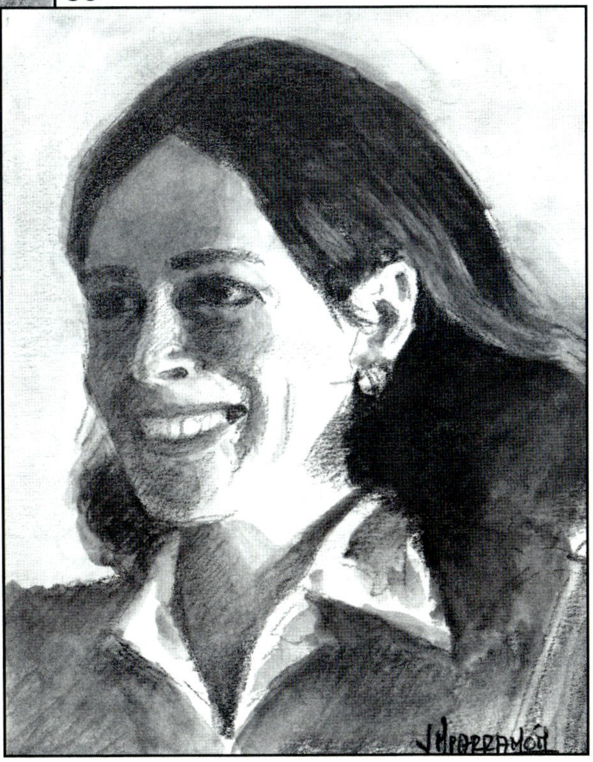

Abb. 35: Fertigen Sie zunächst eine lineare Eingangszeichnung mit dem normalen Bleistift 2B an. Fügen Sie mit dem wasservermalbaren Stift die Gesichtszüge sowie das Spiel von Licht und Schatten in einem relativ schwachen Ton hinzu. Sparen Sie alles Weiß von vornherein aus. Der aquarellierte Graphit läßt sich nur schwer entfernen.

Abb. 36: Zeichnen und malen Sie von wenig nach mehr. Achten Sie genau auf die Strichrichtung, die im Gesicht diagonal und kreisförmig sein muß und beim Haar der Frisur folgt.

Mischtechnik mit Aquarell- und Gouachefarben

Gouachefarben, auch Temperafarben genannt, bestehen aus denselben Bestandteilen und Bindemitteln wie traditionelle Aquarellfarben. Allerdings ist ihr Pigmentanteil höher, so daß die Farben deckend sind. Das Material und das Zubehör zum Malen mit Gouachefarben entspricht dem für die Aquarellmalerei (Abb. 37): Wasser, Rotmarder- oder Synthetikfaserpinsel, Näpfe oder Palette zum Mischen der Farben, Saugpapier oder Lappen etc. Das Papier sollte feinkörnig sein. Am besten geeignet ist 250-g-Papier mit feinem oder mittlerem Korn. Künstler-Gouachefarben sind breiförmig und in Zinntuben sowie in kleinen Glasgefäßen erhältlich. Mit Wasser verdünnt, ähneln sie Aquarellfarben, weisen jedoch eine leichte Patina aus einem deckenden Pigment auf, das sich um so mehr bemerkbar macht, je dichter die Farbe ist.

Für den unerfahrenen Maler besteht die größte Schwierigkeit bei der Gouachemalerei im Anlegen von Abstufungen. Das werden wir jetzt üben und eine Abstufung in der Naßtechnik, in der Trockentechnik sowie mit durchscheinendem Farbauftrag anlegen. Betrachten Sie dazu die Abbildungen, und lesen Sie die jeweiligen Bildlegenden (Abb. 38 bis 42).

37

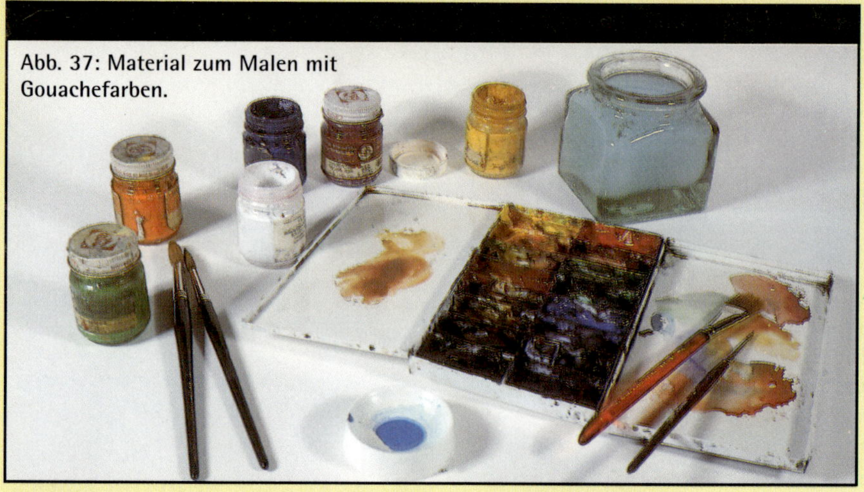

Abb. 37: Material zum Malen mit Gouachefarben.

38 A

B

C

Abb. 38: Eine Abstufung in der Naßtechnik. Zeichnen Sie ein Rechteck 10 x 7 cm, und malen Sie das erste Drittel mit gesättigtem Ultramarinblau. Reinigen Sie den Pinsel, und malen den Rest mit weißer Gouache (Abb. 38A). Reinigen Sie den Pinsel und spreizen Sie den Haarkörper wie einen Kamm (Abb. 40). Verschmelzen Sie die blaue und weiße Farbe mit senkrechten Strichen zu einer perfekten Abstufung (Abb. 38B und C).

39 A

B

C

Abb. 39: Eine Abstufung in der Trockentechnik. Malen Sie die eine Hälfte des 10 x 7 cm großen Rechtecks mit ziemlich gesättigtem Ultramarinblau und die andere mit weißer Gouache. Warten Sie, bis die beiden Farben restlos trocken sind (Abb. 39A). Feuchten Sie das Blau und das Weiß mit senkrechten Strichen des gespreizten Pinsels an, und lösen Sie die Farben auf, bis eine perfekte Abstufung entstanden ist (Abb. 39B und C).

40

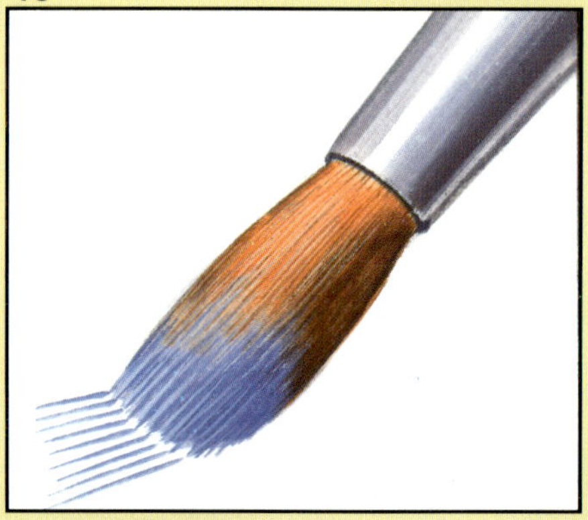

Abb. 40: Feuchten Sie einen Pinsel Nr. 9, 10 oder 12 an. Spreizen Sie den Haarkörper mit den Fingern, so daß eine kammähnliche Form entsteht. Diese eignet sich ausgezeichnet zum Verschmelzen von Abstufungen.

41

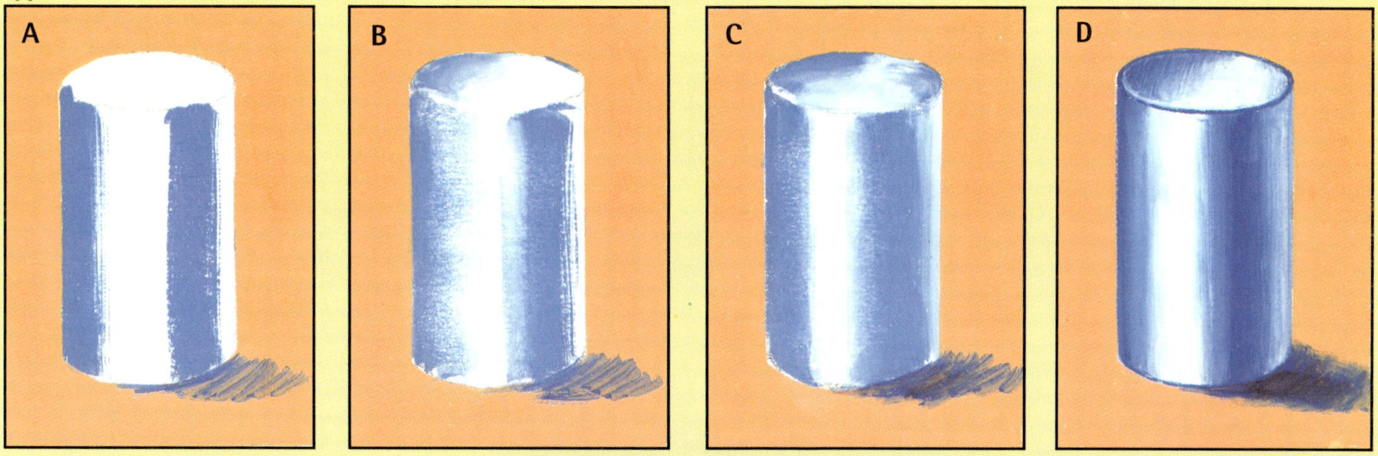

Untersuchen wir nun, wie man eine Abstufung auf einen Zylinder legt. Zeichnen Sie zunächst den Zylinder, und malen Sie zwei senkrechte Streifen aus dichtem Kobaltblau, in das Sie eine winzige Spur Gouacheweiß gemischt haben (Abb. 41A). Fügen Sie weiteres Weiß für die Fläche zwischen den beiden Streifen hinzu, und verschmelzen Sie dieses mit den beiden blauen Streifen (Abb. 41B und C). Malen Sie einen hellblauen Streifen, um das reflektierte Licht darzustellen. Jetzt brauchen Sie die Farben nur noch mit sanften Pinselstrichen von oben nach unten abzustufen und zu harmonisieren (Abb. 41D).
Betrachten wir zum Abschluß, wie man eine Abstufung auf eine Kugel legt. Zeichnen Sie die Kugel einschließlich der Verteilung von Licht und Schatten mit Bleistift vor, wie auf Abbildung 43A zu sehen. Teilen Sie die Fläche in zwei Farbzonen: eine obere hellblaue, die ein Glanzlicht enthält, und eine untere aus drei dunkleren Farbstreifen (Abb. 43B). Verwaschen und verschmelzen Sie die Streifen, bevor sie trocknen können (Abb. 43C). Reinigen Sie anschließend den Pinsel, und spreizen Sie den Haarkörper kammförmig. Verschmelzen Sie die Töne, und stufen Sie sie kreisförmig ab, bis Sie die runde Form des Modells von Abbildung 43D erreicht haben.
Solche Abstufungen in der Trocken- und der Naßtechnik auf gewölbten Flächen gehören zur Aquarell- und Gouachemalerei zum Beispiel von Gestalten und Porträts, wie wir auf der folgenden Seite sehen werden.

42

Abb. 41A bis D: Zylinder mit den einzelnen Stadien einer Abstufung.

Abb. 42: Abstufung mit dem trockenen Pinsel. Malen Sie zunächst das helle Blau. Warten Sie, bis die Farbe getrocknet ist, füllen Sie den Pinsel mit ziemlich gesättigtem Ultramarinblau, und übermalen Sie die helle Fläche unter Reiben mit dem Haarkörper.

43

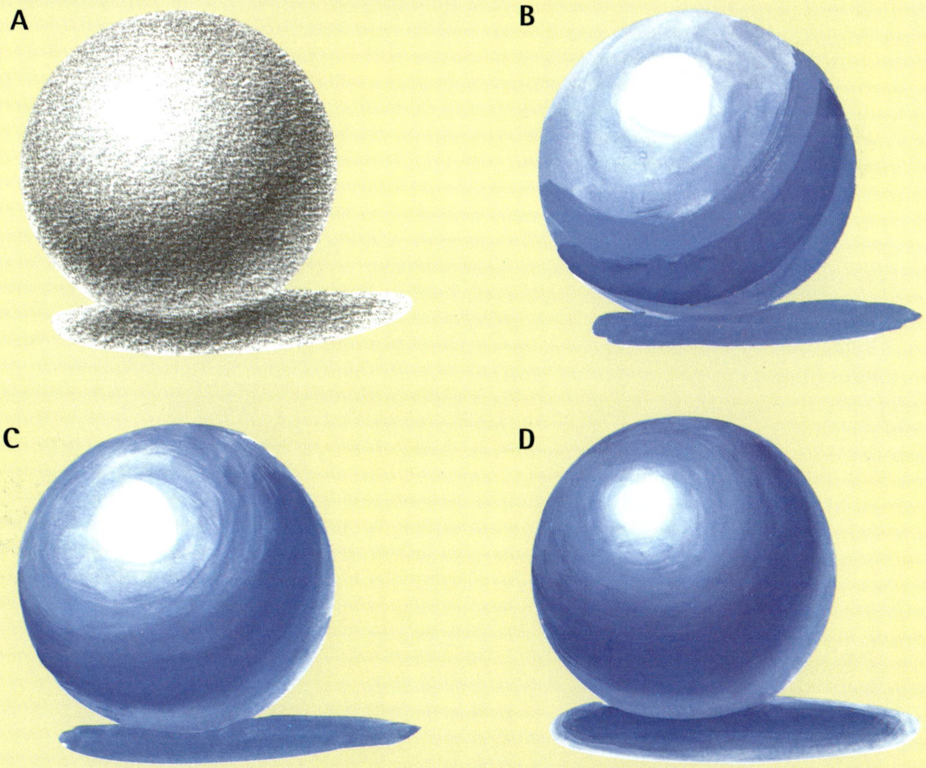

Abb. 43: Abstufung auf einer Kugel. Zeichnen Sie die Kugel mit Bleistift, und deuten Sie die Schatten an (Abb. 43A). Malen Sie den oberen Teil hellblau, und sparen Sie das Glanzlicht aus. Legen Sie drei dunklere Streifen auf die untere Hälfte (Abb. 43B). Feuchten Sie die Streifen stärker an, und verschmelzen Sie diese kreisförmig, bis Sie eine Ausarbeitung wie auf Abbildung 43D erhalten haben.

Ein Porträt mit Aquarell- und Gouachefarben

Wir werden jetzt ein Porträt mit Aquarell- und vor allem mit Gouachefarben malen. Ich habe meinen Enkel als Modell gewählt (Abb. 44). Sie können auch ein Mitglied Ihrer Familie oder Ihres Freundeskreises bitten, für Sie zu posieren.
Ich beginne mit der Zeichnung des Kopfes, der Büste und der Gesichtszüge (Abb. 45) und halte mich an den Kanon des menschliches Kopfes, von dem weiter unten die Rede ist.
Auf der folgenden Abbildung 46 lege ich den Hintergrund mit weißer Gouache an, in die ich eine winzige Spur Aquarellfarbe in Englischrot und Kobaltblau mische. Die erste Schicht für das Hemd entsteht aus Paynesgrau mit Gouacheweiß.
Anschließend male ich mit Gouache in Sepia das Haar und skizziere die Gesichtszüge. Sepia plus etwas Englischrot aus Aquarellfarbe benötige ich auch für Brauen, Augen, Nase, Mund und Schattenpartien des Gesichts.
Beim Malen der Gesichtszüge halte ich mich an den Kanon des menschlichen Kopfes und berücksichtige folgende Merkmale:
Der Abstand zwischen den Augen beträgt eine Augenbreite. Die Augen liegen genau in der Mitte des Kopfes. Die Höhe der Stirn stimmt mit dem Abstand zwischen den Brauen und der Unterkante der Nase überein. Derselbe Abstand herrscht zwischen der Unterkante der Nase und der Unterseite des Kinns (siehe Seite 67).
Selbstverständlich handelt es sich nur um allgemeine Regeln. Jeder Mensch hat seine individuellen Gesichtszüge. Bei manchen ist die Stirn höher als der Abstand zwischen den Brauen und der Unterkante der Nase; andere haben ein ausgeprägteres Kinn etc. Dennoch ist die Kenntnis des Kanons eine große Hilfe beim Zeichnen und Malen des Kopfes und des Gesichts eines Erwachsenen.

44

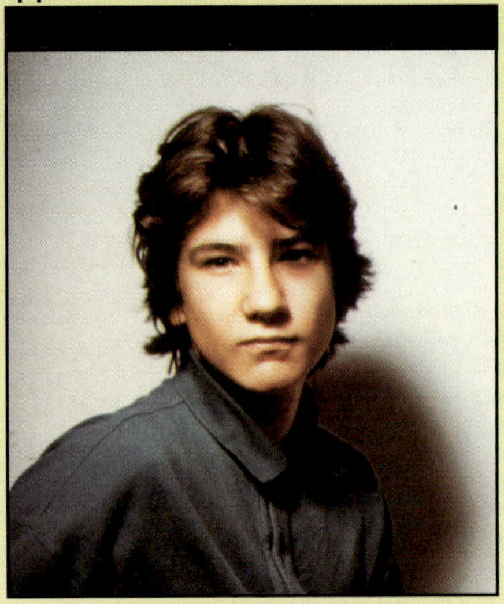

Abb. 44 und 45: Modell und Eingangszeichnung für ein Porträt mit Gouachefarben.

Abb. 46 und 47: Ich male den Hintergrund und das Hemd (Abb. 46) sowie das Haar und spare dabei die glänzenden Stellen aus. Anschließend befasse ich mich mit dem Gesicht, nuanciere das Hemd und male den Schatten an der Wand.

45

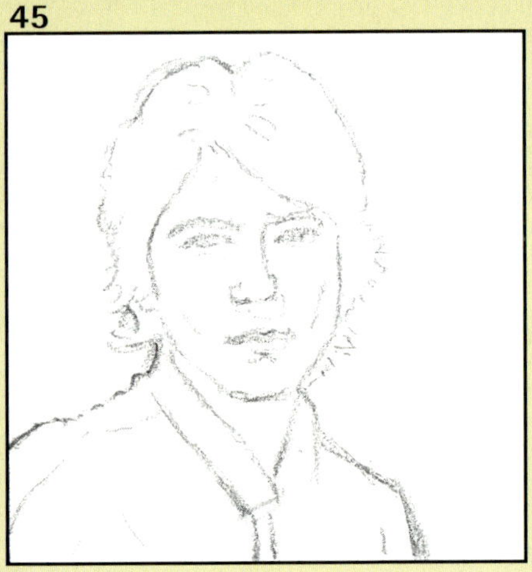

46

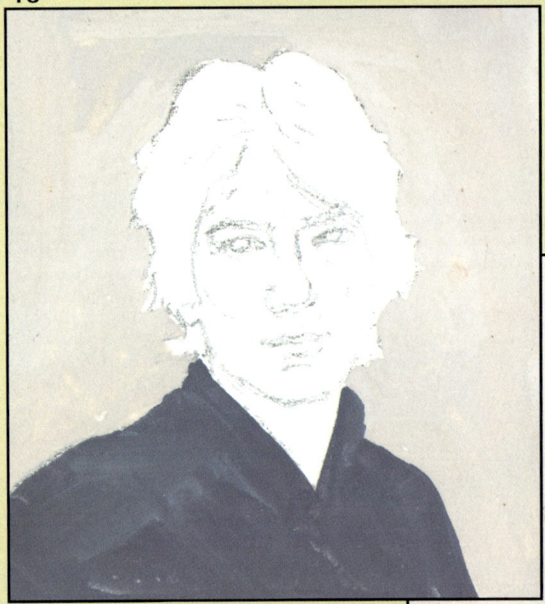

47

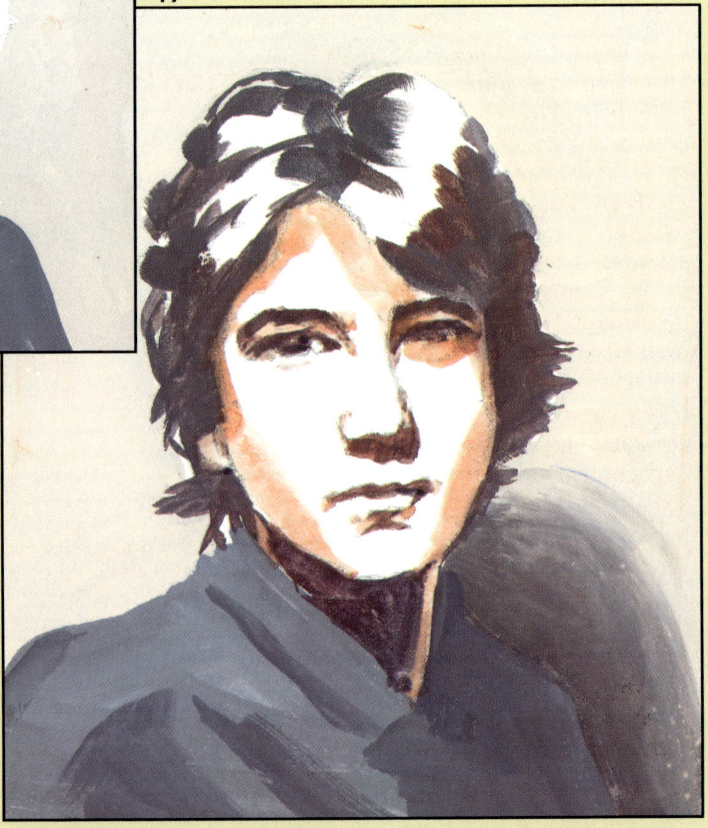

48

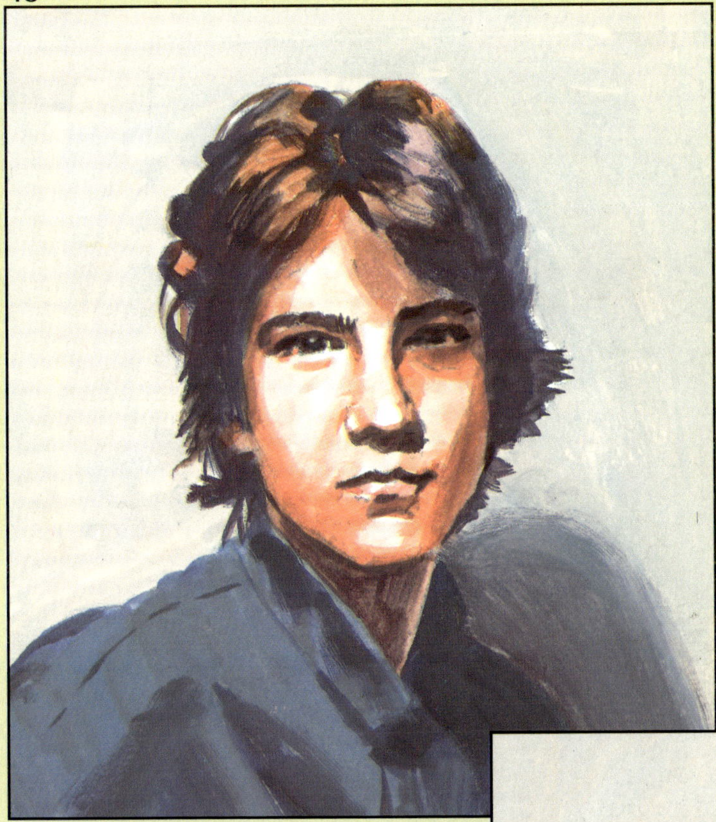

49

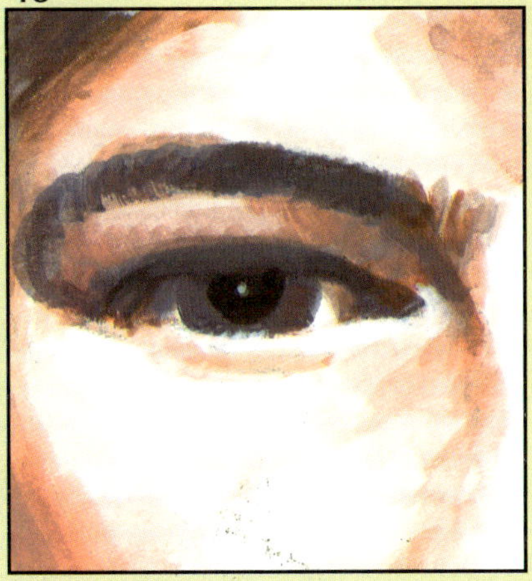

Abb. 48 bis 50: Ich arbeite das Haar und das Gesicht weiter aus und erreiche das Abschlußstadium, indem ich die Gesichtszüge, die Brauen, die Augen (siehe Abb. 49), die Nase und den Mund male. Die Abstufungen entstehen mit dem gespreizten Haarkörper.

Ich beende dieses Stadium mit einigen Tupfern Paynesgrau für das Hemd und lege noch den Schatten an der Wand an. Dafür benötige ich Gouache in Sepia und einer Spur Weiß und etwas Kobaltblau als Aquarellfarbe (Abb. 47). Ich fahre mit Aquarellfarbe in Englischrot fort, male die Glanzlichter des Haars und verstärke die Farben und Schatten des Gesichts, die etwas zu grell sind (Abb. 48). Das bereitet mir keine Schwierigkeiten: Beim Malen mit Gouache plus Aquarellfarbe kann man stets verbessern und eine Schicht mit einer weiteren überdecken.
Das habe ich auch bei dem fertigen Porträt getan (Abb. 50). Ich habe die Farben und Verschmelzungen des Gesichts mit Gouacheweiß plus Englischrot verstärkt und mit dem gespreizten Pinsel abgestuft und harmonisiert. Auch das Haar wurde überarbeitet: die dunkelsten Stellen wurden vertieft und die Glanzlichter geordnet und konkretisiert etc. Ferner habe ich die Form der Augen, der Nase und des Mundes korrigiert. Der Ausschnitt mit dem Auge (Abb. 49) zeigt die Ausarbeitung. Beachten Sie die Nase mit ihren Schatten sowie Form und Farbe des Mundes. Vergleichen Sie das Ergebnis mit dem vorigen Stadium, und untersuchen Sie die Veränderungen und Retuschen. Dann habe ich noch den Schatten an der Wand sowie die Formen und die Falten des Hemdes übermalt, was aufgrund der Gouache mühelos möglich war. Abbildung 50 zeigt das fertige Porträt.

50

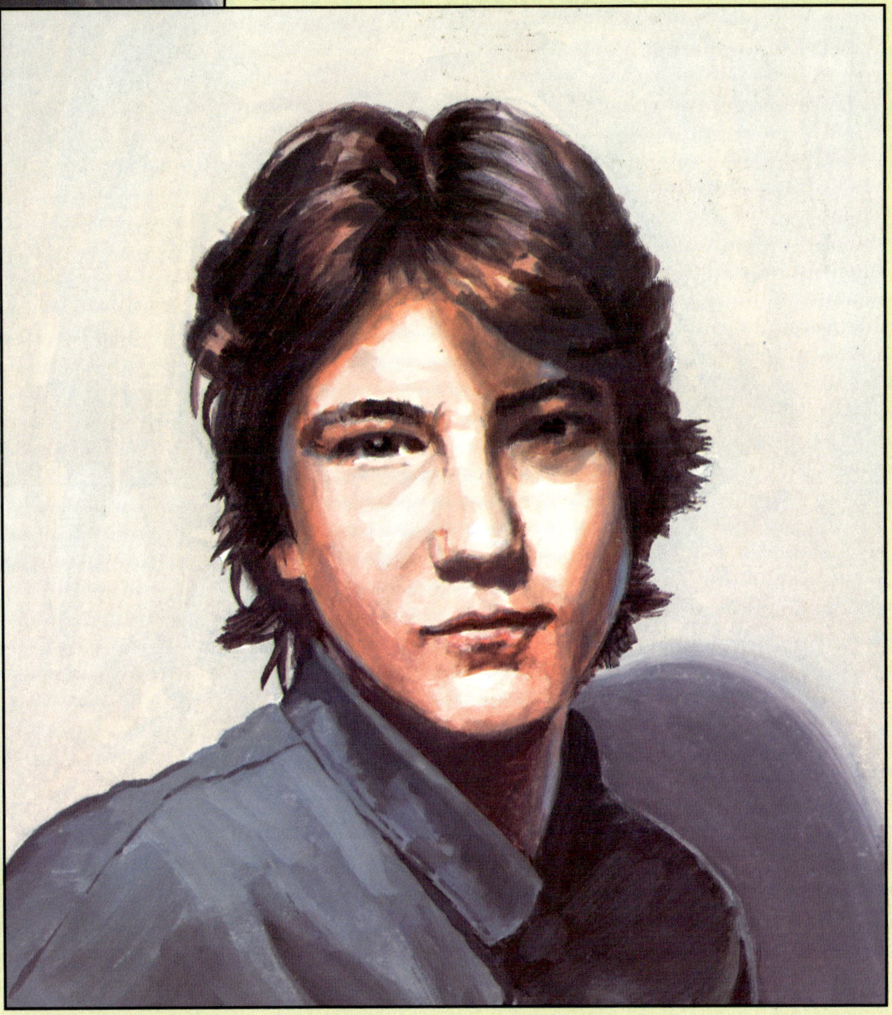

51

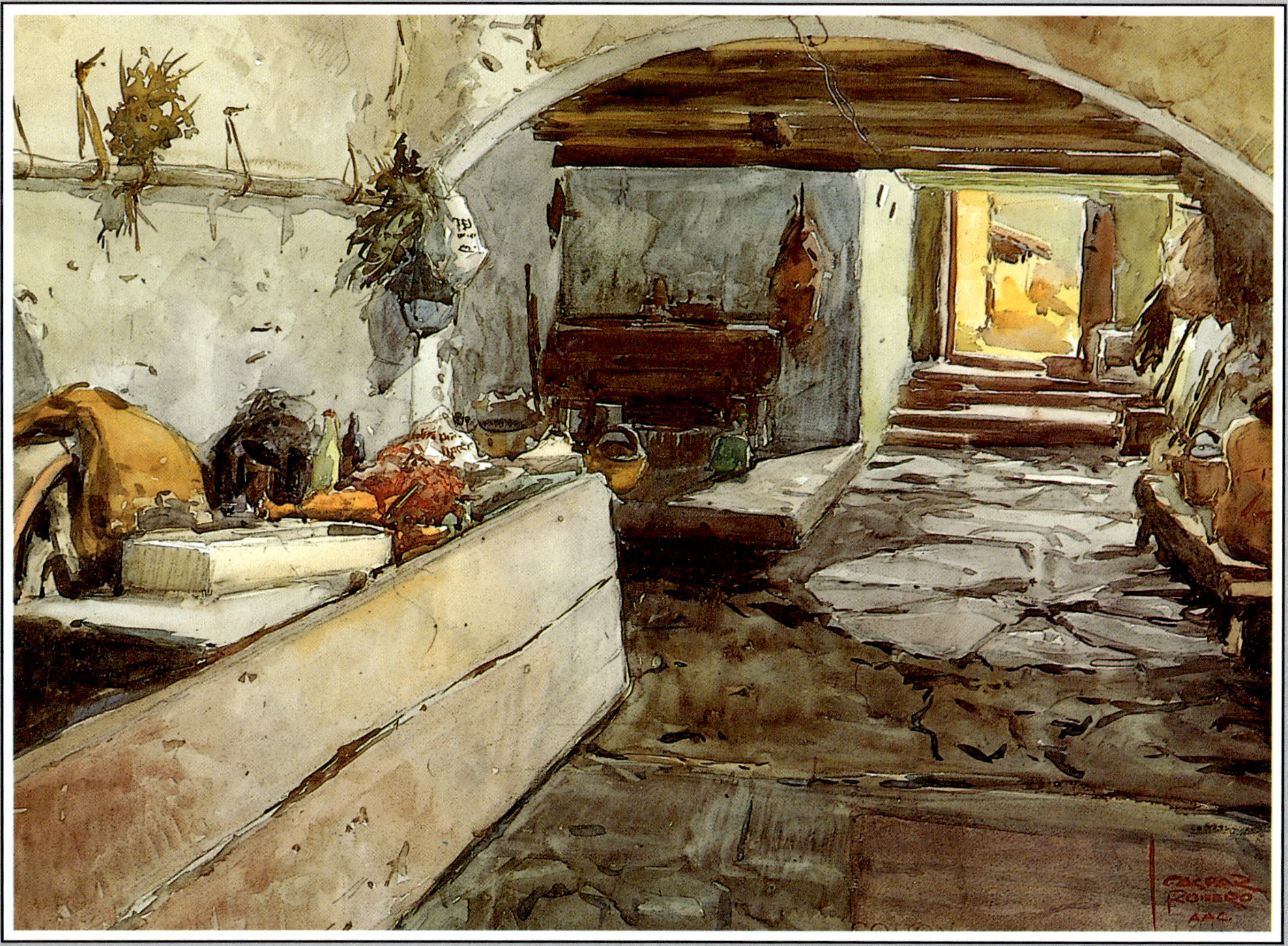

Abb. 51: Gaspar Romero, Interieur einer Mühle im Hochgebirge, im Besitz des Künstlers. Dies ist eines der Bilder, dessen Anfertigung Sie Schritt für Schritt verfolgen können. Gaspar Romero hat das Aquarell vor vier oder fünf Jahren gemalt und wird es nun mit derselben Zeichnung, derselben hervorragenden Farbgebung und derselben exakten Parallelperspektive (mit einem Fluchtpunkt) als Ergänzung für den kurzen Überblick über die Perspektive in diesem Band von Parramóns Aquarellmalschule wiederholen.

VERSCHIEDENE THEMEN SCHRITT FÜR SCHRITT

Auf der folgenden Seite beginnen wir mit einer Reihe von Aquarellen, die erfahrene Künstler Schritt für Schritt für uns malen werden. Die Themen sind sehr unterschiedlich und reichen von Blumen über eine Porträtskizze, Tiere, Stadtzenen, Interieurs, Seestücke, Stilleben, Gestalten und Landschaften bis zu einem Akt. Eingeschoben sind zwei Abschnitte von insgesamt acht Seiten über die Perspektive, die ich im Rahmen eines kompletten praktischen Kursus über die Aquarellmalerei für unerläßlich halte. Der erste Abschnitt von sechs Seiten betrifft die Anlage eines Mosaiks, die Einteilung einer Fläche in der Tiefe und das Zeichnen von Treppen; der zweite befaßt sich mit der menschlichen Gestalt in der Perspektive. Man muß die Perspektive beherrschen, auch wenn man sie später nach Augenmaß darstellt und das Modell einfach „kopiert“. Ich habe versucht, die Schritt-für-Schritt-Demonstrationen möglichst abwechslungsreich und unterhaltsam zu gestalten. Abwechslungsreich im Hinblick auf ihre Thematik und die Künstler, die sie durchführen, und unterhaltsam wegen der Texte, die meiner Ansicht nach leicht verständlich und lehrreich sind. Das hoffe und wünsche ich für den ganzen Band von *Parramóns Aquarellmalschule.*

Margeriten und Anemonen

Die bekannte Aquarellmalerin Carmen Freixas, die sich auf Blumen spezialisiert hat, wird für uns einen Strauß aus Margeriten und Anemonen malen. Die Margeriten sind weiß und haben eine gelbe Krone; die Anemonen sind rot und dunkelviolett (Abb. 52).
Die Künstlerin arbeitet im Stehen vor einer Metallstaffelei und einem Zeichenbrett aus 3 mm dickem Sperrholz, auf dem sie ihr Papier mit Reißzwecken befestigt hat. Sie malt mit sechs oder sieben Rotmarderpinsel der Nr. 6 bis 12 und hält die nicht benötigten Pinsel in der linken Hand. Zum Ausdrücken, Reinigen und Trocknen der Pinsel verwendet sie einen Baumwollappen. Sie benutzt ein ziemlich kleines Gefäß für das Wasser, das sie während des Malens nicht wechselt, und einen Palettkasten mit folgenden Tubenfarben:

Kadmiumgelb zitron, Lichter Ocker, Orange, Zinnober, Kadmiumrot, Krappkarmin, Coelinblau, Kobaltblau, Ultramarinblau, Hookersgrün und Umbra gebrannt.

(Sie finden das Material auf Abbildung 53.)
Paynesgrau und Schwarz verwendet Carmen Freixas nicht und hat auch Chromoxidgrün feurig von ihrer Palette verbannt.
Das Modell besteht aus zwei Vasen (Abb. 52). Carmen zeichnet und malt jedoch nur die Sträuße. Abbildung 54 zeigt die fertige Eingangszeichnung. Carmen hat sie mit einem normalen Bleistift Nr. 2 begonnen, sorgfältig die korrekten Maße und Proportionen ermittelt und die Formen äußerst fein umrissen. Anschließend hat sie die Striche mit einem Stift 2B kraftvoll und äußerst sicher verstärkt. Da das Modell u.a. aus Margeriten besteht, frage ich sie, ob sie manchmal Rubbelgummi benutzt. Die Antwort lautet: „Nein, niemals."
Bevor sie zu malen beginnt, radiert Carmen die Bleistiftstriche leicht wieder aus. Um die Wahrheit zu gestehen: Ich hatte die Künstlerin um kräftige Striche gebeten, damit die Zeichnung gut auf dem Foto zu erkennen ist.
Carmen feuchtet ihr Papier vor Beginn des Malens nicht an. Sie trägt zunächst hellgelbe Farbtupfer, die Kronen der Margeriten, auf und fährt mit Zinnober, Kadmiumviolett und Krappkarmin für die Anemonen fort, wie auf den Abbildungen 55 und 56 zu sehen. Während sie eine Anemone mit Kobaltblau und Karmin malt, erklärt sie: „Ich halte mich nicht exakt an die Formen, das Spiel von

52

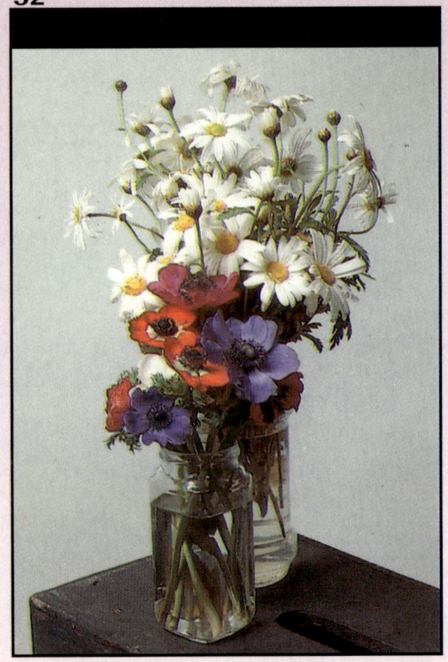

53

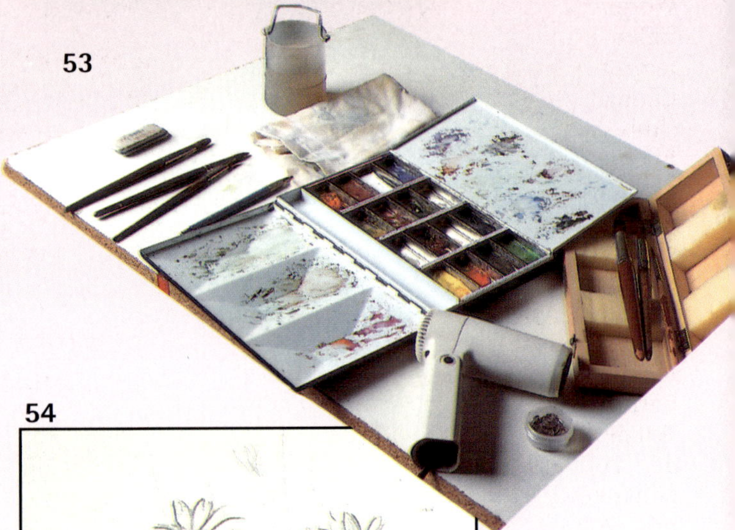

54

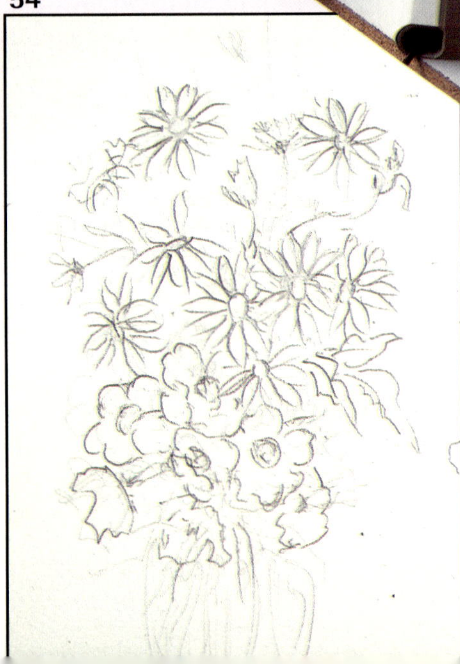

Abb. 52 und 53: Das Modell besteht aus einem Strauß weißer Margeriten mit roten und dunkelvioletten Anemonen (Abb. 52). Zu dem Material, das Carmen Freixas für ihr Aquarell benötigt, gehören ein kleines Wassergefäß, ein Baumwolltuch und ein Pinselkasten.

Abb. 54: Die Eingangszeichnung wurde mit einem gewöhnlichen Bleistift Nr. 2 begonnen und anschließend mit einem Stift 2B verstärkt.

Licht und Schatten und die Farben des Modells, sondern nehme die Sträuße als Anhaltspunkt und diversifiziere, verändere und interpretiere sie auf meine Weise.“ Mit anderen Worten: Carmen Freixas folgt den drei Grundregeln der Kunst der Interpretation:

Verstärken, Verringern, Weglassen,

was in diesem Fall gleichbedeutend mit **verändern** ist. Mit einer Mischung aus Ultramarinblau, Permanentgrün und Umbra gebrannt malt sie die Schatten zwischen den einzelnen Margeriten (Abb. 57) und fährt mit dem Rotmarderpinsel 18 für die Farbe des Hintergrunds fort, der nicht ganz gleichförmig ist. Für die linke Seite wählt sie Kobaltblau und Karmin und begnügt sich rechts fast ausschließlich mit Kobaltblau. Interessanterweise läßt sie bewußt einige kleinere Stellen innerhalb des Fonds weiß, um diese später nach eigenen Worten mit Margeritenknospen zu füllen (Abb. 58). Während der Hintergrund noch feucht ist, verwischt Carmen die Umrisse des Straußes (Abb. 58). Sie erklärt, daß das Grün für die Stiele und die Blüten unbedingt gebrochen sein muß. Daher verwendet sie niemals Chromoxidgrün feurig, weil ihr die Farbe zu grell und unharmonisch erscheint. Ihr Lieblingsgrün ist Hookersgrün, in das sie gelegentlich Umbra gebrannt mischt, um es etwas abzustumpfen.
Carmen malt die Stengel im unteren Teil des Straußes, als schwebten sie in der Luft. Dazu zieht sie zunächst konkrete Striche, die sie anschließend mit Wasser verwischt (Abb. 59). „Diese Formen werde ich erst später weiter ausarbeiten“, spricht sie ihre Überlegung laut aus.

55

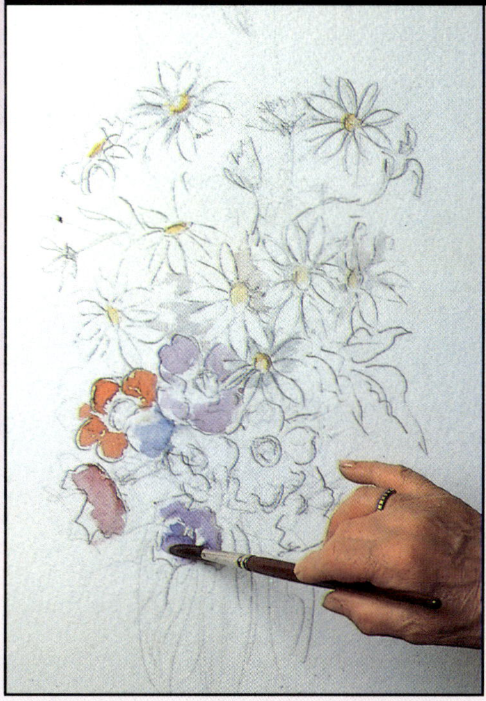

56

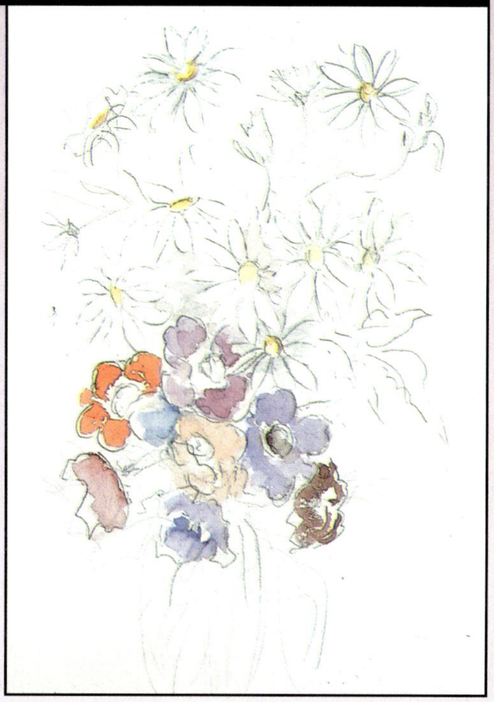

57

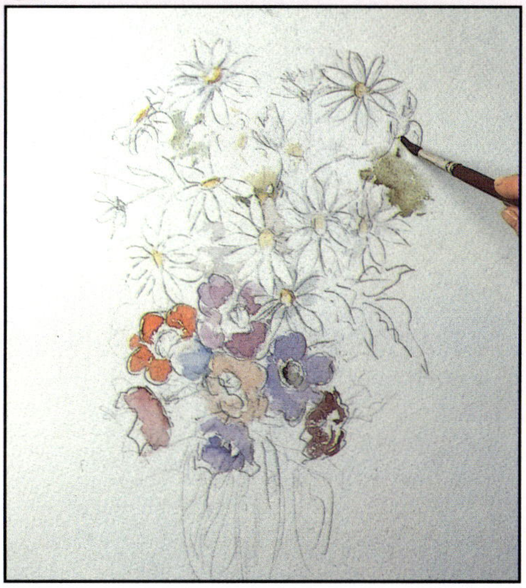

58

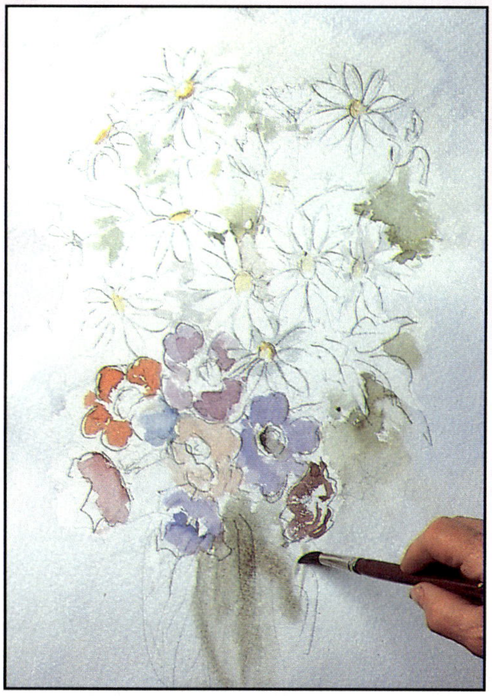

59

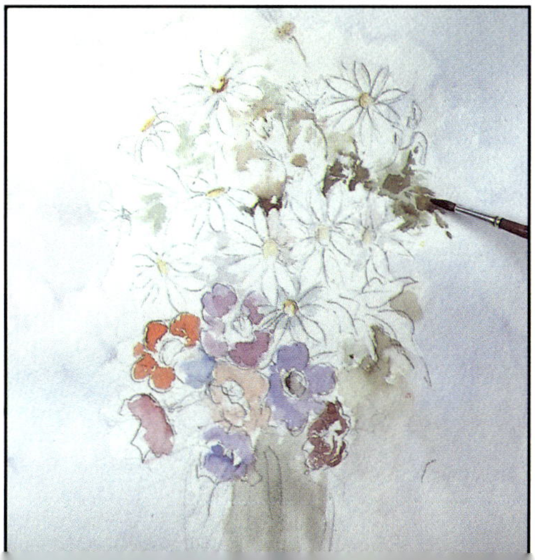

Abb. 55 bis 59: Carmen Freixas legt zunächst einige gelbe Farbtupfer für die Blütenkronen an und fährt mit Zinnober, Kadmiumviolett und Karmin für die Anemonen fort (Abb. 55 und 56). Anschließend malt sie die Schatten zwischen den einzelnen Blüten (Abb. 57), legt mit Kobaltblau und Karmin den Hintergrund an und malt die Stengel ohne die Vase, als schwebte der Strauß in der Luft (Abb. 59).

Margeriten und Anemonen

Carmen Freixas arbeitet langsam und geduldig. Mit kleinen Tupfern geht sie von einer Seite des Bildes zur anderen, sorgt für Abwechselung innerhalb der Farben, spart Weiß aus und umreißt die Formen, die sie jeweils gewissenhaft untersucht und studiert. Betrachten Sie zum Beispiel, wie die Malerin Karmin auf eine Anemone legt und unmittelbar darauf durch Absaugen mit dem Pinsel dämpft oder durch Zugabe von weiterer Farbe verstärkt (Abb. 60 und 61). Durch ständiges Wechseln von einer Stelle zur anderen, um mal hier und mal dort zu malen, harmonisiert sie die Farbgebung ihres Bildes, das sich nach und nach auf dem Weiß des Papiers abzeichnet. Sie haben gewiß festgestellt, daß Carmen keine Probestriche macht, bevor sie die Tupfer auf das Papier trägt, sondern die Farben ohne vorherige Prüfung verwendet.

Ich möchte daran erinnern, daß Carmen mit einem relativ kleinen Wassergefäß arbeitet, dessen Inhalt bald kräftig verschmutzt ist. Sie tauscht es nicht aus, da es ihr nach eigenen Worten so gefällt. Ich betone diese Tatsache, weil man normalerweise mit einem erheblich größeren Gefäß und wesentlich mehr Wasser arbeitet.

Auf ihrer Palette befinden sich weder Paynesgrau noch Schwarz. „Schwarz mische ich selbst aus Hookersgrün und Krappkarmin“, erklärt die Künstlerin. Mit dieser Mischung malt sie nun als schwarze Kreise die Blütenkronen der Anemonen, in die sie später nach dem Trocknen eine hellere Farbe legen wird (Abb. 62).

Die Stiele im unteren Abschnitt des Aquarells sind eine eigene Lektion im Malen, ohne etwas zu konkretisieren, und die Formen eher dekorativ als realistisch auszudrücken.

Carmen malt diese Formen mit Hookersgrün. Anschließend kehrt sie zum oberen Teil des Aquarells zurück, zeichnet und malt die Knospen der Margeriten und legt einige Farbflecken auf den Hintergrund zwischen den Blüten. Endlich malt sie mit einer hellen Farbe-Wassermischung aus Grün und Karmin sowie einer Spur Umbra gebrannt das Innere der Kronen (Abb. 63).

Sie vervollständigt die Formen, malt mit vibrierenden Pinselstrichen zahlreiche winzige Farbtupfer, springt mal hierhin, mal dorthin, legt einige kleine Pausen ein, betrachtet ihr Werk aus einem gewissen Abstand und überzeugt sich vom Fortgang der Arbeit.

60

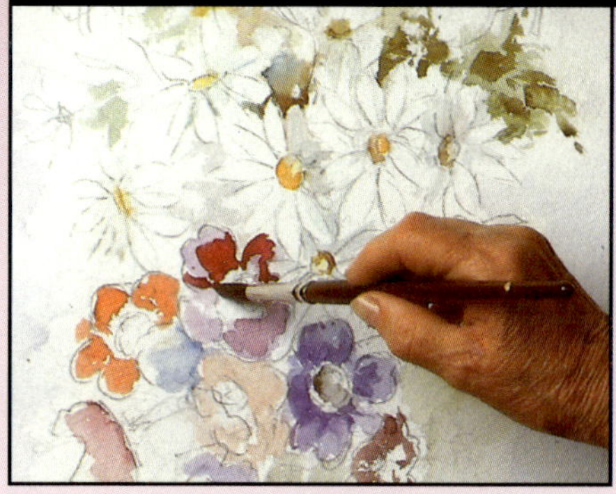

61

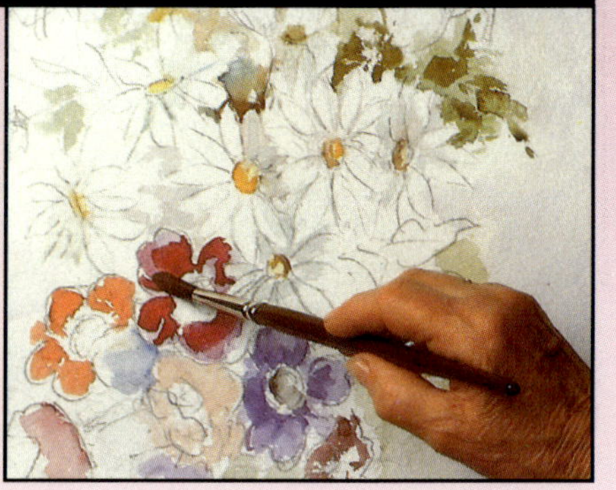

62

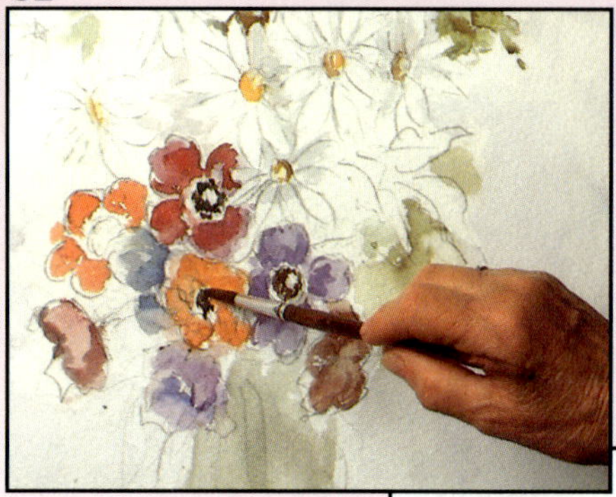

Abb. 60 bis 62: Anlage kleiner Farbtupfer und Absaugen von Farbe zum Beispiel für die Blütenblätter (Abb. 60 und 61) und die Kronen der Anemonen (Abb. 62).

Abb. 63 und 64: Carmen umreißt die Blüten und malt die Knospen der Margeriten im oberen Abschnitt (Abb. 63). Von Zeit zu Zeit schwächt sie mit der Fingerkuppe die Farbe ab oder entfernt sie wieder (Abb. 64).

63

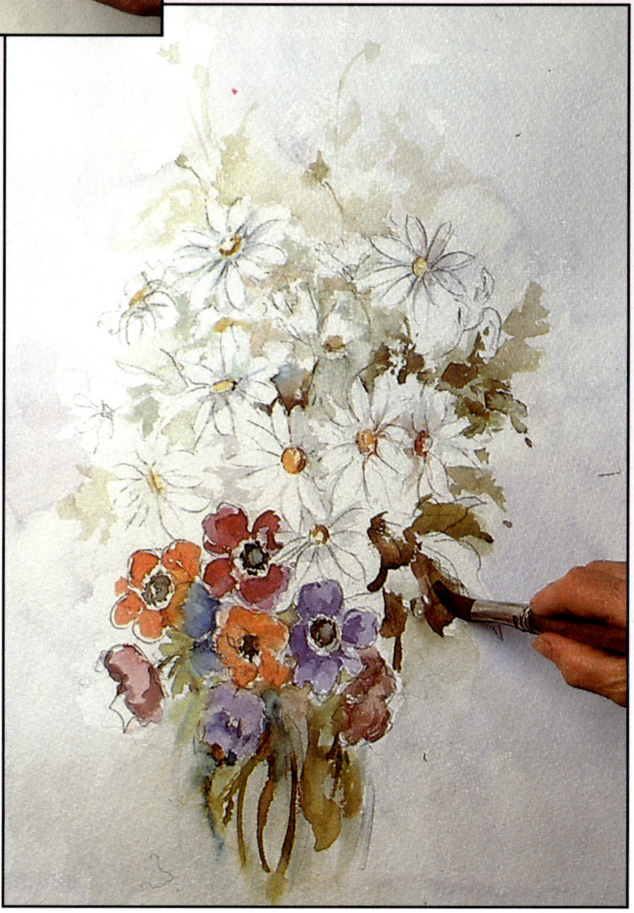

64

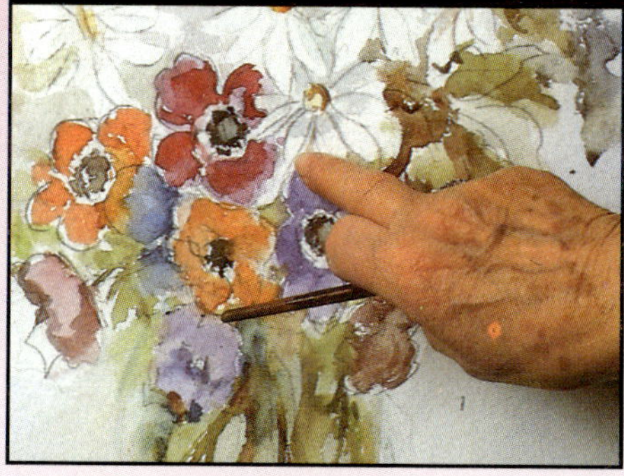

65

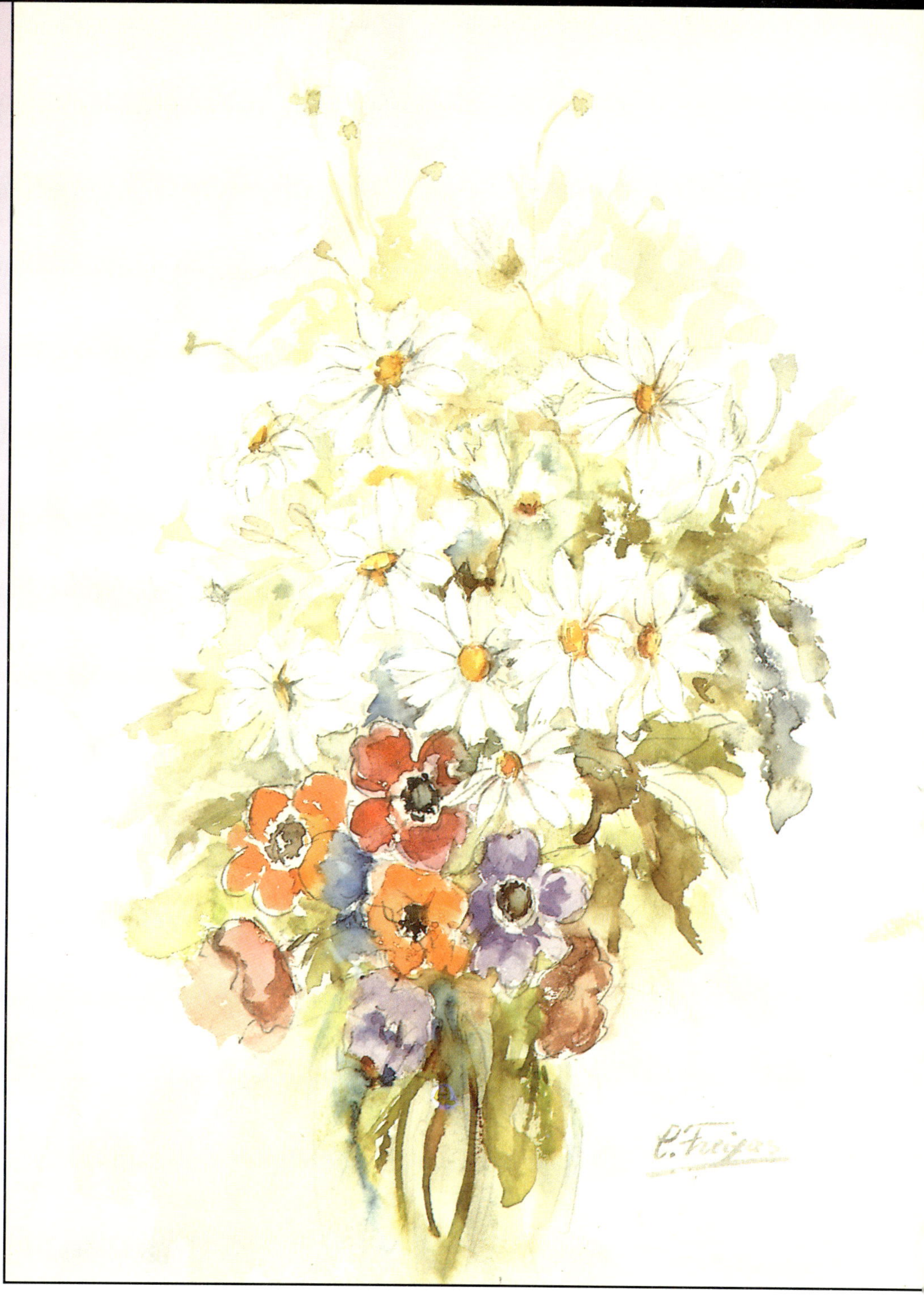

Nachdem Carmen einen kleinen Tupfer unter eine Margerite gelegt hat, verstreicht und verschmilzt sie ihn mit dem Mittelfinger (Abb. 64). Zu dieser Technik, mit dem Zeigefinger, dem Mittelfinger oder dem kleinen Finger zu malen und zu verwischen, greift die Künstlerin häufig während der Anfertigung dieses Aquarells.
Carmen hat das Abschlußstadium ihres Bildes erreicht und arbeitet jetzt langsamer. Sie überlegt jeden Pinselstrich genau und tritt von Zeit zu Zeit von der Staffelei, dem Zeichenbrett und ihrem Aquarell zurück, um es aus der Entfernung zu betrachten und zu analysieren, bevor sie neue Farbe hinzufügt. Während dieses letzten Stadiums beseitigt sie mit einem Radierer die letzten Bleistiftspuren. Dann signiert und beendet sie ihr Werk, um der Versuchung zu widerstehen, unablässig weiterzuarbeiten und zu retuschieren. „Dieses letzte Stadium des Aquarells, in dem man ständig zwischen dem Wunsch nach Perfektion und der Notwendigkeit schwankt, das Bild rechtzeitig zu beenden, erinnert mich an einen Ausspruch des berühmten verstorbenen Aquarellmalers Federico Lloveras", erzählt Carmen. „Laß es in Ruhe. Sonst wird die Hand Fortunys vom Himmel herabfahren und dir den Pinsel aus der Hand reißen, damit du nicht weiter an etwas malst, das längst erledigt ist, und zwar gut erledigt ist."

Abb. 65: Das fertige Aquarell. Carmen Freixas hat noch eine ganze Weile in Ruhe daran gearbeitet und das Bild immer wieder aus einem größeren Abstand und aus der Nähe betrachtet. Endlich kommt sie zum Schluß und signiert ihr Werk, das ihren Ruf und ihr Können als Aquarellmalerin bestätigt.

Eine Stadtlandschaft als Aquarell

Gaspar Romero wird nun eine Stadtlandschaft als Aquarell malen, einen Blick auf Barcelona, genauer gesagt, auf den Hafen und das Hafenviertel. Das Thema, das Sie auf dem Foto nebenan sehen (Abb. 66), weist eine Parallelperspektive mit einem einzigen Fluchtpunkt und einem sehr hohen Horizont auf. Das Foto wurde vom Montjuïch aufgenommen, einem Aussichtspunkt oberhalb der Stadt mit den alten Studios des spanischen Fernsehens.

Gaspar Romero arbeitet auf Papier des englischen Herstellers Laughton und fertigt die Vorzeichnung mit einem Bleistift 2B an. Anschließend malt er, wie immer, mit einer Mischung aus Ultramarinblau und Kobaltblau die Schatten. Das Blau ist sehr hell und stark verdünnt, wie Abbildung 67 zeigt. Die Lasur ist kaum zu erkennen, reicht jedoch aus, um die Formen zu bestimmen und die zuvor angefertigte Zeichnung zu vervollständigen. Die Anlage der Schatten mit dem schwachen Blau erleichtert den Aufbau und ergibt gleichzeitig eine Art Momentaufnahme von der Beleuchtung, die sich natürlich im Laufe der zwei oder drei Stunden verändert, die man für ein Aquarell benötigt.

Gaspar Romero malt bereits, „von oben nach unten und von links nach rechts", wie er es stets tut und ganz besonders hier, wo er wegen der Luftperspektive – also der zwischengeschobenen Atmosphäre – von wenig nach mehr arbeiten muß. Er beginnt sein Aquarell mit den Häusern und Formen im Hintergrund, die hauptsächlich aus Kobaltblau und einer Spur Karmin bestehen, malt mit Englischrot den Erdstreifen auf der linken Seite und legt mit Permanentgrün und Okker die Bäume unmittelbar darunter an (Abb. 68 und 69). Für diese ersten Farbtupfer verwendet er einen Pinsel Nr. 12 mit Mischhaar aus Rotmarderhaar und Synthetikfasern. Für die konkreteren Formen der Fenster und Schatten greift er abwechselnd zu einem Rotmarderpinsel Nr. 6 und einem kleinen Flachpinsel von 1 cm Breite, mit dessen Kante er die Linien zieht (Abb. 70). Zum Absaugen von Wasser oder Farbe verwendet Gaspar Romero keine Lappen, sondern Saugpapier, das er zusammenfaltet und

66

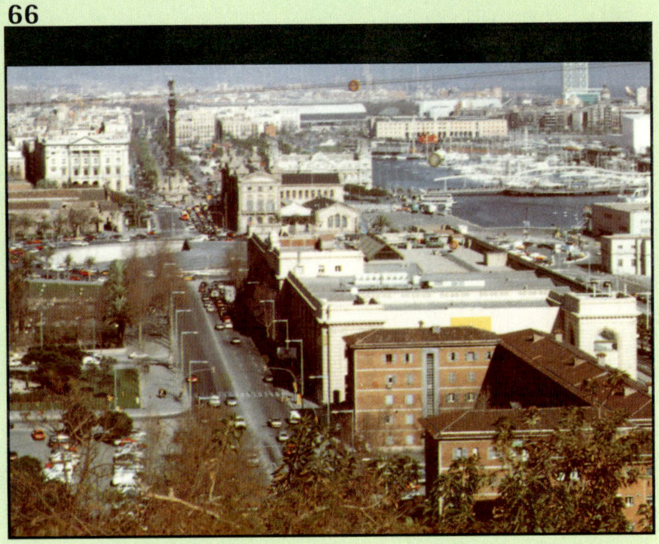

67

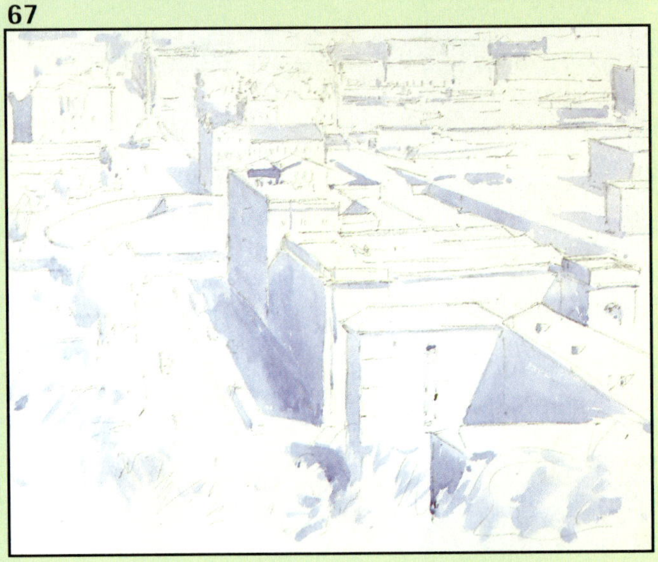

Abb. 66 und 67: Das Modell: der Hafen und das Hafenviertel von Barcelona, vom Montjuïch gesehen. Abbildung 67 zeigt Gaspar Romeros Eingangszeichnung mit der hellblauen Farbe-Wasser-Mischung für die Schatten, an denen er bis zum Abschluß des Aquarells nichts mehr verändern wird.

68

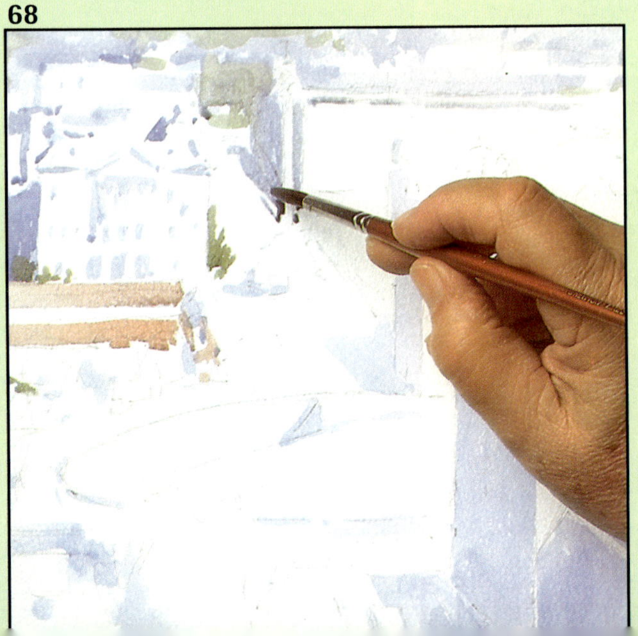

wie einen kleinen Schwamm in der linken Hand hält.
Der Künstler nähert sich nun dem Mittelgrund. Er malt das Meer, fügt ein Schiff, eine Fähre hinzu und befaßt sich anschließend mit den Gebäuden, den Fenstern, den Dächern, den Schatten und den Grünflächen. Immer mit diesen blaustichigen Farben, die dem Mittel- und dem Hintergrund entsprechen (Abb. 71).
Mit einer Mischung aus Kobaltblau und Krappkarmin malt er die Schatten der nahen Häuser und berücksichtigt dabei ebenfalls die Luftperspektive. Betrachten Sie die Schatten der beiden vorderen Gebäude, stellen Sie fest, daß der nächste am dunkelsten ist (Abb. 72 uns 73). In dieser letzten Abbildung sind nicht nur die kleinen Details für die Dachterrassen vorhanden. Gaspar Romero hat darüber hinaus die Seitenwand des Hauses mit dem dunkelsten blauen Schatten mit einer sehr hellen cremefarbenen Lasur überzogen.
Es ist ein Aquarell voller unterschiedlicher Tonwerte und Nuancen. So für den Baum in den Herbstfarben vor dem größten Gebäude, oder das rote Haus ganz vorn, an dem der Künstler derzeit malt und für das er zunächst eine sehr helle Lasur anlegt, damit die Aussparungen nicht auf absolutem Weiß erfolgen müssen (Abb. 74 auf Seite 32).

69

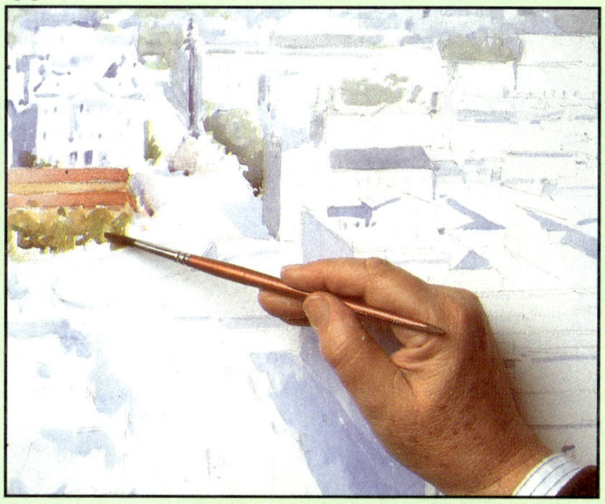

70

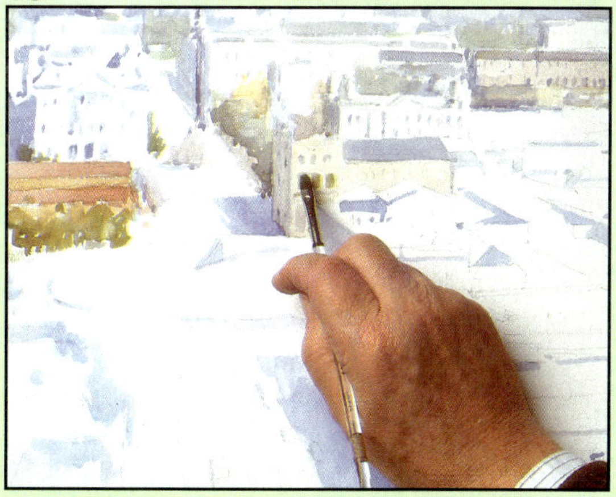

Abb. 68 bis 70: Gaspar Romero malt sein Bild „von oben nach unten". Er beginnt mit den Häusern und den Formen im Hintergrund und fährt mit den Linien für die Dachterrassen und die Fensteröffnungen fort.

Abb. 71: Anschließend malt er das Meer, fügt ein Schiff hinzu, genauer gesagt: eine Fähre, und befaßt sich erneut mit den Gebäuden, den Dächern, den Fenstern und den Terrassen.

Abb. 72 und 73: Er malt die bläulichen Schatten der näheren und nächsten Gebäude, dunkelt die Schatten im Vordergrund stärker ab und erzeugt durch den Kontrast zu den helleren Farben im Hintergrund den Eindruck von Atmosphäre oder einer Luftperspektive.

71

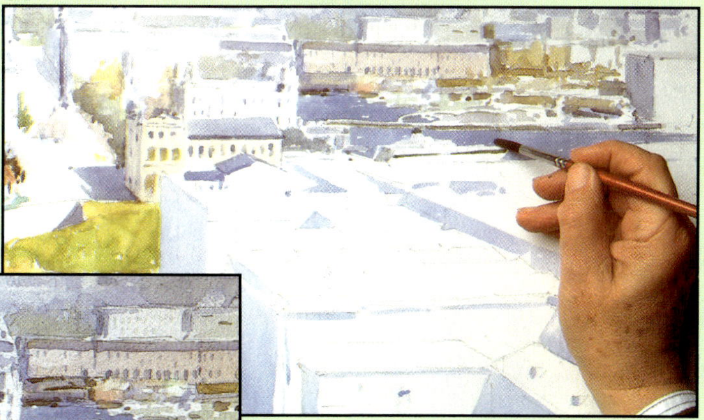

72

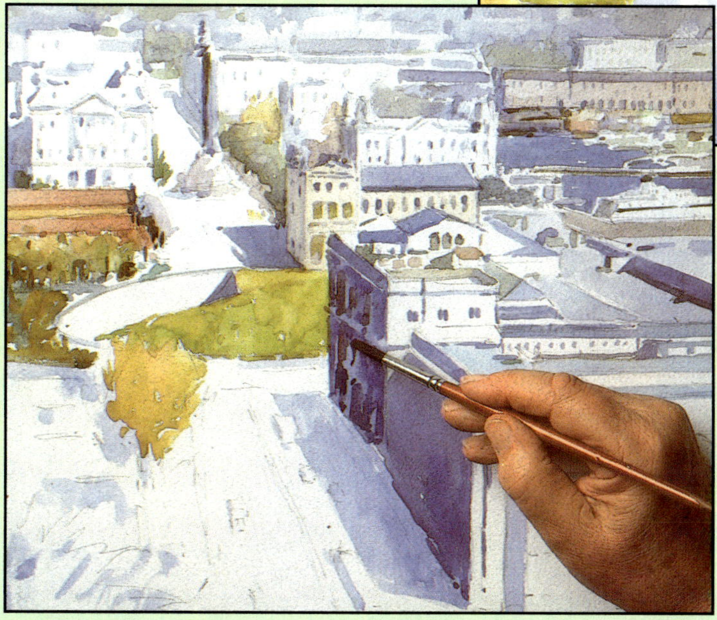

73

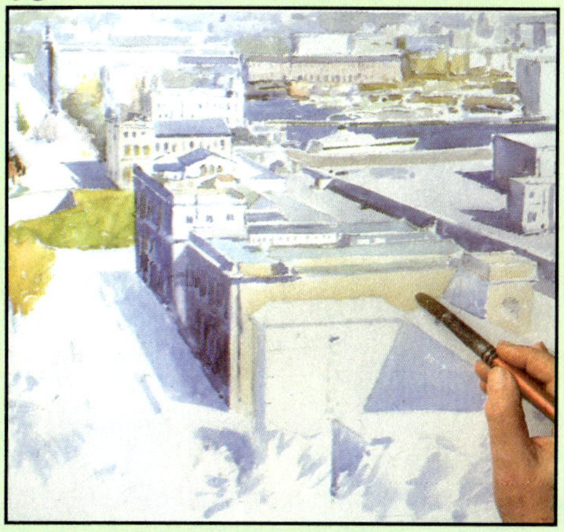

Eine Stadtlandschaft als Aquarell

Es ist ein schwieriges Thema. Aber Gaspar Romero ist ein exzellenter Zeichner. Deshalb ist er in der Lage, die schmalen Linien und Striche aus der freien Hand anzulegen. Zum Beispiel für das Dach des roten Hauses im Schatten (Abb. 75 und 76) oder den Asphaltbelag, den er mit Paynesgrau und Ultramarinblau vom oberen Bildrand bis zum Vordergrund hinabzieht. Auch den schmalen weißen Streifen in der Mitte der Fahrbahn spart er ohne Hilfsmittel aus (Abb. 77). Als weiteren Beweis für seine Sicherheit beim Zeichnen malt er nun aus der freien Hand die Wurfschatten der beiden nächsten Gebäude sowie die Fahrzeuge einschließlich ihrer Schatten auf der Straße (Abb. 78). Beachten Sie auf dieser letzten Abbildung darüber hinaus, daß Gaspar Romero einige schmale, oben geschwungene Striche innerhalb der blauen Schatten der nächsten Gebäude geöffnet hat: Sie entsprechen den Lichtmasten der Straßenbeleuchtung.

74

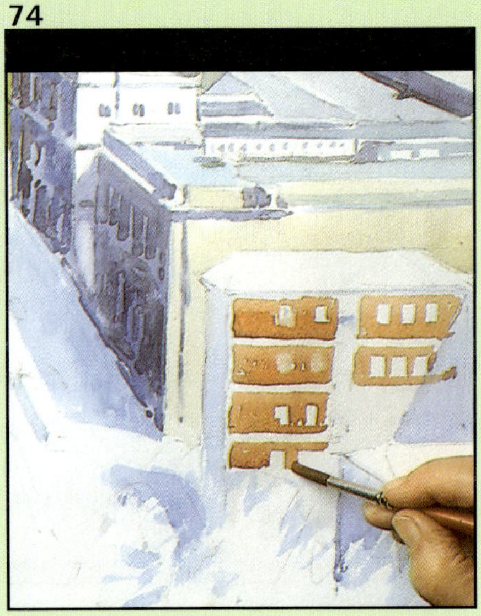

75

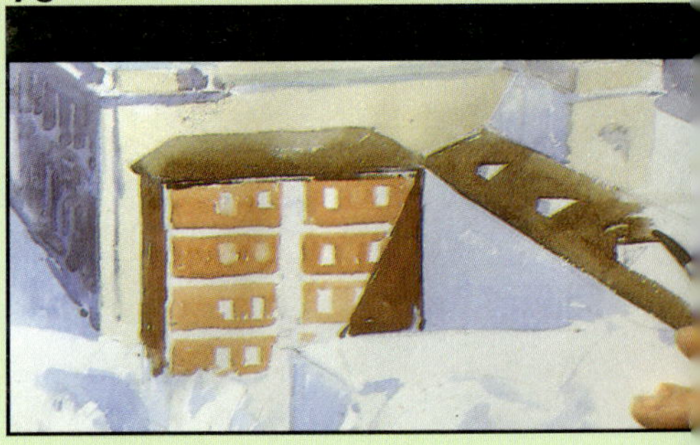

76

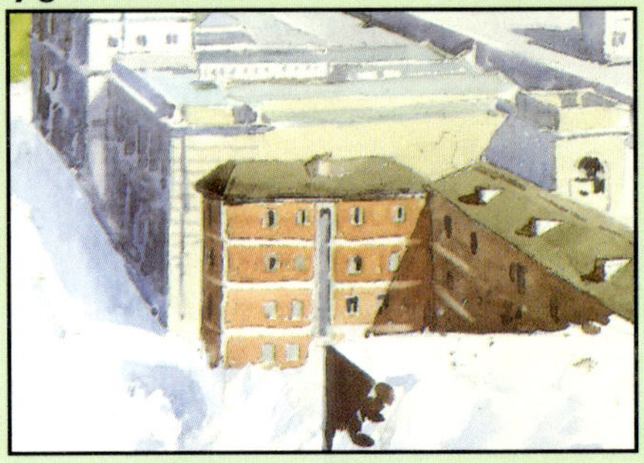

77

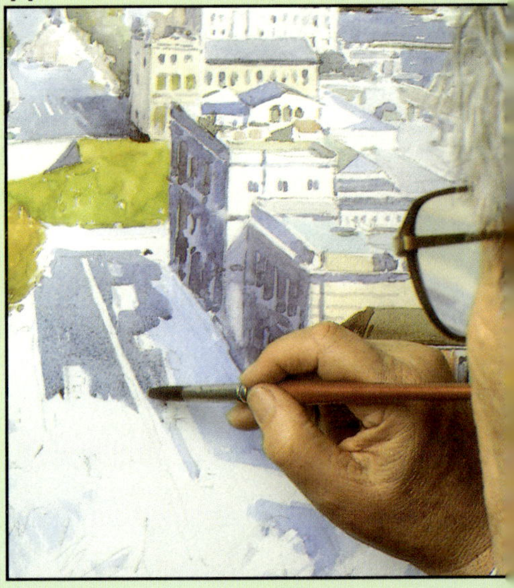

78

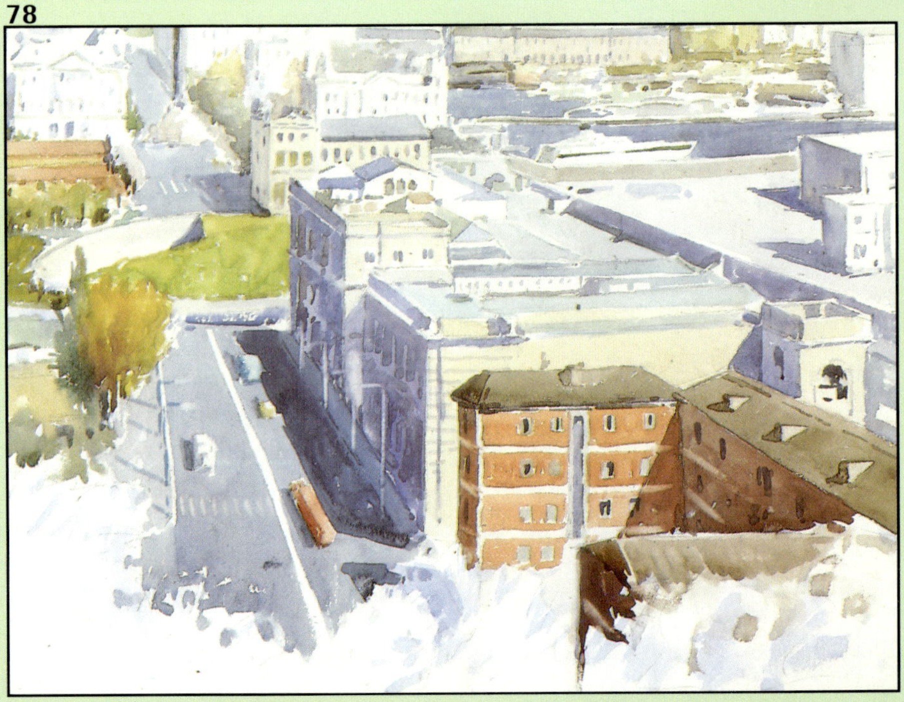

Abb. 74 bis 78: Aufgrund seiner perfekten Beherrschung der Zeichnung und der Aquarelltechnik ist Gaspar Romero in der Lage, die Linien und die Begrenzungen mit Pinsel und Farbe so sicher anzulegen, als benutzte er ein Lineal als Hilfsmittel. Sie können sich davon überzeugen, wenn Sie beobachten, wie er das rote Haus im Vordergrund (Abb. 74) und dessen Dach malt (Abb. 75 und 76) oder das Grau des Asphalts aus der freien Hand anlegt und dabei den weißen Streifen in der Mitte ausspart (Abb. 77). Dasselbe gilt für den Wurfschatten der nächsten Gebäude und die Fahrzeuge einschließlich ihrer Schatten (Abb. 78). Auf Abbildung 78 erkennen Sie ferner, daß Gaspar Romero zwei weiße Linien für die Laternenmasten geöffnet hat.

Der Künstler hat inzwischen das letzte Stadium seines Aquarells erreicht und malt die Bäume im Vordergrund: links mit leuchtendem Permanentgrün, in der Mitte mit Ocker und einer Spur Permanentgrün und rechts mit ziemlich gebrochenem Grün (Abb. 79). Auf der folgenden Abbildung fügt er dunklere Farben hinzu, um die Formen stärker auszuarbeiten (Abb. 80). Abbildung 81 zeigt das fertige, signierte Werk des hervorragenden Aquarellmalers José Gaspar Romero.

Abb. 79 bis 81: Gaspar Romero malt die Bäume im Vordergrund, zunächst die beleuchteten Stellen mit einer hellgrünen Farbe-Wasser-Mischung und anschließend die Schatten mit dunklerem Grün. Abbildung 81 zeigt das fertige Aquarell: Es ist ein gutes Beispiel für die Zeichnung, die Farbe und die Perspektive.

79

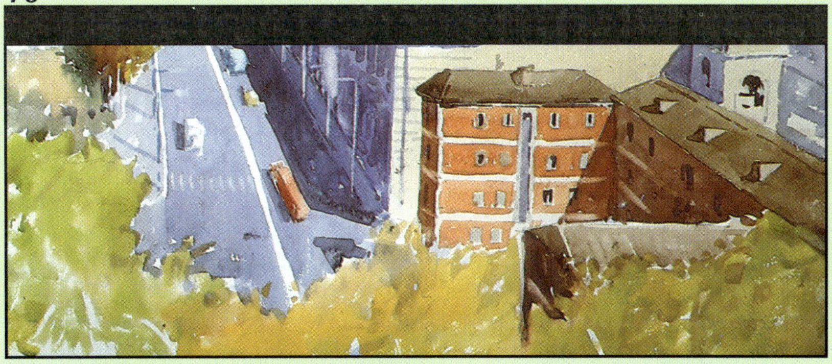

80

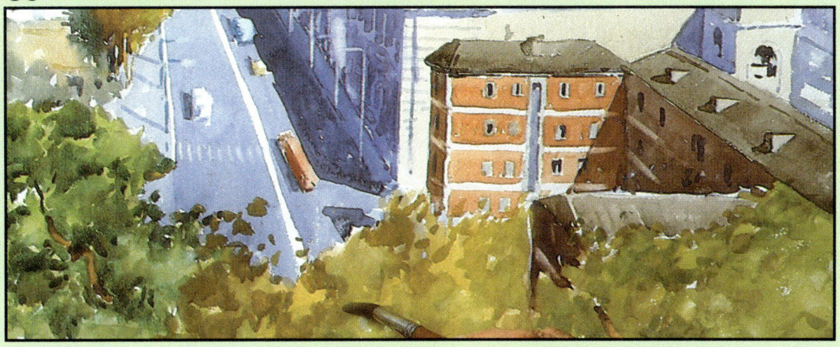

81

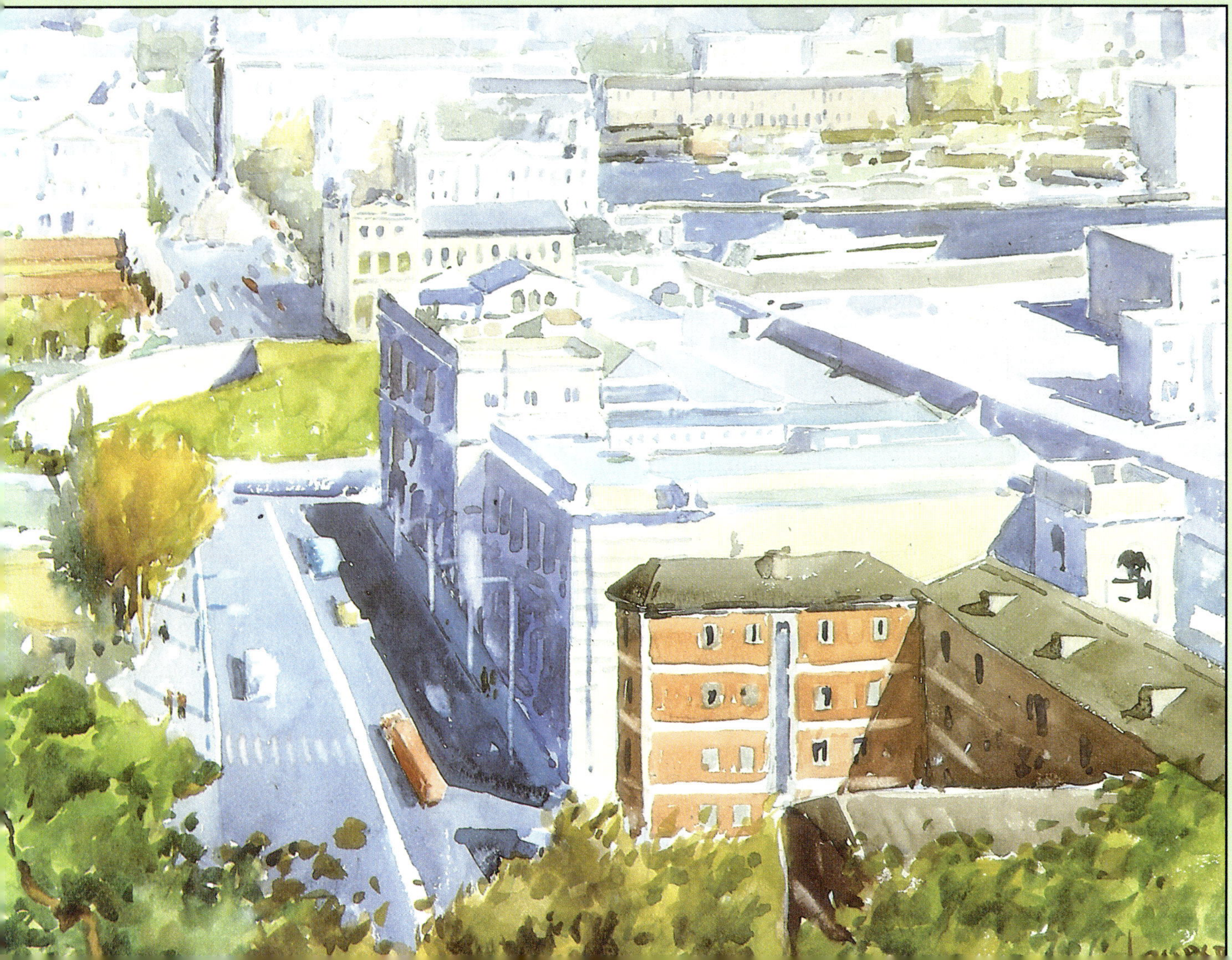

Ein Interieur als Aquarell

Ich war im Atelier meines Freundes Gaspar Romero und blätterte in seinen Zeichenmappen. Da entdeckte ich plötzlich ein Interieur als Aquarell, das mir wegen seiner Thematik und seiner künstlerischen Anlage ganz besonders gefiel (Abb. 82). Ich fragte den Freund, ob wir an diesen Ort fahren und er das Aquarell Schritt für Schritt wiederholen könnte. „Das ist leider unmöglich", antwortete Gaspar. „Das Bild ist schon älter. Die Mühle war damals schon verfallen und wurde inzwischen abgerissen."

Mir kam der Gedanke, daß Gaspar das Aquarell noch einmal malen und sich dabei an das Original als Modell halten könnte, und er war einverstanden. Gesagt, getan. Einige Tage später trafen wir uns im Haus des Fotografen Paco wieder. Gaspar zeichnete und malte mit dem Original vor Augen, und ich machte mir dabei die folgenden Notizen:

Gaspar verwendet einen Palettkasten mit Tubenfarben. Er malt auf dickem 300 g/qm Aquarellpapier von Fabriano im Format 50 x 40 cm mit drei Rotmarderpinseln der Nr. 8, 12 und 14 sowie einem 5 cm breiten Flachpinsel. Wie üblich hat er eine Rolle Saugpapier zur Hand.

Er zeichnet das Thema mit einem Bleistift 2B vor, hält von Zeit zu Zeit inne, kontrolliert die Perspektive und überprüft nach Augenmaß, ob die senkrecht zum Horizont laufenden Linien in einem Punkt (dem Fluchtpunkt) zusammentreffen. Es handelt sich um eine rein lineare Zeichnung ohne die Angabe der Schatten, wie es für die Malerei mit Aquarellfarben erforderlich ist (Abb. 83).

82

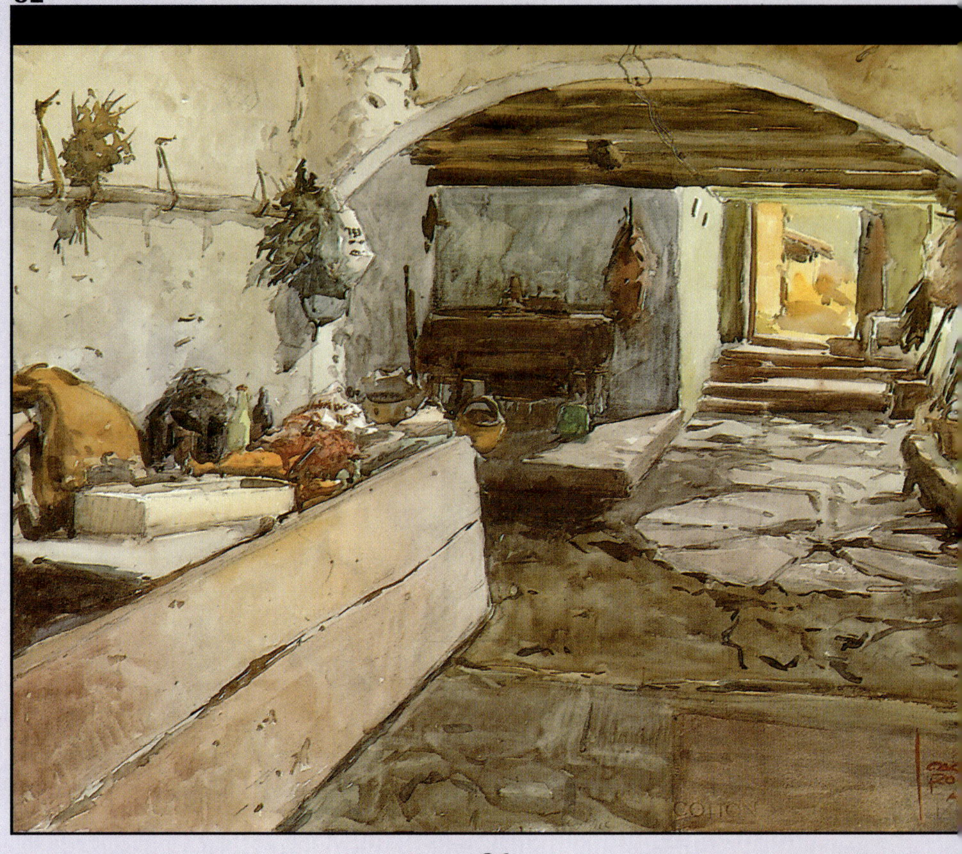

83

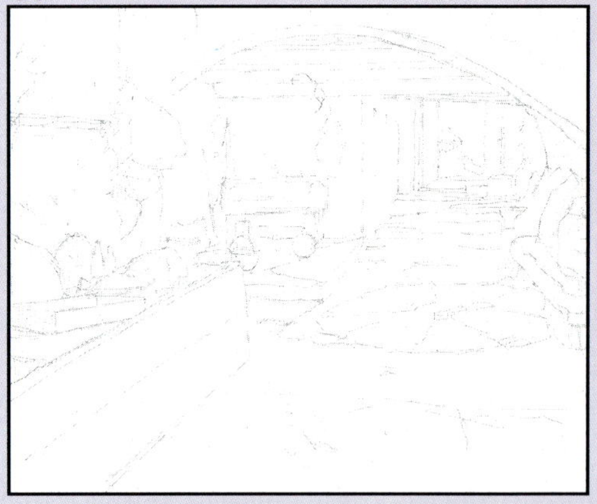

84

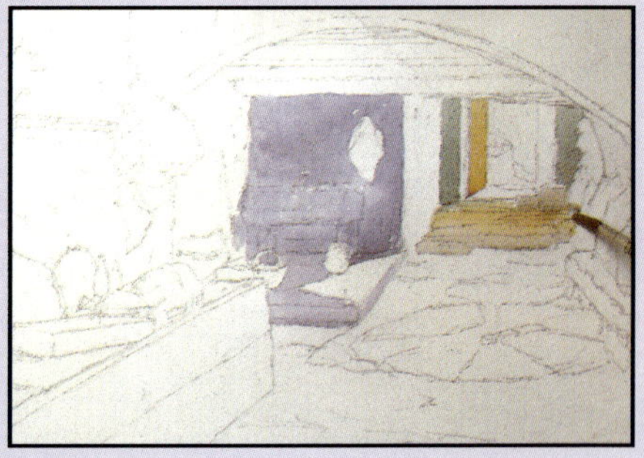

85

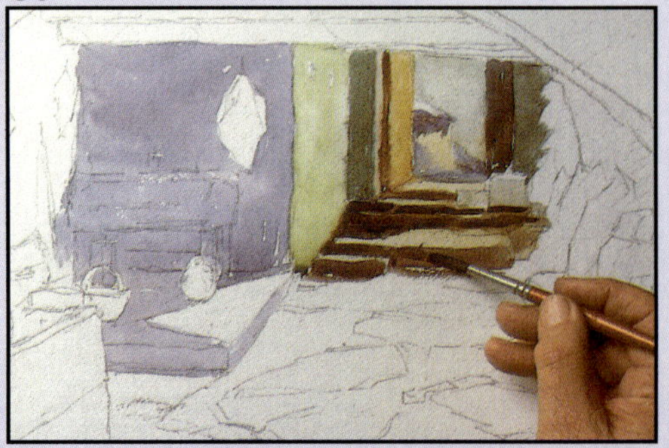

Abb. 82: Hier das Modell: ein Aquarell, das Gaspar Romero vor einigen Jahren von einer Mühle gemalt hat, die leider verfallen ist und daher nicht mehr fotografiert werden kann. Deshalb hält der Künstler sich an das Bild und kopiert es noch einmal für uns.

Abb. 83 bis 85: Die Zeichnung und die ersten Schritte mit Farbe. Gaspar Romero beginnt mit dem Türrahmen, den Stufen und dem Podest im Hintergrund und fährt mit der hellgrünen beleuchteten Wand fort. Außerdem legt er die Schatten an.

Gaspar Romero beginnt das Aquarell mit der letzten Ebene, also der Tür rechts in der Komposition. Mit zarten gleichmäßigen Lasuren malt er das Umfeld und hält sich von vornherein an die Lokalfarben des Modells: Lichter Ocker für den Rahmen und die Stufen, Permanentgrün für die beleuchtete Wand, Umbra gebrannt und Violett (Kobaltblau und Kadmiumrot) für die schattigen Zonen (Abb. 84 und 85). Für die Probestriche vor dem endgültigen Malen verwendet er ein Extrablatt.

Anschließend stellt Gaspar die Formen der flachen Wand und des Podestes fertig. Nachdem der Hintergrund abgeschlossen ist (Abb. 86), greift er zu dem Pinsel Nr. 12 und malt die Balken, die quer über die Decke laufen. Er legt eine Schicht aus Ocker und Sepia an, zeichnet die Formen mit einer Mischung aus Sepia und Siena gebrannt und hebt sie durch kräftige parallele Linien stärker hervor. Bei dieser Arbeit hält er den Pinsel gut fest, um saubere Ränder zu erhalten, wie auf Abbildung 87 zu erkennen.

Anschließend befaßt er sich mit dem Boden und feuchtet die Fläche zunächst mit dem 5 cm breiten Flachpinsel an. Er stellt eine Farbe-Wasser-Mischung aus Kadmiumrot und Kobaltblau her und malt mit dem Pinsel Nr. 14 in der Naßtechnik von oben nach unten (Abb. 88 und 89).

Mit einer dunkleren Lasur als die vorige hebt er die Unebenheiten und die Risse im Boden hervor, die im Gegenlicht, das durch die Tür im Hintergrund fällt, deutlich sichtbar werden.

86

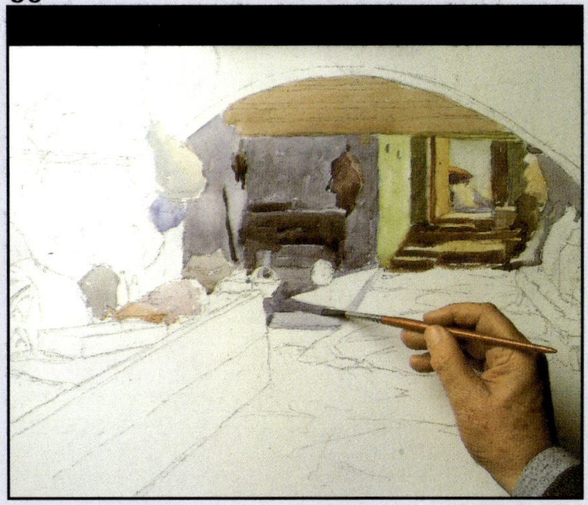

87

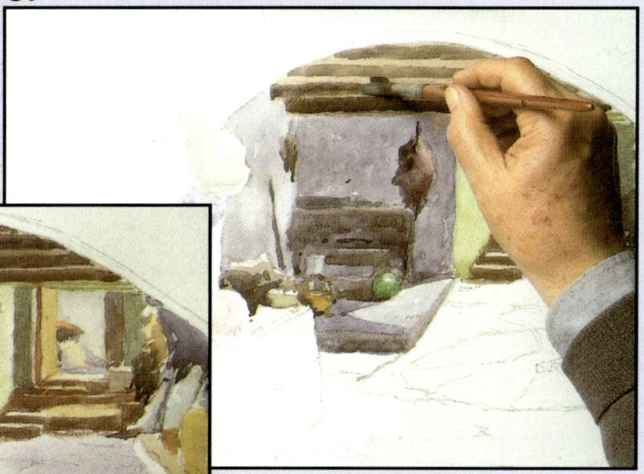

88

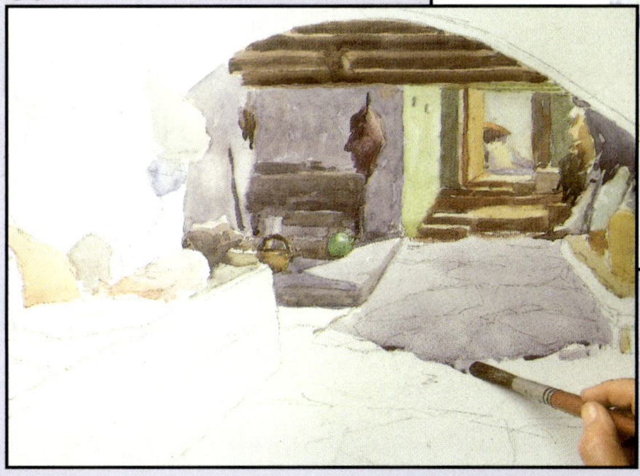

89

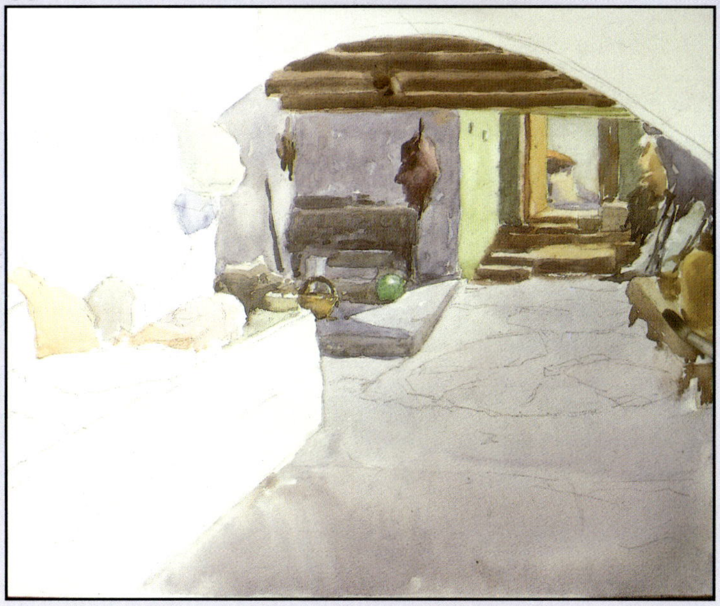

Abb. 86 und 87: Er malt die Formen für die Wand und das Podest im Hintergrund und legt die Deckenbalken an, die er mit kräftigen Farbstrichen verstärkt.

Abb. 88 und 89: Anschließend feuchtet er mit dem 5 cm breiten Flachpinsel die Fläche für den Boden an und malt sie mit dem Pinsel Nr. 14 und einer stark verdünnten Mischung aus Kadmiumrot und Kobaltblau.

Ein Interieur als Aquarell

Mit dem Rotmarderpinsel Nr. 8 und gesättigterer Farbe malt Gaspar Romero nun die Sträuße, die an der Wand stecken. Dazu benötigt er Chromoxidgrün und Paynesgrau. Während die Schicht noch feucht ist, saugt er mit dem ausgedrückten Pinsel Farbe ab und modelliert gleichzeitig die Formen (Abb. 90). Er stellt fest, daß er einige der zuvor angelegten Farben verstärken muß, und tut dies mit unterschiedlichen Nuancen von Violett. Die Farbe für den oberen Abschnitt des Bogens intensiviert er mit einer Schicht aus Preußischblau und Paynesgrau (Abb. 91).

Anschließend legt er mit kleinen Farbtupfern die einzelnen Elemente an, die auf dem Tisch links im Bild verteilt sind. Um sie deutlicher wiederzugeben, bearbeitet er die Formen und Volumen der Flasche, der Lappen, der Kästen etc. von wenig nach mehr und stellt zum Abschluß die winzigen Details dar (Abb. 92).

Das Bild tritt allmählich in sein letztes Stadium. Gaspar Romero fügt einige Farben und Formen hinzu und retuschiert andere. Er legt Lasuren auf die vorige Schicht für die Holzbretter links im Vordergrund und auf den Bogen im Hintergrund und verstärkt die Farben, bis der gewünschte Ton erreicht ist (Abb. 93, 94). Er fügt nicht nur Farbe hinzu, sondern korrigiert und dämpft auch den Tonwert etlicher Schatten, um einen besseren Kontrast zwischen den einzelnen Elementen zu erhalten, aus denen sich das Thema zusammensetzt. Endlich signiert er sein Werk (Abb. 95).

„Gefällt es dir?“ fragt er.

„Ja, natürlich. Es ist eine ausgezeichnete Kopie und ein gutes Beispiel für die Zeichnung, die Perspektive und die Harmonisierung der gebrochenen Farben. Die herrlichen Skalen aus Ocker, Grün, Umbra und Rosa ordnen sich dem dominierenden Violett wunderbar unter. Es gefällt mir, Gaspar. Und ich gratuliere dir herzlich!“

90

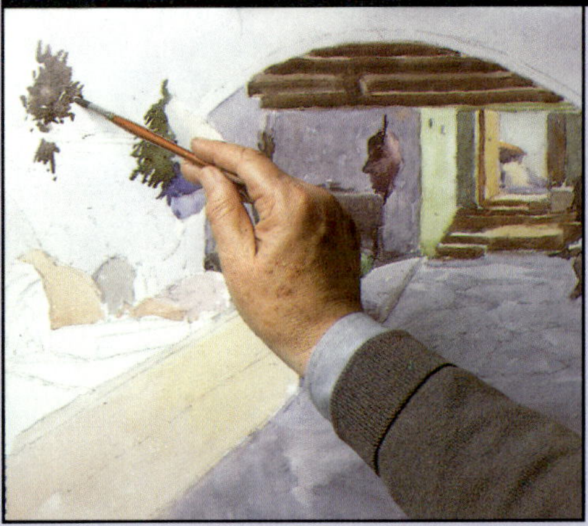

91

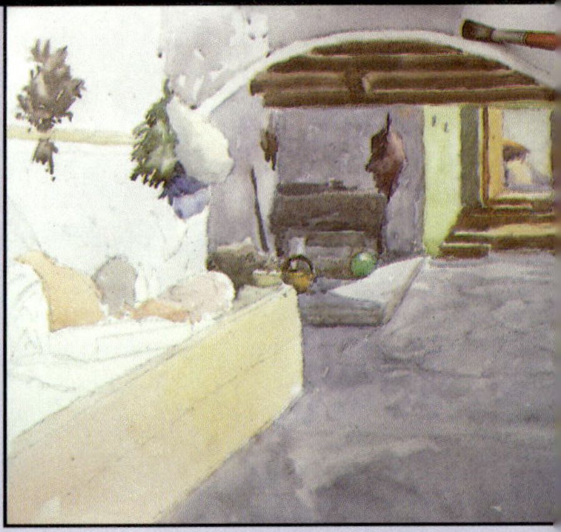

92

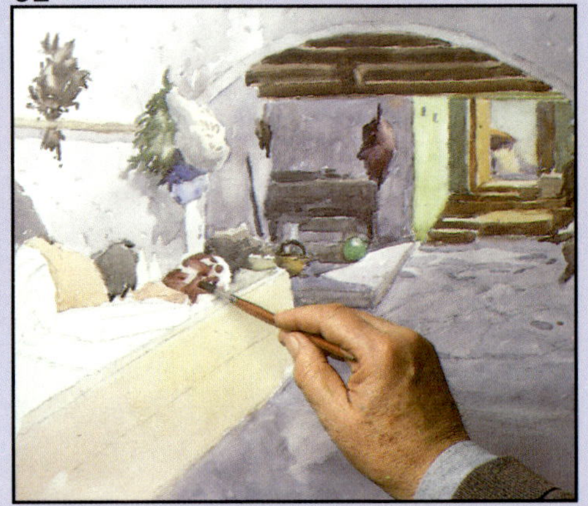

93

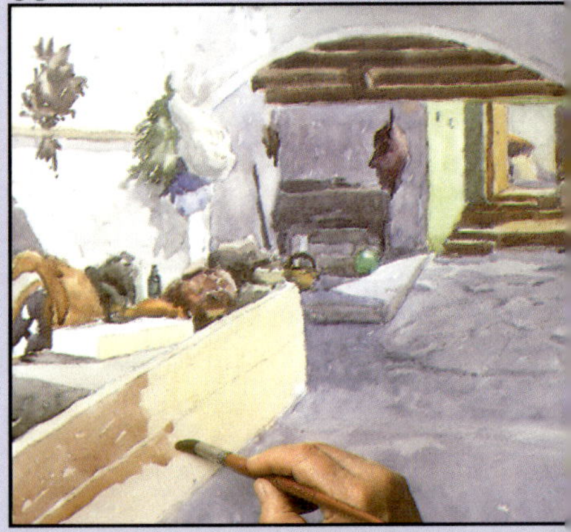

94

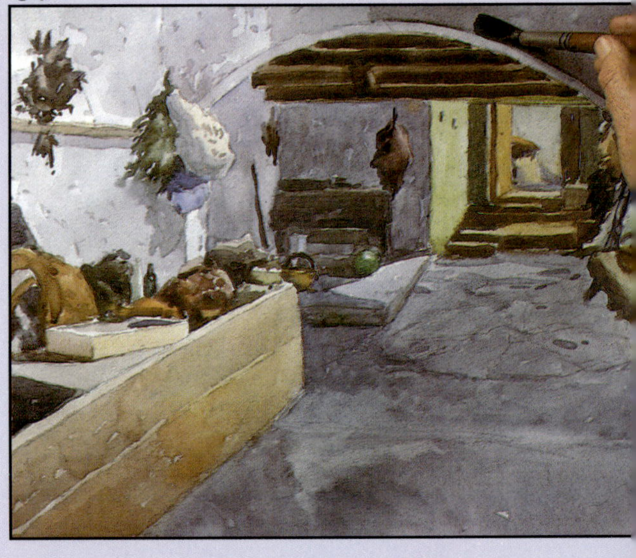

Abb. 90 bis 95: Die Formen der Schatten werden vom Gegenlicht bestimmt, das durch die Tür hereinfällt, besonders innerhalb der Unebenheiten des Bodens. Auf Abb. 90 stellt Gaspar Romero die Formen und Tonwerte der Sträuße an der Wand dar. Wegen der Beleuchtung mit Gegenlicht verstärkt er die Farben im oberen Abschnitt des Rundbogens (Abb. 91) und malt anschließend die kleinen Elemente auf dem Tisch links im Bild (Abb. 92). Zum Abschluß fügt er weitere Farbe für die Holzbretter im Vordergrund und den Bogen im Hintergrund hinzu. Er betont die Kontraste einiger Farben und Formen (Abb. 93 und 94) und signiert das Aquarell (Abb. 95).

95

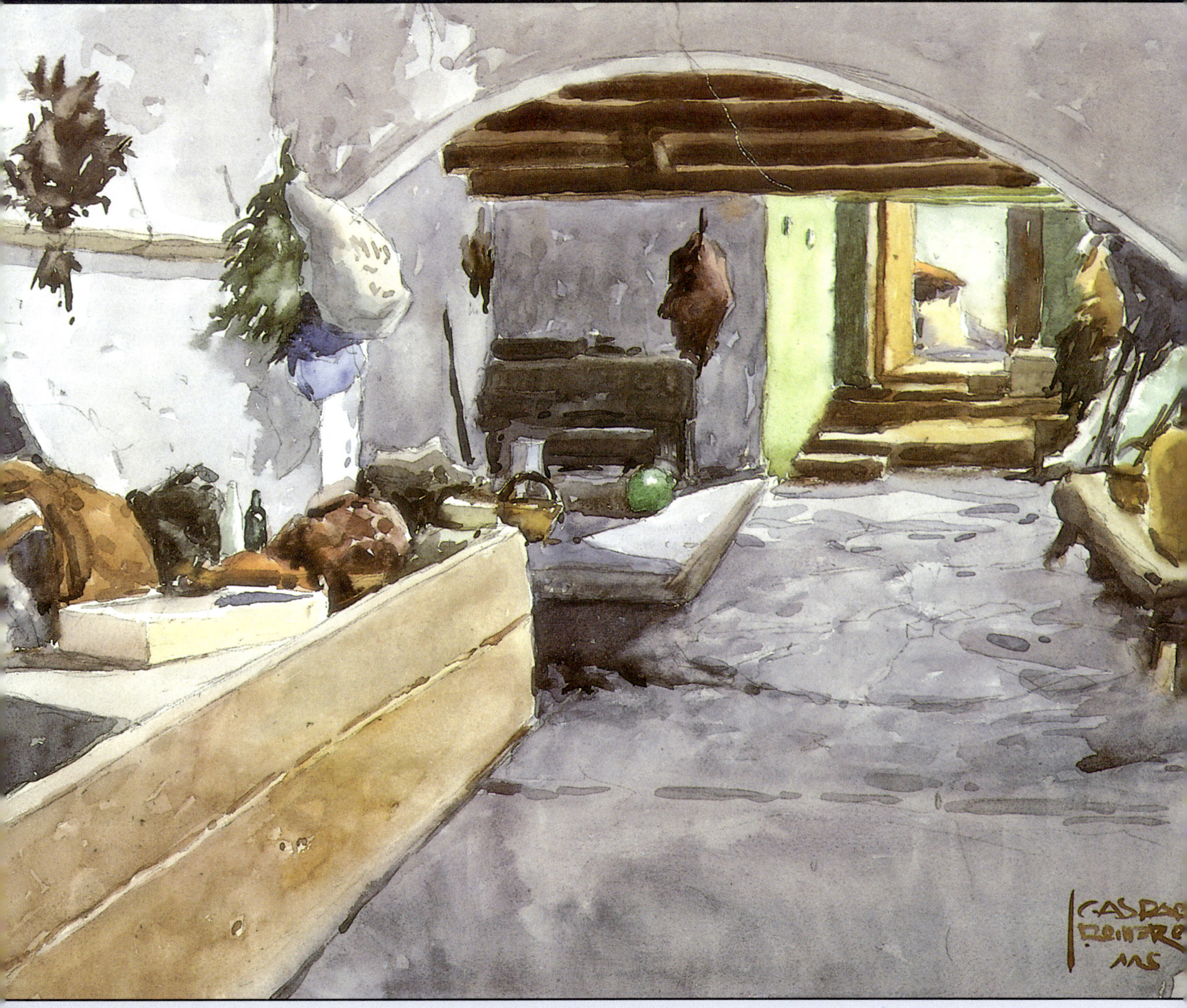

Der Fluchtpunkt der Diagonalen

96

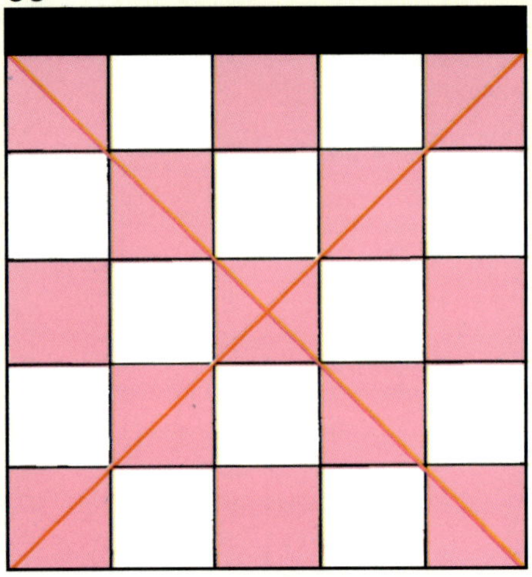

In dem Band über die Komposition und die Interpretation von *Parramóns Aquarellmalschule* haben wir Ihnen bereits eine Einführung in die Grundlagen der Perspektive gegeben und kurz erklärt, worum es sich bei der Horizontallinie, den Fluchtpunkten, der Parallel- und der Schrägperspektive handelt. Zur Ergänzung dieses Grundwissens werden wir uns nun mit dem Fluchtpunkt der Diagonalen befassen, mit dessen Hilfe wir ein Bodenmosaik, Baumreihen, Säulen und Treppen zeichnen und malen können. Wir beginnen unsere Erklärungen mit der Darstellung sich wiederholender geometrischer Formen, die in die Tiefe verlaufen.

Abbildung 96 zeigt ein von oben gesehenes Mosaik. Die beiden sich kreuzenden Diagonalen bilden jeweils einen Winkel von 45 Grad. Abbildung 97 zeigt dasselbe Mosaik in der Perspektive. Um es zu zeichnen, haben wir die Bildebene davor angehoben, die in der Praxis nichts anderes ist als das Blatt Papier, auf dem wir zeichnen oder malen. Betrachten Sie die Bildebene näher, stellen Sie fest, daß die Diagonalen im Winkel von 45 Grad, die wir in dem flachen Mosaik auf Abbildung 96 gesehen haben, auch hier zu den perspektivischen Parallelen vorhanden sind, die ihrerseits zum Fluchtpunkt verlaufen und die Perspektive des Mosaiks bestimmen.

Bleibt noch zu erklären, in welcher Entfernung vom zentralen Fluchtpunkt man die Fluchtpunkte der Diagonalen auf der Horizontallinie anlegen muß. Aus Abbildung 97 und 98 geht hervor, daß der Abstand zu beiden Seiten des Fluchtpunkts (FP) der dreifachen Entfernung (A, B und C) der halben Breite der Bildebene entspricht.

97

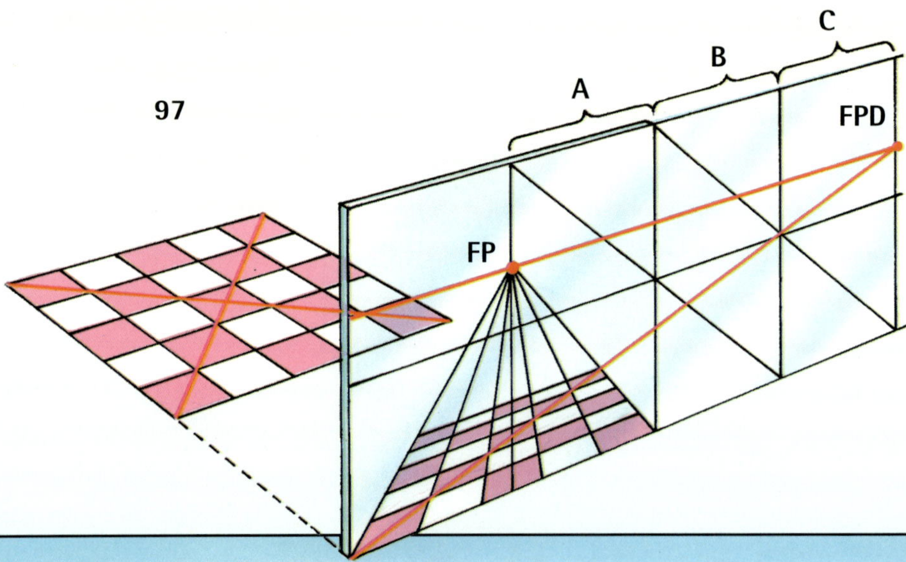

98

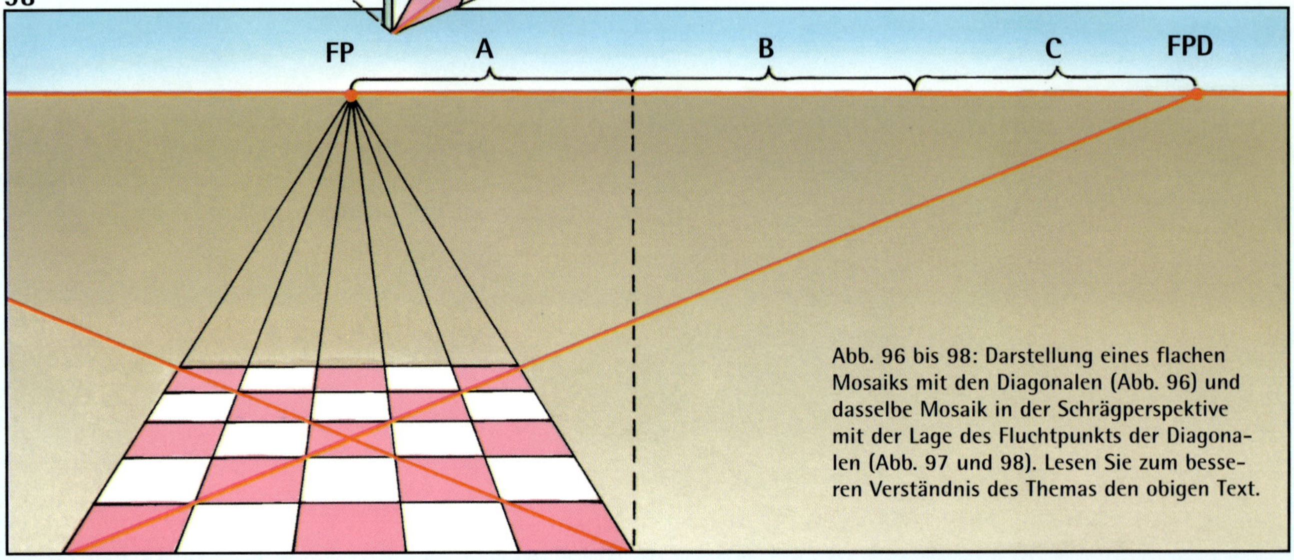

Abb. 96 bis 98: Darstellung eines flachen Mosaiks mit den Diagonalen (Abb. 96) und dasselbe Mosaik in der Schrägperspektive mit der Lage des Fluchtpunkts der Diagonalen (Abb. 97 und 98). Lesen Sie zum besseren Verständnis des Themas den obigen Text.

Ein Mosaik in der Parallelperspektive

Ermitteln Sie zunächst die Höhe der Horizontallinie (HL), und legen Sie den Fluchtpunkt darauf an (FP). Unterteilen Sie die Erdlinie des Mosaiks in sechs gleiche Abschnitte oder Platten. Zeichnen Sie die Fluchtlinien zum Fluchtpunkt, und legen Sie nach Augenmaß ein perspektivisches Quadrat im rechten unteren Winkel an, das zwei Platten entspricht (Abb. 99).
Ziehen Sie nun eine Diagonale durch die Winkel des Quadrats und das Mosaik. Deren Schnittpunkte mit den Fluchtlinien (A, B, C, D, E und F) ergeben die Lage der waagerechten Parallelen des Mosaiks (Abb. 100).
Verlängern Sie die Diagonale, erhalten Sie im Schnittpunkt mit der Horizontallinie den Fluchtpunkt der Diagonalen (FPD). Mit Hilfe dieser Schnittpunkte können Sie jetzt alle Waagerechten zeichnen, aus denen das Mosaik besteht (Abb. 101).
Nachdem Sie dieses einfache Verfahren begriffen haben, können Sie sich ohne weiteres an kompliziertere Muster wagen wie zum Beispiel das von Abbildung 102.

99

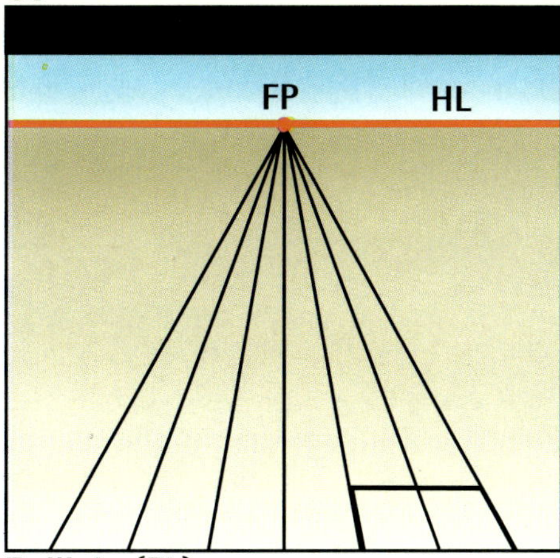

100

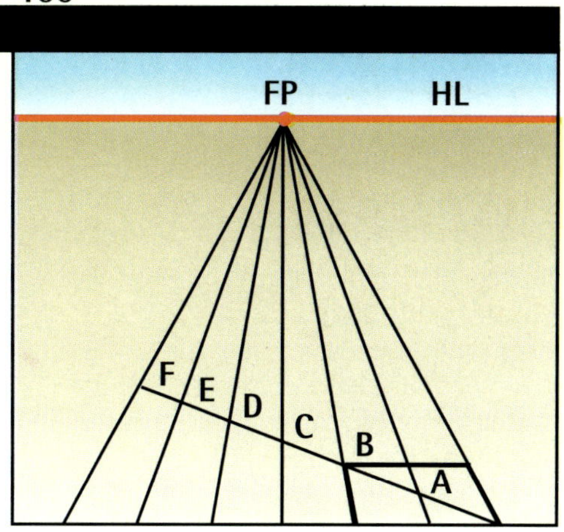

101

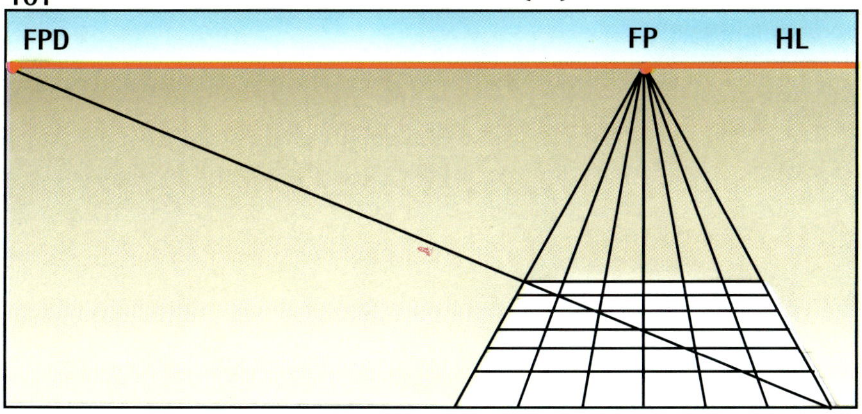

Abb. 99 bis 102: Schema für ein Mosaik in der Parallelperspektive und die Anwendung der zuvor erklärten Methode für ein Mosaik mit verzierten Bodenplatten (Abb. 102).

102

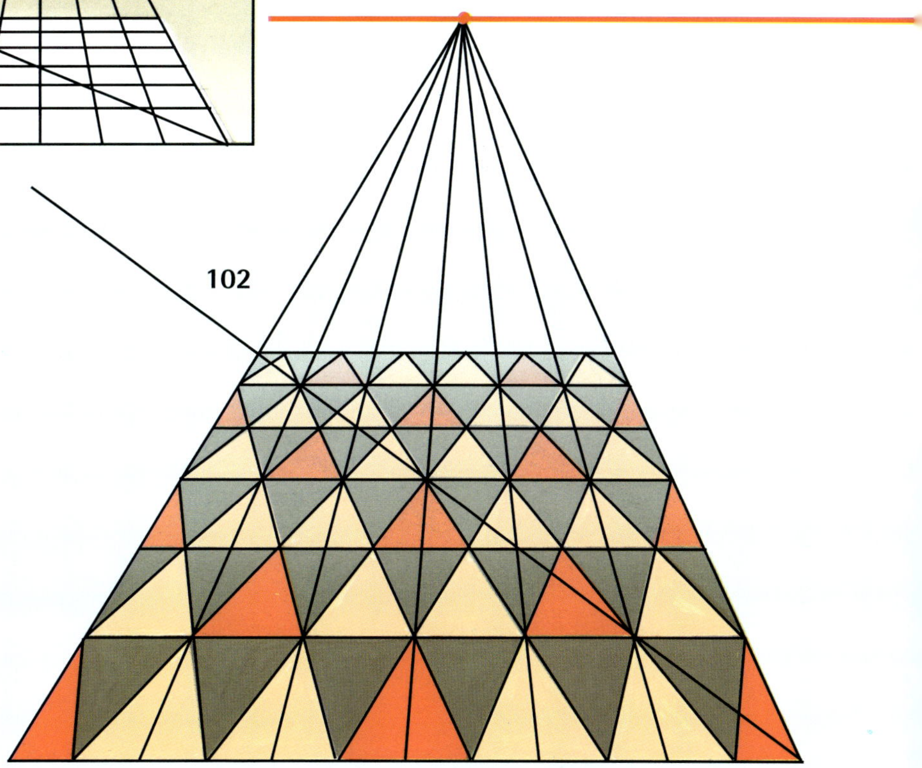

Ein Mosaik in der Schrägperspektive

Zeichnen Sie die Horizontallinie (HL) und die Fluchtpunkte (FP1 und FP2), und bauen Sie ein Quadrat in der Schrägperspektive auf. Errichten Sie im nächsten Winkel des Quadrats eine Senkrechte zur Horizontallinie, und legen Sie den Meßpunkt fest (MP). Ziehen Sie anschließend eine Gerade für die Erdlinie (EL). Zeichnen Sie die Diagonale A durch den Winkel A' zu dem Meßpunkt (MP), dessen Schnittpunkt mit der Erdlinie deren Länge angibt. Unterteilen Sie die Erdlinie in sechs gleiche Abschnitte und legen Sie die Diagonalen an (A, B, C, D, E), die zum Meßpunkt flüchten (Abb. 103).

Auf der linken Seite des Quadrats haben Sie eine Reihe von Schnittpunkten erhalten, die Sie mit dem Fluchtpunkt 2 (FP2) verbinden können. Zeichnen Sie vom nächsten Winkel des Quadrats (F) eine Diagonale zum entferntesten Winkel (J). Verlängern Sie diese Gerade bis zur Horizontallinie (Abb. 104), erhalten Sie den Fluchtpunkt der Diagonalen (FPD).

Die Gerade schneidet die Diagonalen zum Fluchtpunkt 2 in den Schnittpunkten F, G, H, I etc. Ziehen Sie durch diese Punkte weitere Diagonalen zum Fluchtpunkt 1 (FP1) (Abb. 105). Damit ist das Mosaik fertig.

103

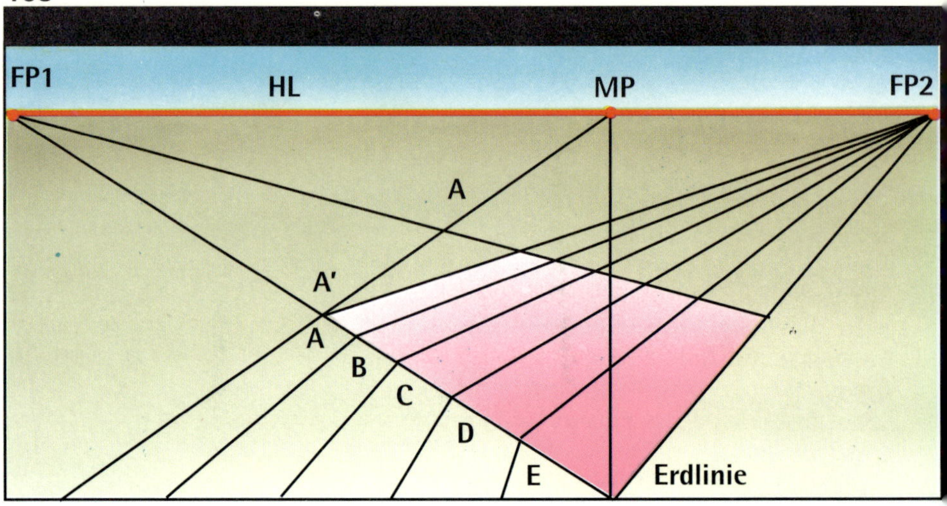

104

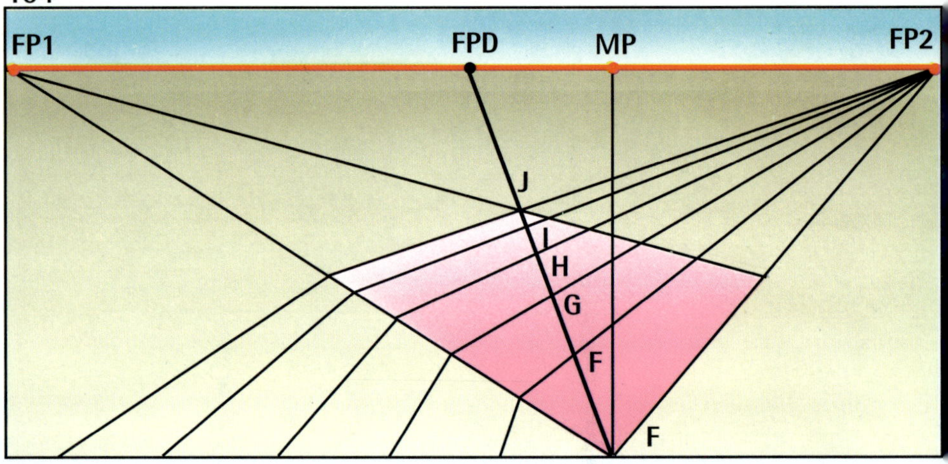

105

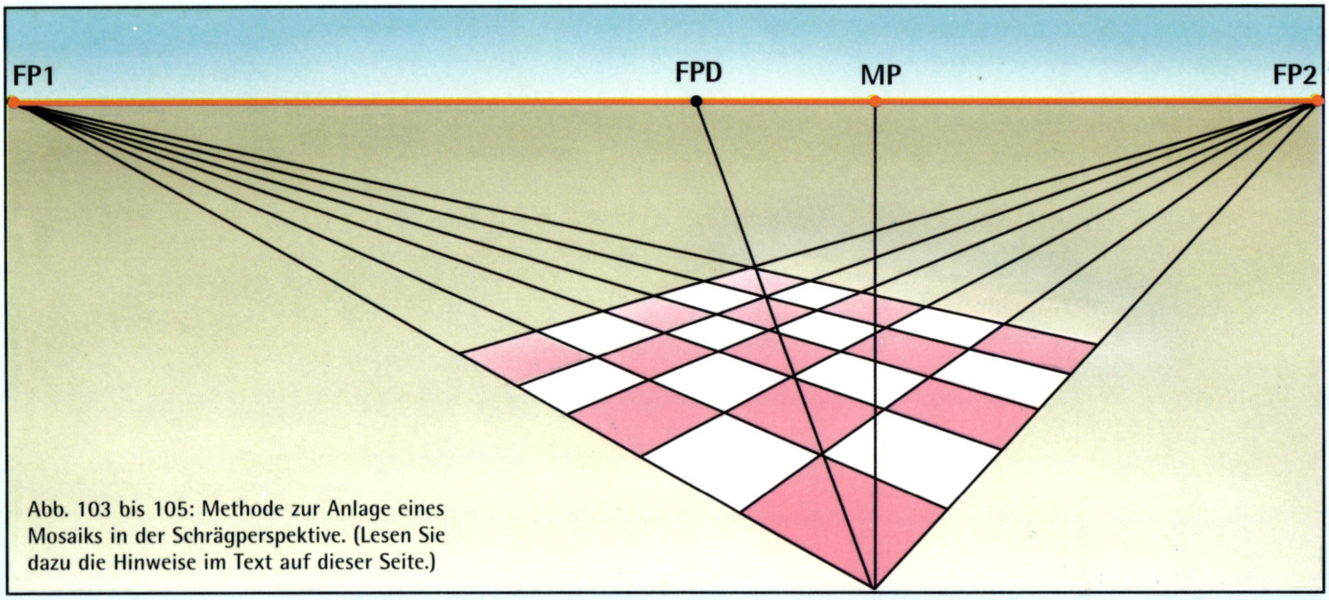

Abb. 103 bis 105: Methode zur Anlage eines Mosaiks in der Schrägperspektive. (Lesen Sie dazu die Hinweise im Text auf dieser Seite.)

Einteilung einer Fläche in der Tiefe

Die einfachste Methode, eine Baumreihe oder die Säulen eines Kreuzgangs perspektivisch darzustellen (Abb. 106 und 107), besteht aus folgenden Schritten: Zeichnen Sie ein perspektivisches Dreieck entsprechend der Fläche, die Ihre Bäume oder Ihre Säulen einnehmen sollen.
Legen Sie die Mitte der nächsten Senkrechte fest (Punkt M), und ziehen Sie von dort eine Gerade zum Fluchtpunkt (FP) auf der Horizontallinie (Abb. 108). Berechnen Sie anschließend nach Augenmaß den Abstand zwischen dem ersten und dem zweiten Element, und errichten Sie dort eine Senkrechte, wie auf Abbildung 109 zu sehen. Ziehen Sie nun eine Diagonale vom Scheitel A durch das Zentrum B zu Punkt C, der die Lage des dritten Baums oder der dritten Säule angibt (Abb. 110). Fahren Sie so fort, bis die gesamte Fläche unterteilt ist (Abb. 111). Sie können die exakte Berechnung nachprüfen, indem Sie die Diagonalen zum zweiten Fluchtpunkt der Diagonalen auf der senkrechten Horizontallinie verlängern (Abb. 112).
Mit der zweiten Methode können Sie die Tiefe ohne Berechnung nach Augenmaß unterteilen. Nehmen wir an, es handelt sich um den Abstand A–B (Abb. 113). Zeichnen Sie vom nächsten Winkel des Rechtecks (C) eine waagerechte Meßlinie (ML), und legen Sie den Meßpunkt (MP) fest, der sich im Schnittpunkt der Horizontallinie mit der nächsten Senkrechten des Rechtecks befindet.

106

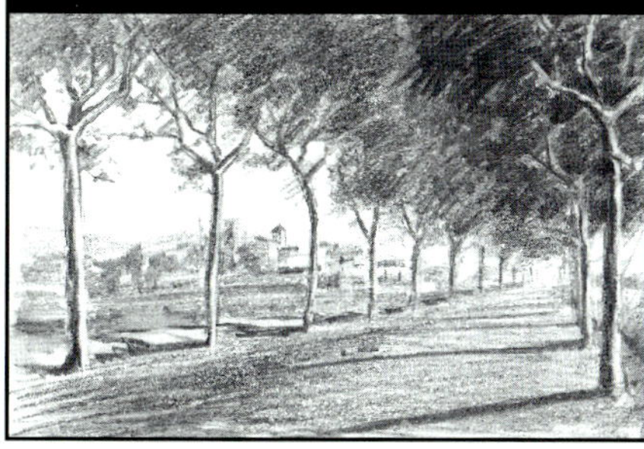

107

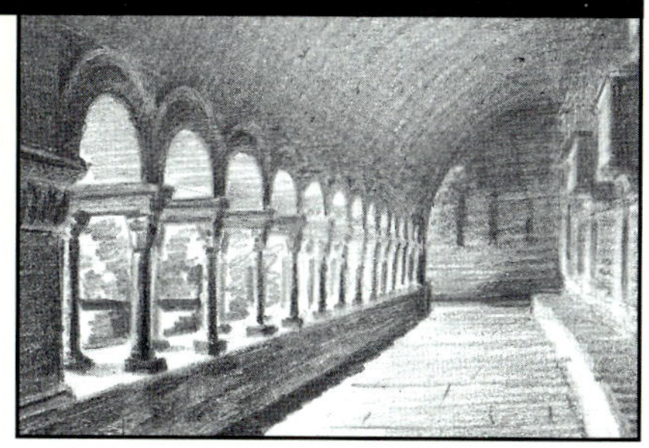

108

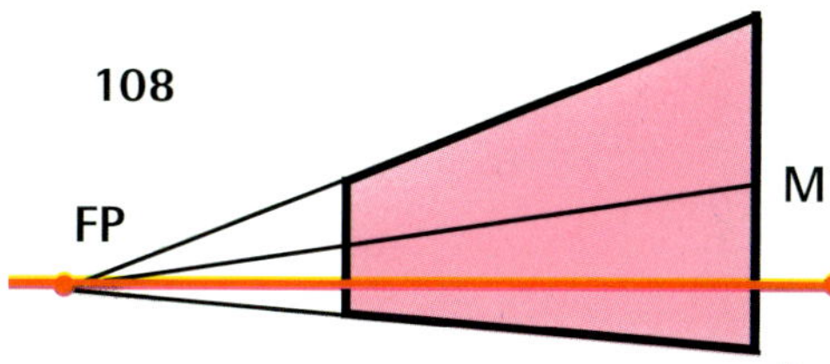

109

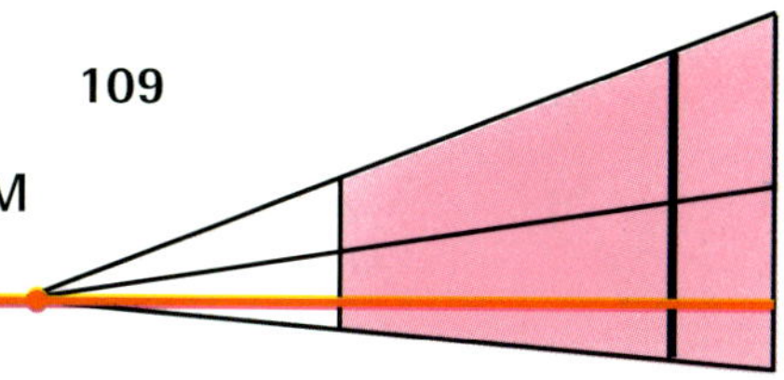

110

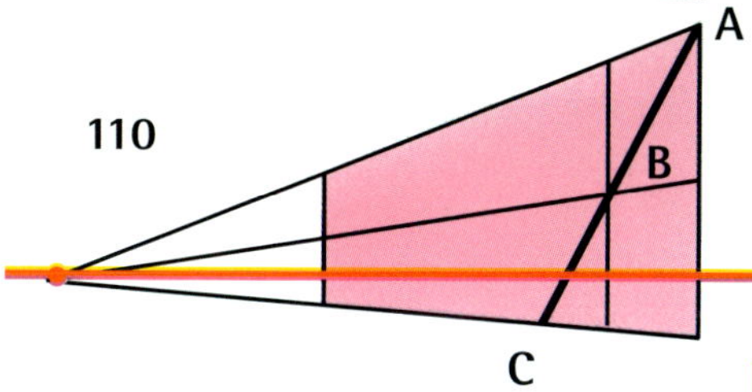

111

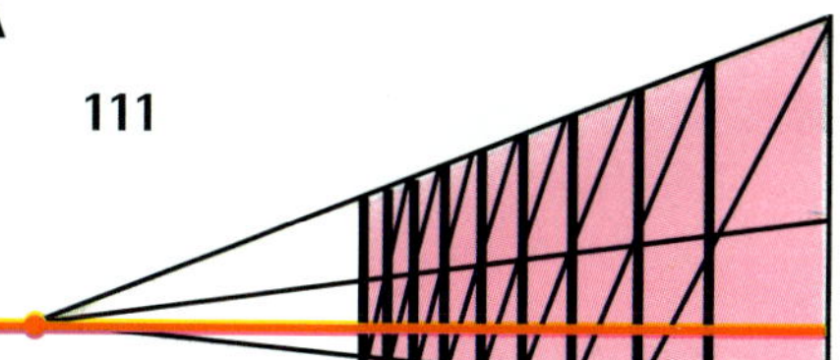

112

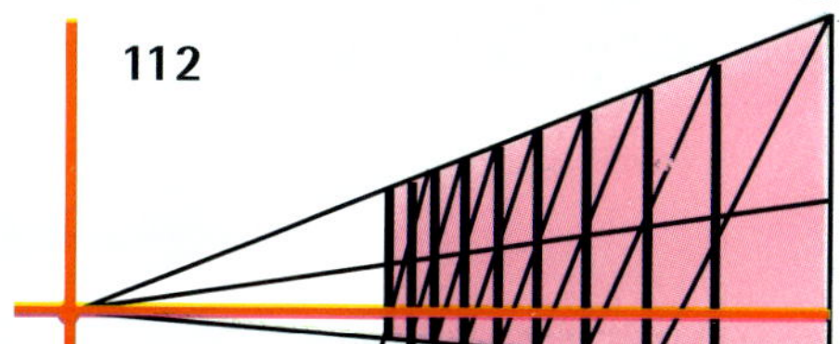

113

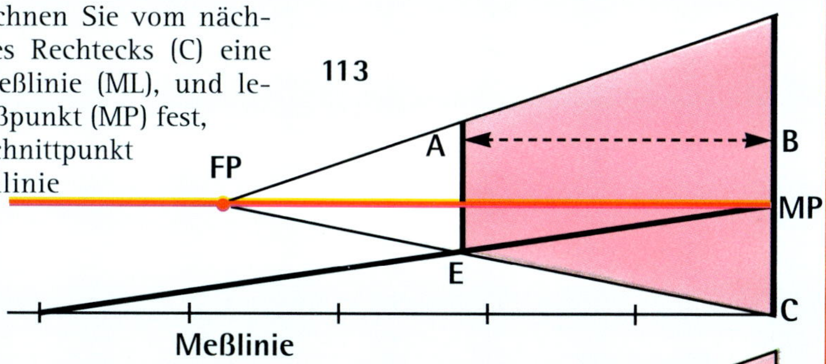

114

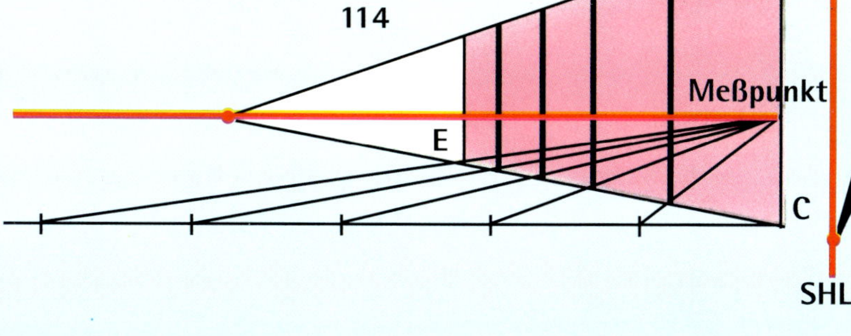

Anschließend ziehen Sie eine Gerade vom Meßpunkt durch den Scheitel E des Rechtecks zu der Meßlinie und unterteilen das erhaltene Segment in die Anzahl der Abschnitte Ihres Modells (Abb. 113). Ziehen Sie nun eine Diagonale von jedem Teilungspunkt zum Meßpunkt, erhalten Sie die perspektivische Aufteilung der Fläche (Abb. 114).

Eine Treppe in der Parallel- und der Schrägperspektive

Um eine Treppe in der Parallelperspektive zu zeichnen, legen Sie zunächst den Fluchtpunkt (FP1) auf der Horizontallinie fest. Anschließend müssen Sie eine senkrechte Horizontallinie (SHL) ziehen, die die waagerechte Horizontallinie im Fluchtpunkt 1 schneidet. Parallel dazu zeichnen Sie die beiden Senkrechten A und B als seitliche Begrenzung der Treppe und unterteilen diese in sechs Abschnitte entsprechend der Anzahl der Stufen. Verbinden Sie die Teilungspunkte durch eine Gerade mit dem Fluchtpunkt auf der Horizontallinie (FP1), und legen Sie zur Ermittlung der Höhe und Tiefe der Stufen nach Augenmaß den Fluchtpunkt der Treppenschräge (FP2) oberhalb des Hauptfluchtpunkts auf der senkrechten Horizontallinie (SHL) an (außerhalb der Abbildung). Ziehen Sie die

115

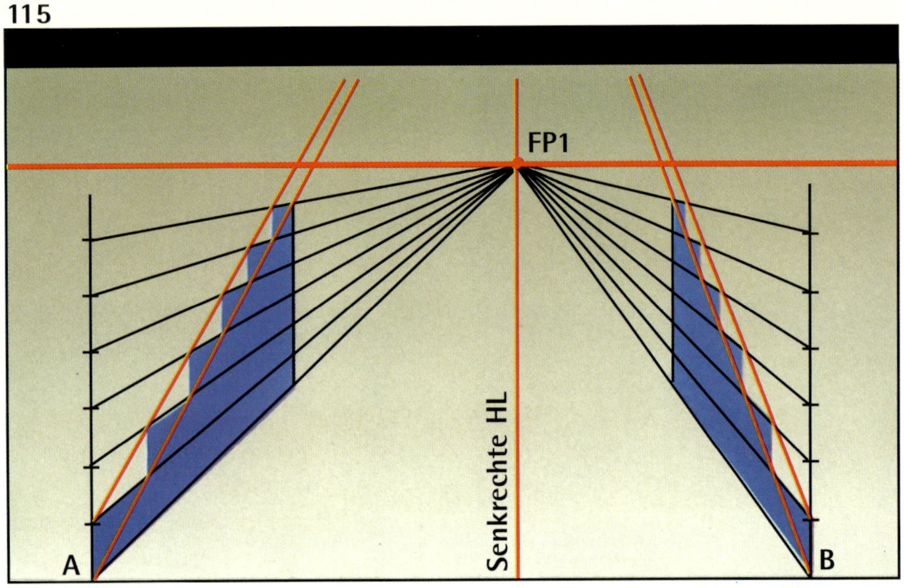

116

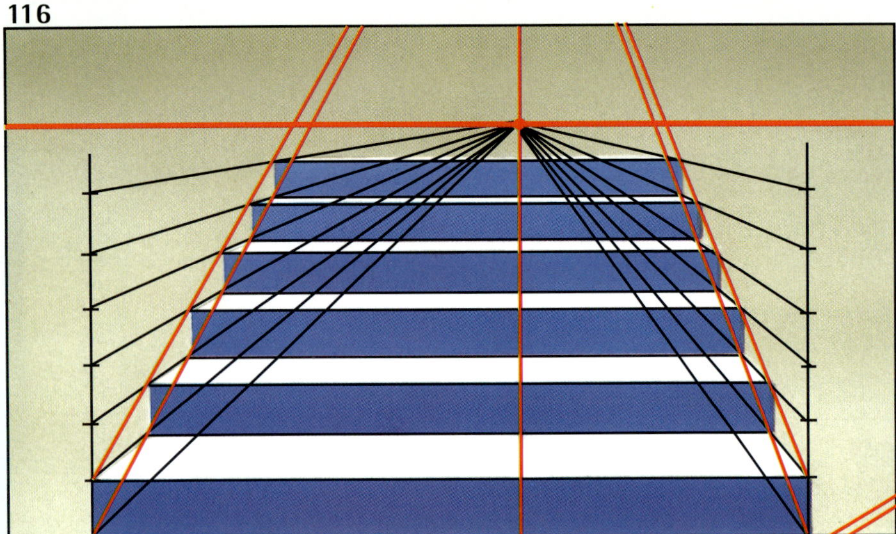

117

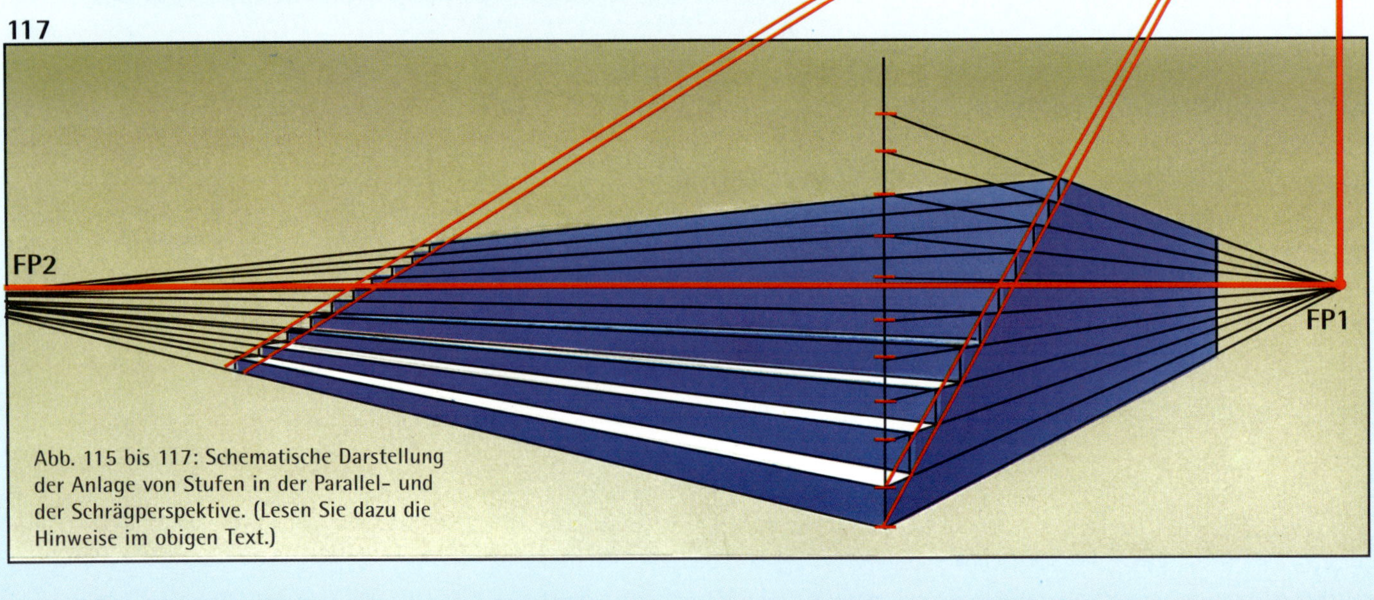

Abb. 115 bis 117: Schematische Darstellung der Anlage von Stufen in der Parallel- und der Schrägperspektive. (Lesen Sie dazu die Hinweise im obigen Text.)

118

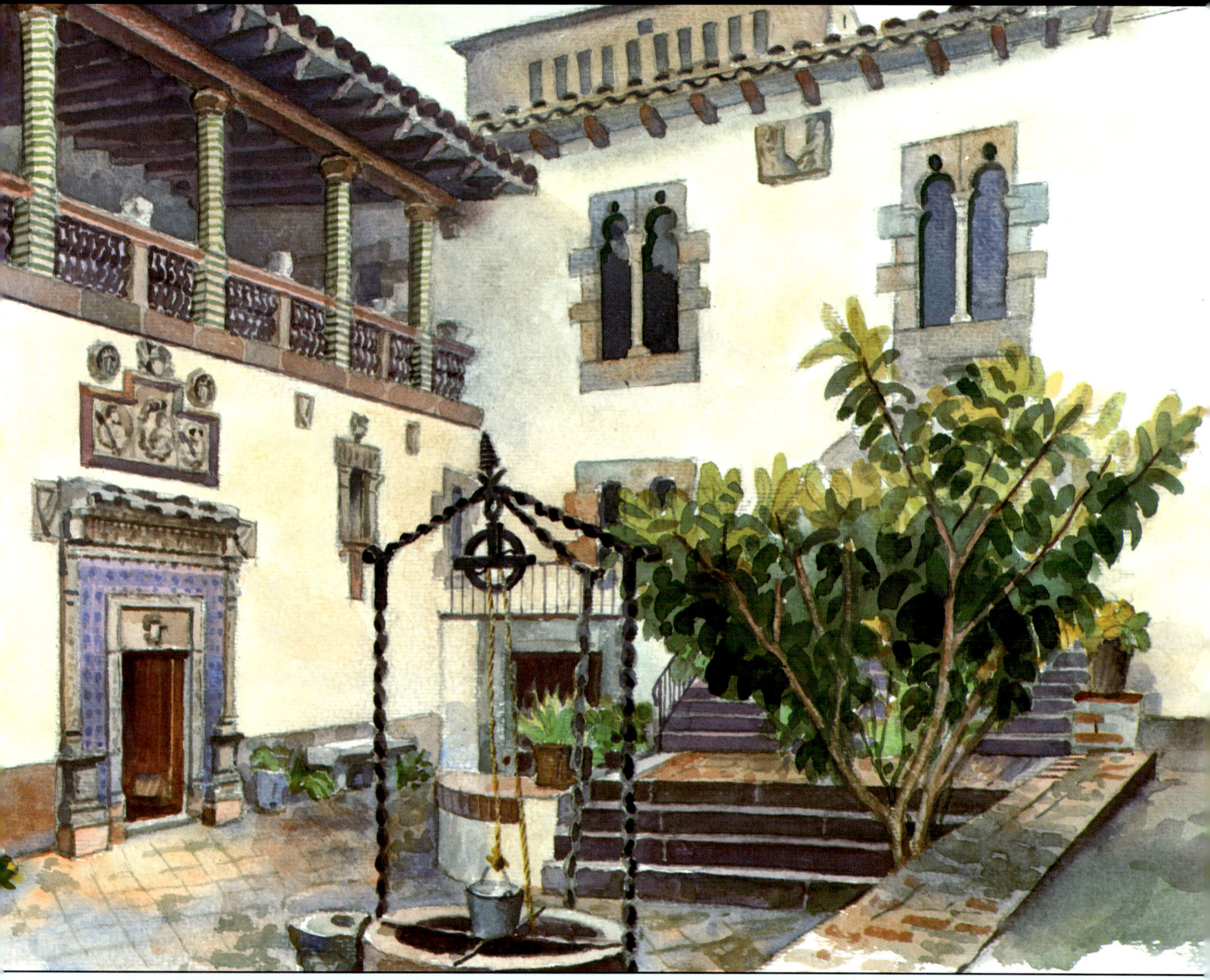

entsprechenden Diagonalen zum Fluchtpunkt 2, erhalten Sie bereits den Grundriß für die Treppe. Nun brauchen Sie nur noch die Stufen an die entsprechenden Stellen zu legen (Abb. 115) und die beiden Seiten durch waagerechte Parallelen zu verbinden (Abb. 116).

Die Anlage einer Treppe in der Schrägperspektive erfolgt nach derselben Methode, nur daß wir in diesem Fall zwei Fluchtpunkte auf der Horizontallinie und einen dritten (FP3) rechts oder links der Treppe benötigen, der dem Blickpunkt des Betrachters entspricht. Vergleichen Sie Abbildung 117 mit dem vorigen Schema, erkennen Sie einen weiteren Unterschied: Eine einzige Senkrechte im Scheitel der Fluchtlinien genügt, um die Höhe der Stufen zu bestimmen.

Abb. 118: Aquarell eines Innenhofs von Jordi Segú, in dem mehrere Aspekte der Perspektive auftauchen, von denen auf den vorigen Seiten die Rede war. Der Aufbau und der Blickpunkt des Künstlers entsprechen einem Beispiel in der Schrägperspektive mit zwei Fluchtpunkten. Die Terrasse und die Säulen im oberen Stockwerk wurden nach der Methode der Einteilung einer Fläche in der Tiefe gezeichnet. Für die hübsche Tür unterhalb der Terrasse und die Fensteröffnungen in der hinteren Wand mußte Jordi Segú das jeweilige perspektivische Zentrum ermitteln. Bei der Treppe, die ein wenig verdeckt ist, stellte sich das Problem der Schrägperspektive, das wir ebenfalls erläutert haben. Jordi Segú hat das Aquarell nach Augenmaß angefertigt, doch in sicherer Kenntnis dessen, was er zu tun hatte, um die Probleme der Perspektive zu lösen.

Die Technik des Skizzierens Schritt für Schritt

Zur Kunst des Zeichnens und des Malens gehört es, daß man ständig Skizzen, Studien und Entwürfe anfertigt, die später zu endgültigen Werken ausgearbeitet werden können.
Wahre Berühmtheit haben **Pablo Picassos** Skizzenblocks erlangt, von denen einige nur Taschenformat besitzen, zum Beispiel der von Abbildung 119. Darin fertigte der Künstler nicht nur Skizzen von Figuren und gelegentlich auch Tieren an – zum Beispiel von Hunden –, sondern notierte seine Einkäufe oder stellte seine Rechnungen zusammen. Wie alle Künstler machte Picasso Skizzen, um zu üben, seine Hand zu schulen oder Anhaltspunkte und Material für geplante Bilder zu erhalten.
Van Gogh sagte zum Thema Skizzen und Studien: „Studien anzufertigen ist meiner Ansicht nach dasselbe, wie Bilder zu malen." Und **Monet** schrieb an seine zweite Ehefrau Alice vom Meer bei Entretat: „Ich bin sehr froh, hierher gefahren zu sein, und ich werde auf jeden Fall eine Menge Skizzen mitbringen, um zu Hause große Sachen damit anzustellen."
Skizzen haben den gewaltigen Vorteil, daß man sie unbeschwert und ohne Sorge um das endgültige Werk zeichnen und malen kann. Sie sind immer ein Versuch, eine Arbeit, die man jederzeit zerreißen oder sonstwie vernichten kann. Mit diesem Hintergedanken im Kopf arbeitet der Künstler ungezwungener und wesentlich spontaner, denn er weiß ja genau, daß es nicht sein letzter Trumpf zu sein braucht, daß er jederzeit verbessern oder von vorn beginnen kann, was bei einem endgültigen Aquarell nicht der Fall ist.
Auf dieser und der folgenden Seite finden Sie einige Aquarellskizzen der Kunstprofessorin Mercedes Romero, die sie für sich gezeichnet und gemalt hat, um etwas aus-

119

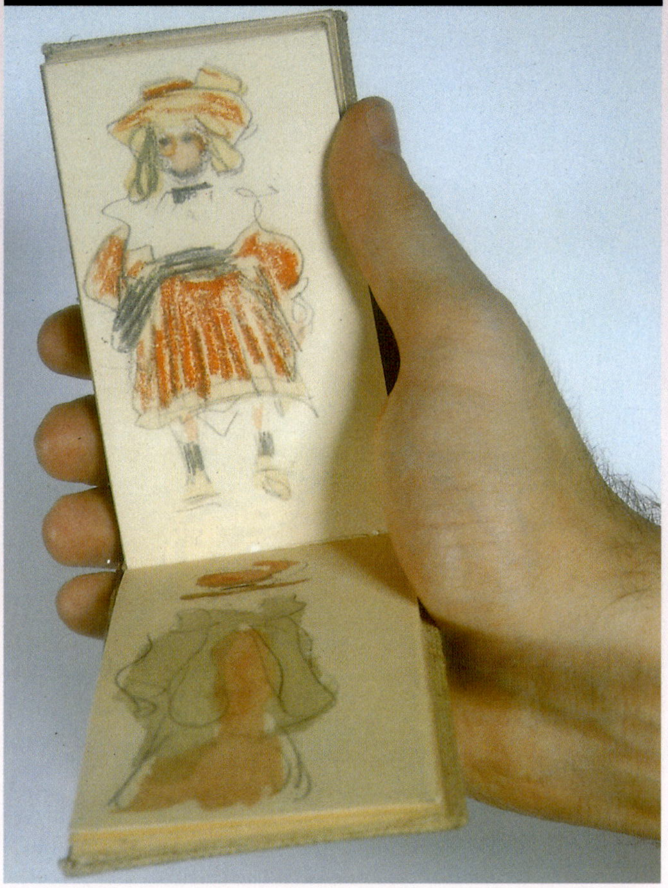

Abb. 119 (oben): Einer von Picassos kleinen Skizzenblocks im Taschenformat, auf dem die Farbstiftskizze eines Kindes zu sehen ist.

120

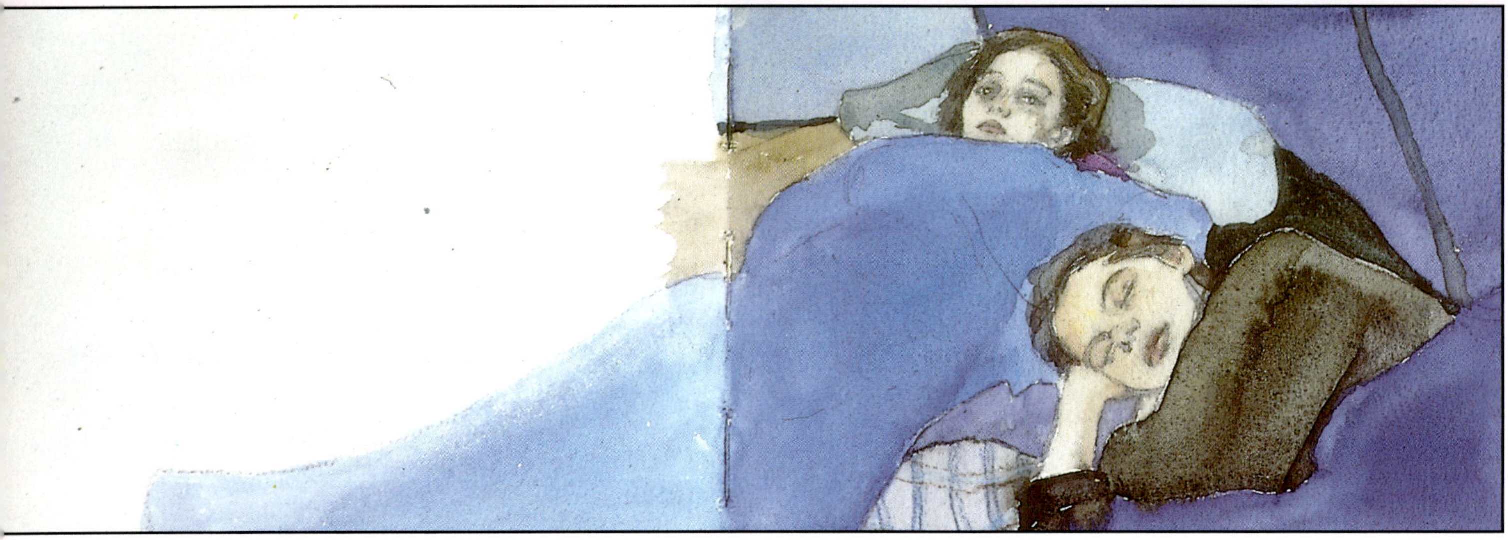

121

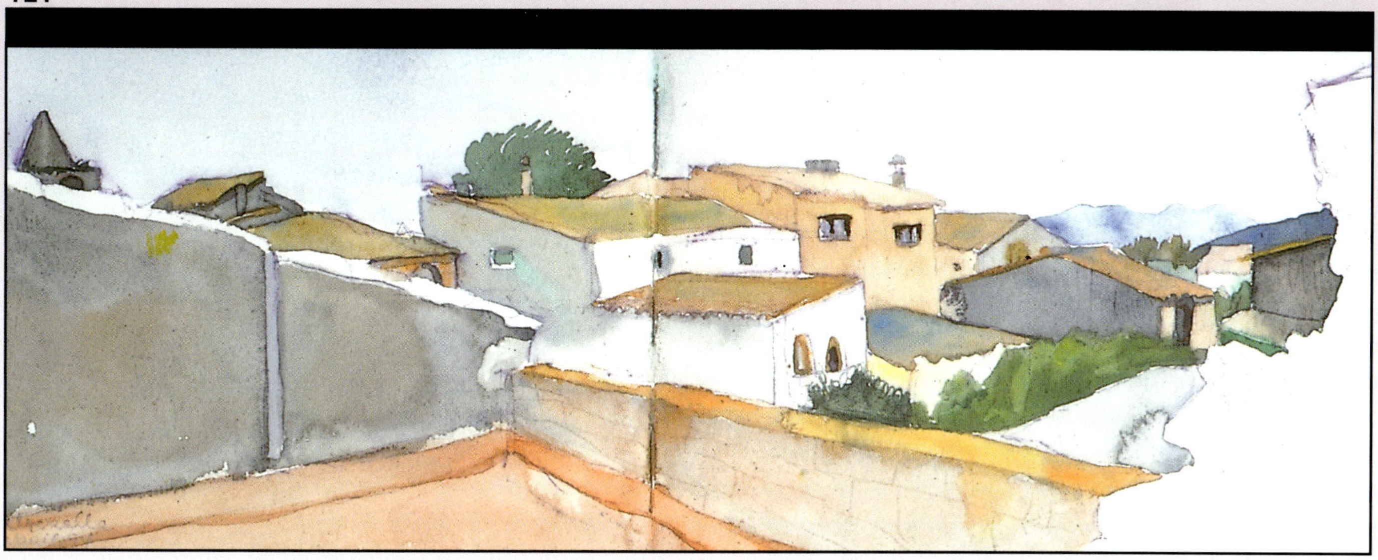

122

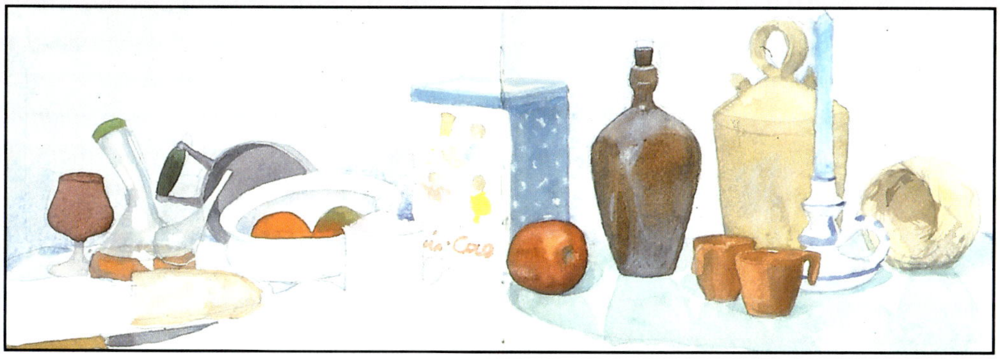

123

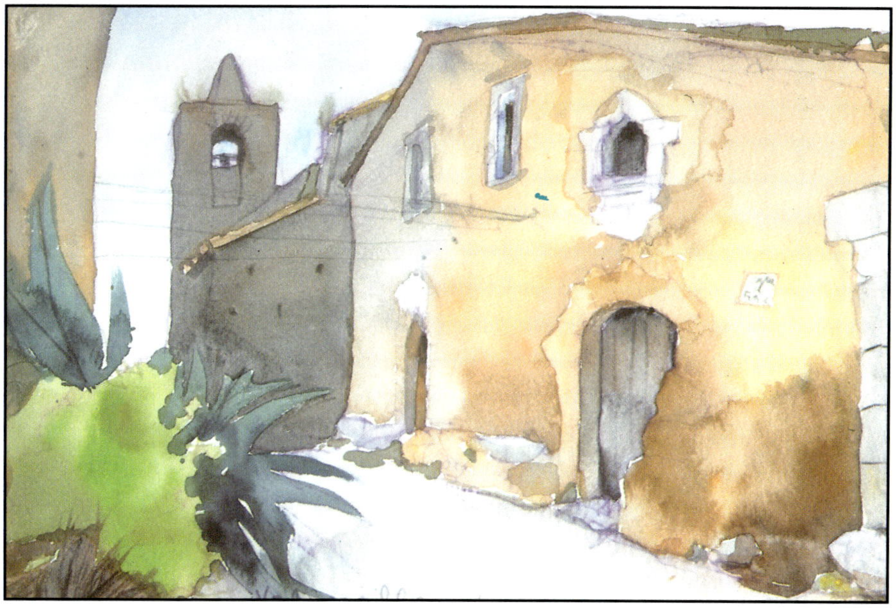

zuprobieren, zu üben und zu lernen. Die Frische dieser Arbeiten ergibt sich aus der Improvisation, der Spontanität und Lockerheit, die der Kunst des Skizzierens innewohnt.

Abb. 120 bis 123: Mercedes Romero, Farbnotizen in einem Skizzenblock. Im Haus oder im Freien: Die Kunstprofessorin hat immer einen Skizzenblock von 10 x 15 cm zur Hand, in dem sie mit Aquarellfarben festhält, was ihre Aufmerksamkeit erregt – Gestalten, Stilleben, Landschaften und selbst eine Hauskatze, wenn es sich ergibt.

Die Technik des Skizzierens Schritt für Schritt

Die Skizze ist die Vorstudie für ein Bild; sie ist eine Art Entwurf, mit dem wir den besten Ausschnitt, die beste Komposition, die besten Kontraste oder die beste Harmonisierung der Farben ermitteln. Es ist nicht ungewöhnlich, daß der Künstler mehr als eine Skizze zeichnet und malt, bis ihn das Ergebnis zufriedenstellt, und es ist völlig normal, daß er sein endgültiges Aquarell nach der am besten gelungenen Skizze malt. Oder sein Bild im Atelier herstellt, wie **Monet** es tat. Heutzutage haben wir darüber hinaus die Möglichkeit, ein Foto von unserem Modell anzufertigen und gemeinsam nach dieser Aufnahme und der Skizze im Atelier zu arbeiten. Mit dieser Technik arbeite ich von Zeit zu Zeit.

Die Technik des Skizzierens ist grundsätzlich ein zeichnerisches Problem. Die Skizze erfordert eine rasche Ausführung und setzt daher die absolute Beherrschung der Zeichenkunst voraus. Sie wissen ja: Bei der Arbeit mit Aquarellfarben *zeichnet und malt man gleichzeitig*.

Um Ihr Können beim Zeichnen und Malen zu vervollkommnen, rate ich Ihnen, sich ein Zeitlimit für die Anfertigung der Skizzen zu setzen. Beginnen Sie zum Beispiel mit einer halben Stunde, und verringern Sie diese Zeitspanne nach und nach, bis Sie noch etwa 15 Minuten zur Verfügung haben. Mehr Zeit lassen sich

124

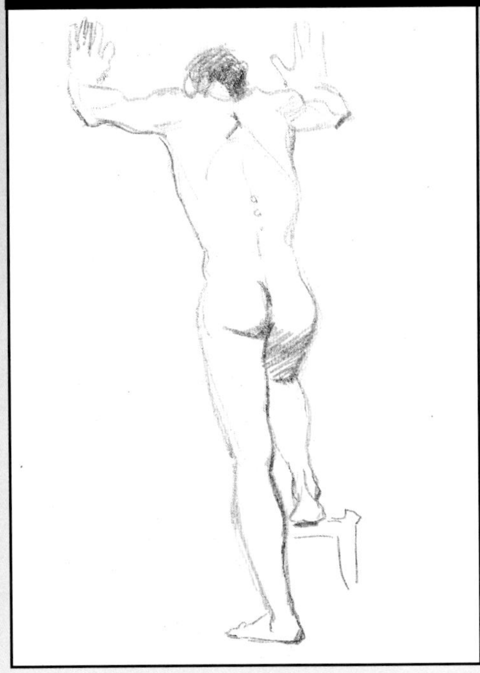

125

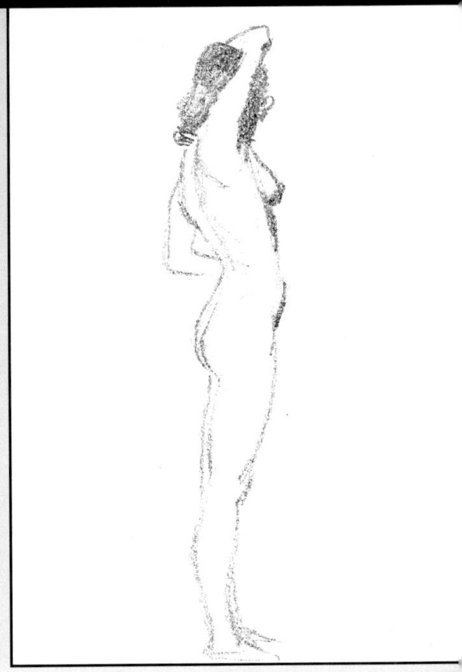

126

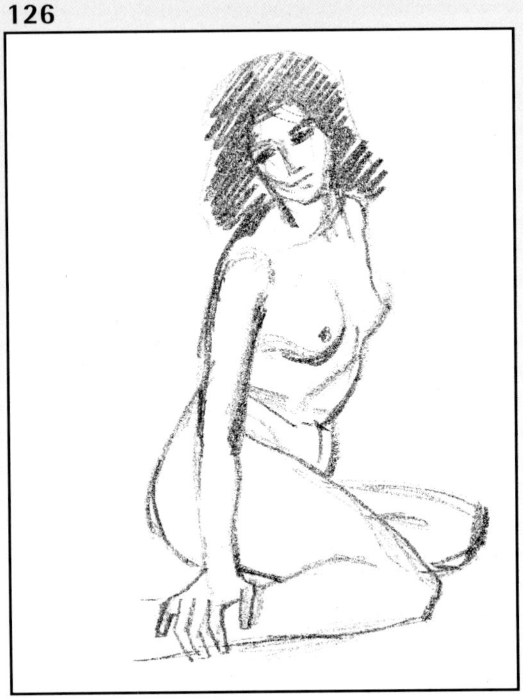

127

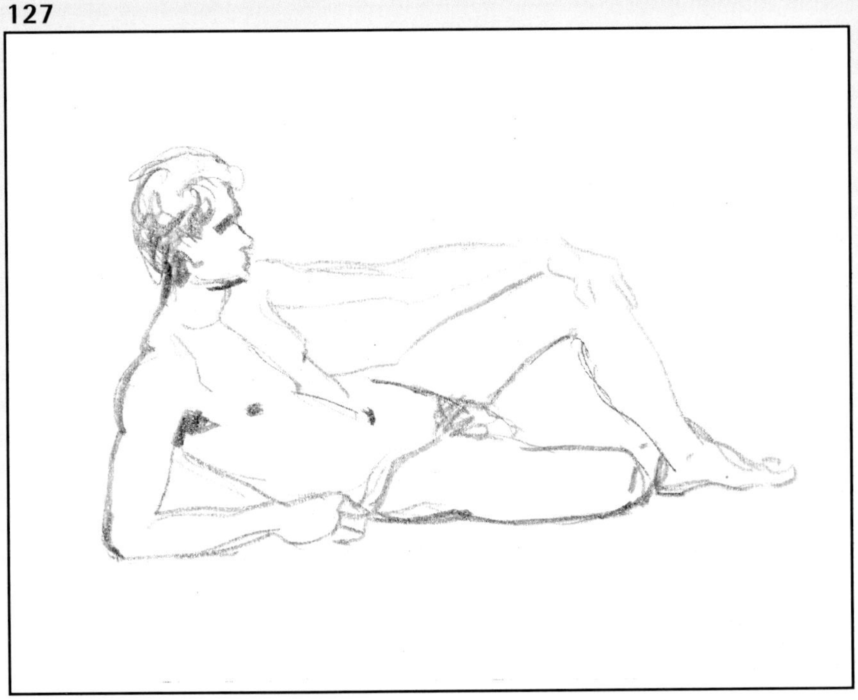

Abb. 124 bis 127: Vier Aktstudien, die Jordi Segú in Sitzungen von höchstens fünf Minuten gezeichnet hat, das absolute Minimum für die korrekte Darstellung der Maße und Proportionen eines menschlichen Körpers. Die kurze Zeit zwang den Künstler zu einem durchgehenden Strich, ohne den Stift vom Papier zu heben.

erfahrene Künstler nicht, wenn sie in künstlerische Zentren oder Vereine gehen und in zweistündigen Sitzungen ein bekleidetes oder ein unbekleidetes Modell zeichnen. Dieses kann immer dieselbe Pose einnehmen oder alle fünf bis zehn Minuten seine Haltung wechseln, so daß man gezwungen ist, die Maße und Proportionen des menschlichen Körpers auf Anhieb richtig wiederzugeben. Das ist das schwierigste Thema für eine Arbeit mit zeitlicher Begrenzung. Betrachten Sie auf Abbildung 124 bis 127 einige Skizzen von Jordi Segú. *„Sie wurden wirklich innerhalb von maximal fünf Minuten angefertigt“*, versichert der Künstler. *„Es bedarf einer gewissen Erfahrung, um ausschließlich mit Linien zu zeichnen. Man beginnt mit dem Kopf, fährt mit einem durchgehenden Strich für den Körper fort, ohne den Stift vom Papier zu heben, und zeichnet zum Abschluß die Beine und die Füße.“* Mit einer ganz ähnlichen Technik zeichnet und malt Jordi Segú auch die Aquarellskizzen der Landschaften auf Seite 47 bis 49 (Abb. 128 bis 136). Er fertigt zunächst eine schematische Zeichnung an und beginnt mit den ersten Andeutungen von Farbe. Als zweiten Schritt konkretisiert und vervollständigt er die Formen und schließt im dritten Stadium mit den endgültigen Farben, den Kontrasten und dem Spiel von Licht und Schatten ab. Er malt mit einem Rotmarderpinsel Nr. 14, um nicht ins Detail zu fallen, sondern in der bestmöglichen Skizziertechnik zu arbeiten und Formen und Farben mit einem einzigen Fleck als Synthese zusammenzufassen.

128

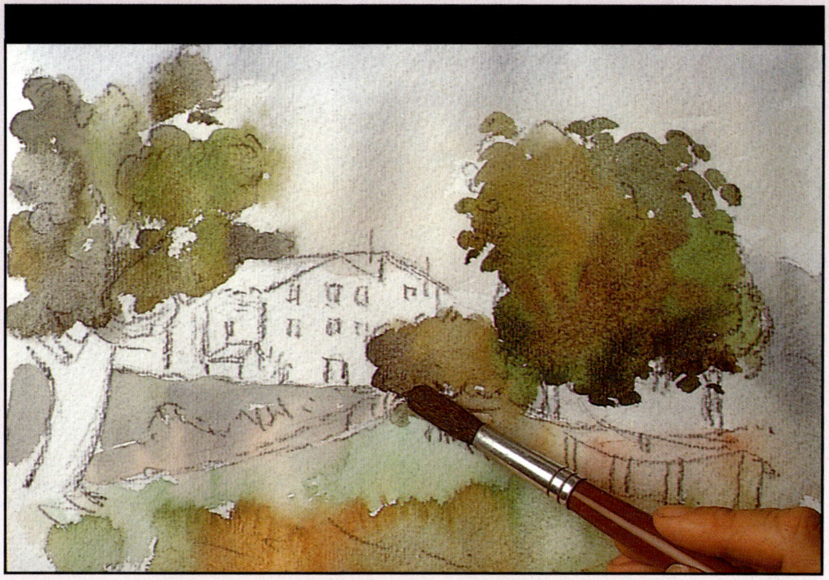

129

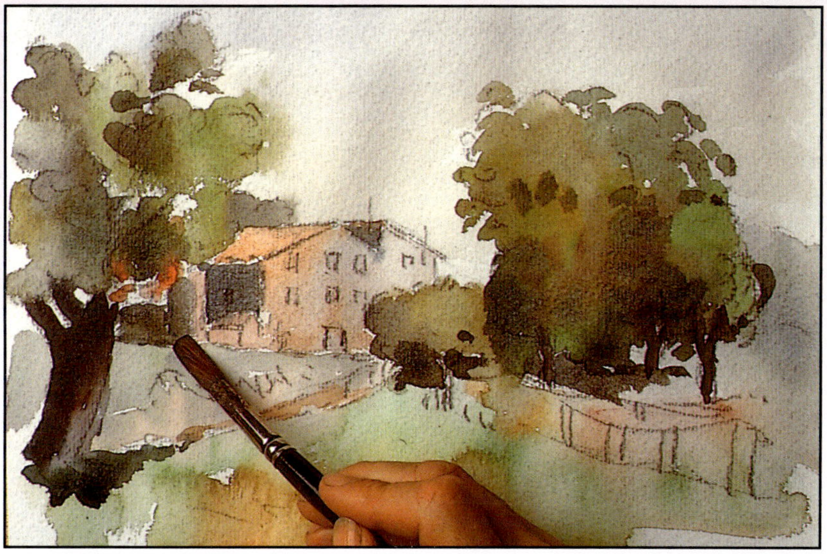

130

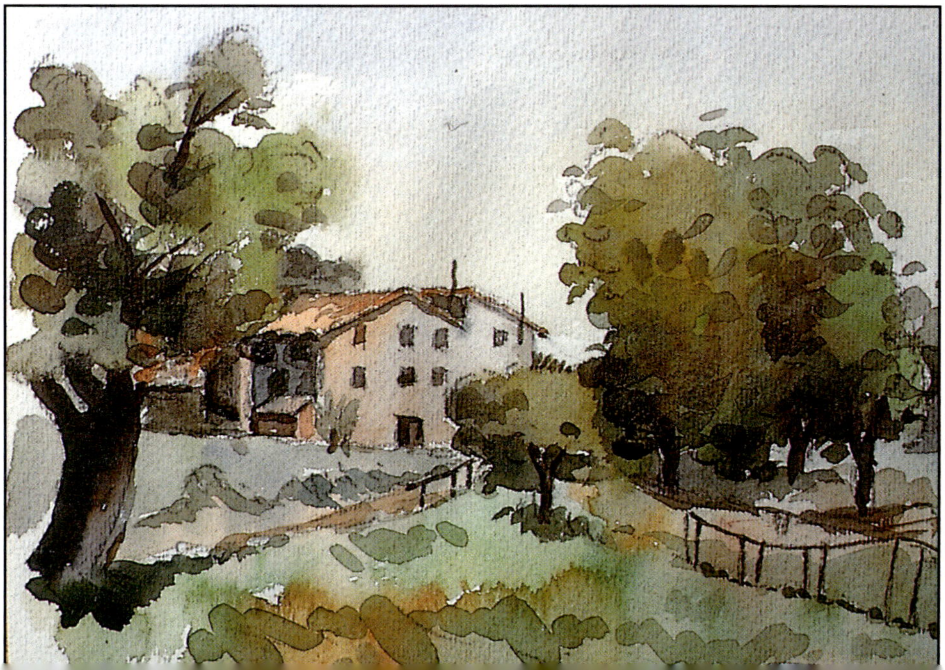

Abb. 128 bis 130: Jordi Segú: Schrittweise Anfertigung einer Aquarellskizze, bei der wir erkennen, daß die kurze Ausführungszeit ein spontanes Ergebnis mit verstärkter Synthese der Formen und Farben ergibt.

Die Technik des Skizzierens Schritt für Schritt

131

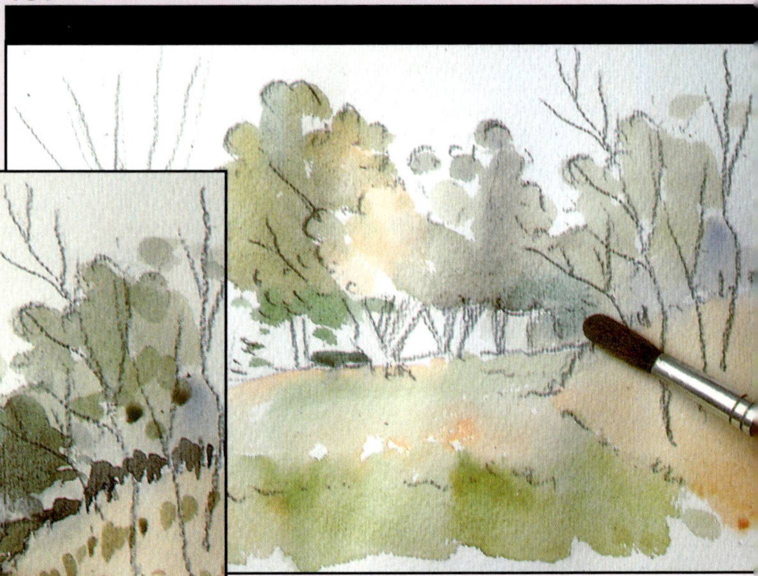

132

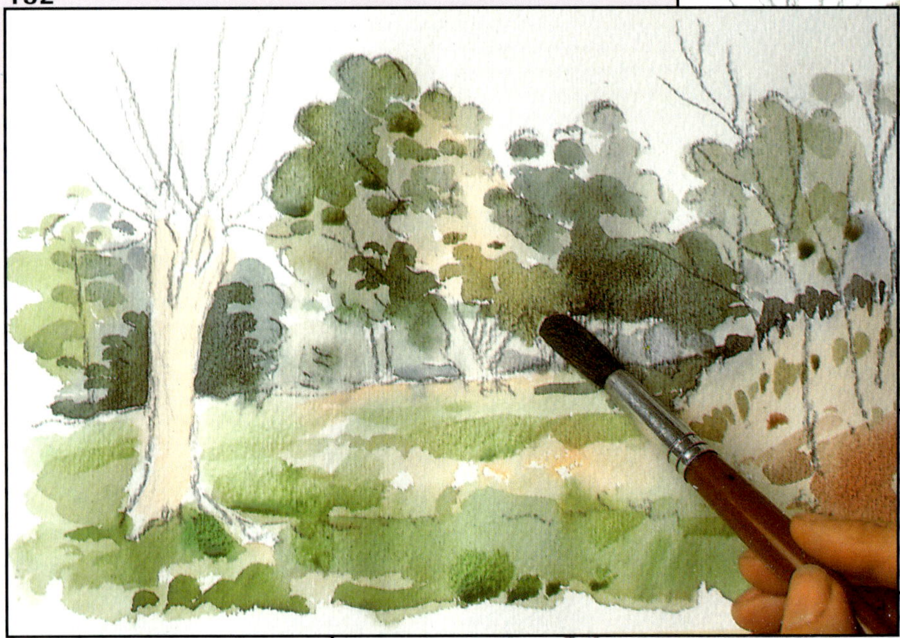

133

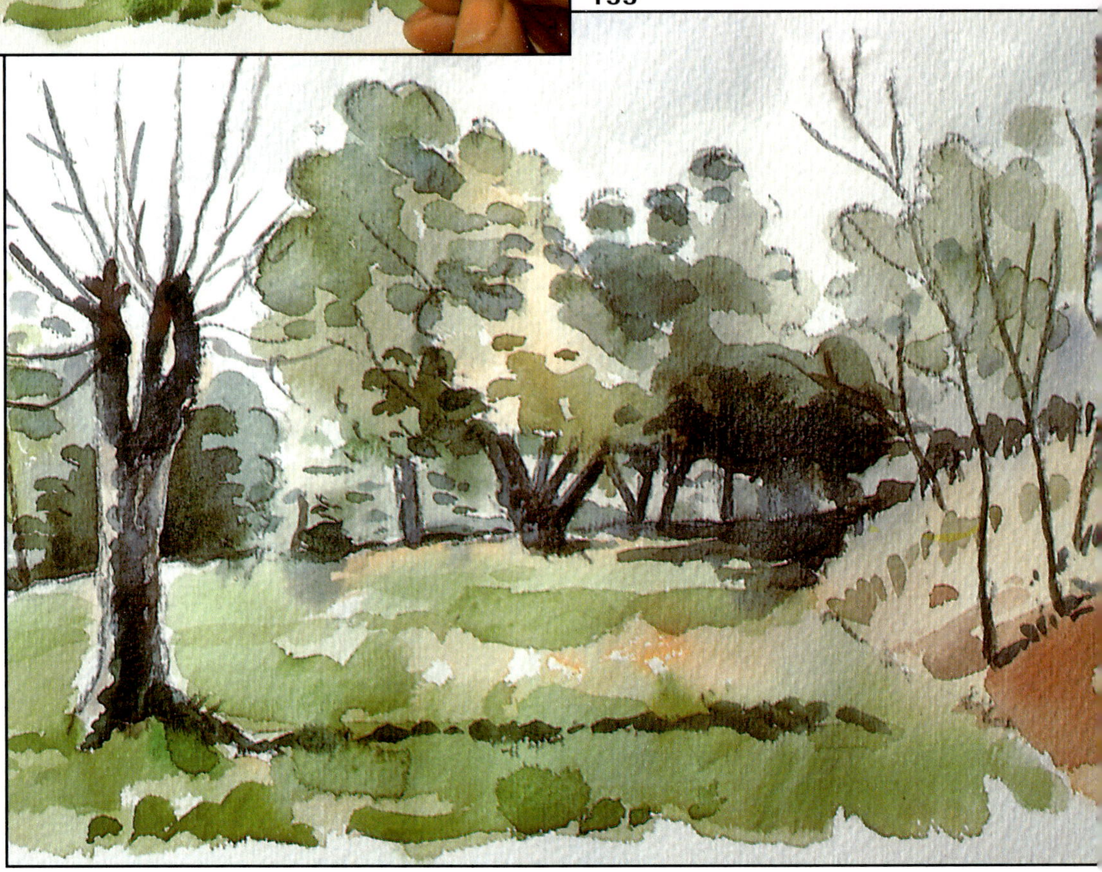

Abb. 131 bis 133: Zweite Skizze von Jordi Segú. Abbildung 131 zeigt die schematische Zeichnung aus wenigen Linien, mit der die Lage der Baumstämme und der Äste festgehalten werden. Das reicht dem Künstler, um mit dem Malen zu beginnen, da er die Kronen und die Blattgruppen mit einer einzigen Farbe zusammenfassen will. Die Farbe-Wasser-Mischung enthält wenig Farbe, aber zahlreiche Nuancen. Auf Abbildung 132 malt Jordi Segú die Kronen sowie die Formen und Farben der Wiese und des Bodens mit präzisen, spontanen Farbtupfern, die bis zum Schluß so bleiben. In der fertigen Skizze (Abb. 133) erkennt man den kontrastierenden Baum links im Vordergrund sowie einige weitere Farbtupfer für die Stämme, die Schatten und die Bäume auf der nächsten Ebene. Beachten Sie, daß die Harmonieskala aus graustichigen gebrochenen Farben besteht.

134

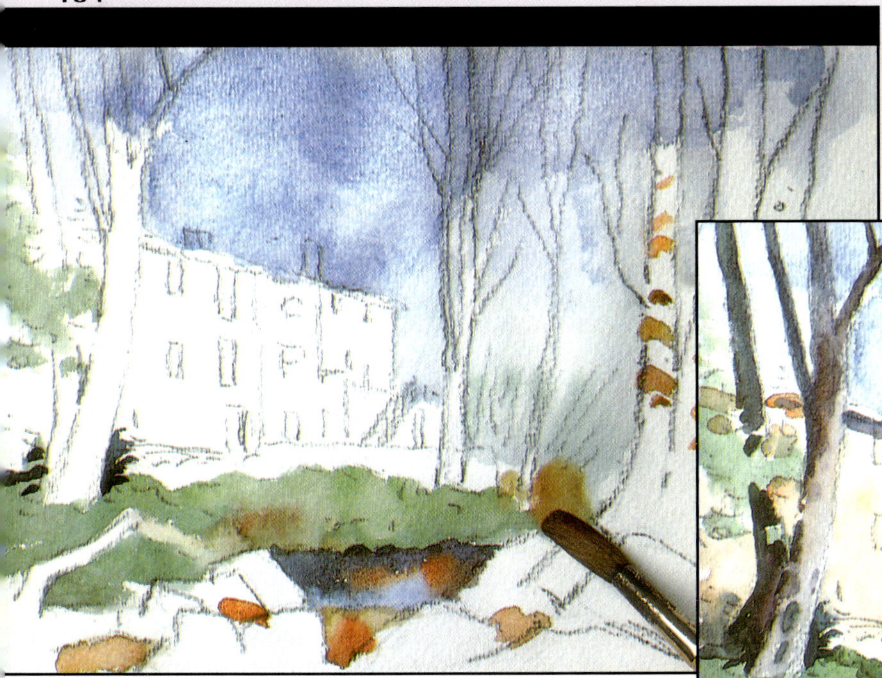

135

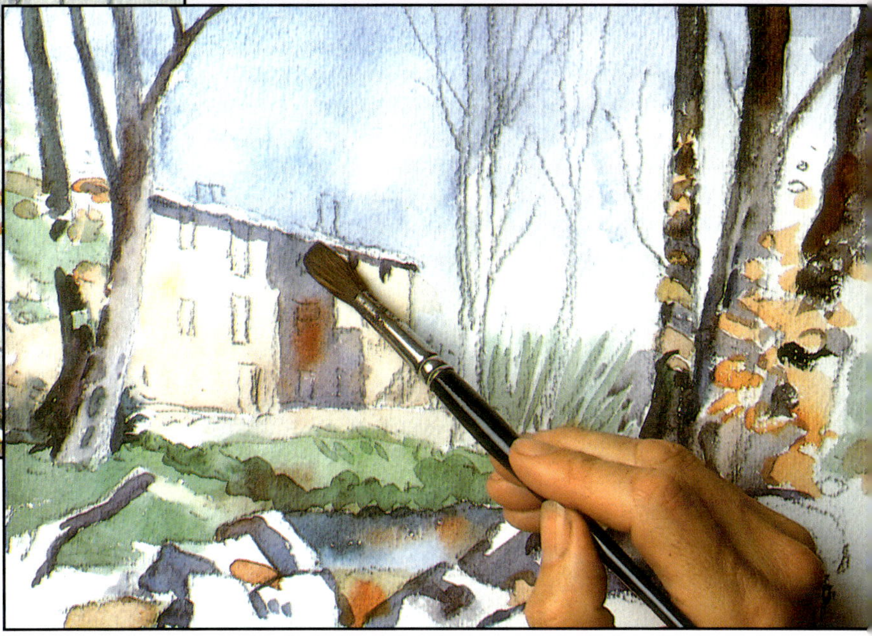

136

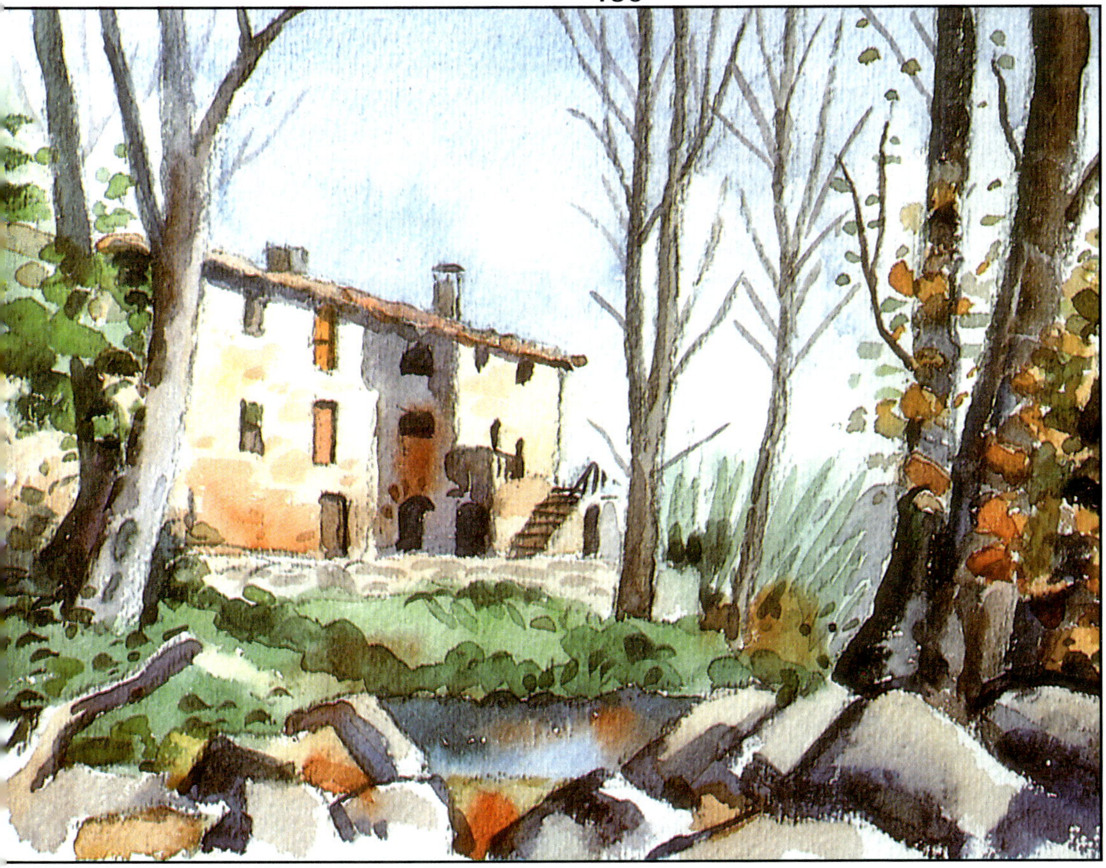

Abb. 134 bis 136: Dritte Skizze. Diesmal ist die Zeichnung der Stämme, der Äste und des Hauses wesentlich konkreter (Abb. 134). Als ersten Schritt malt Segú den Himmel sowie einige Formen im Vordergrund. Beachten Sie als Detail, daß die Blattgruppen links grün und rechts ockerbraun sowie englischrot sind. Die Formen dafür spart Segú beim Malen der dunklen Stämme aus, wie im zweiten Stadium zu erkennen (Abb. 135). Anschließend malt er mit dunklerem Grün das Spanische Rohr rechts im Mittelgrund zwischen dem Haus und den Bäumen. Er legt eine helle Farbschicht auf das Haus und stellt mit Violett dessen Schatten dar. Im letzten Stadium beendet Segú das Haus, malt die Steine im Vordergrund, die Bäume im Mittelgrund sowie das Laub, das er zuvor ausgespart hatte (Abb. 136).

Ein Seestück Schritt für Schritt

Ich war zum Malen in Vigo. Vigo ist eine Stadt im Nordwesten Spaniens, oberhalb von Portugal, ein Gebiet mit Trichtermündungen, Seeleuten und Austern. Ich war am Meer und suchte nach einem Ort zum Malen, den ich schließlich gegenüber einem Ankerplatz mit zahlreichen Schiffen und kleinen Booten fand. Es war ein ziemlich kompliziertes Motiv, wie Abbildung 137 zeigt. Ich überlegte, daß ich die vielen Boote weglassen und mich auf jene Elemente beschränken könnte, die die größte Aufmerksamkeit erregen: das Meer mit seinem dunkelblauen Wasser im Vordergrund und den kontrastierenden rötlichen und goldenen Spiegelungen und die Schiffe mit ihrer reichen Skala aus Orange-, Rot, Gelb-, Grau- und Weißtönen, die einen leuchtenden Komplementärkontrast zu dem Blau des Meeres bilden. Ein herrliches Motiv, das **Paul Cézannes** Ausspruch bestätigt:

„Kontraste sowie Tonwert- und Farbbeziehungen: darin besteht das ganze Geheimnis der Malerei."

Ich begann mit der Interpretation, betrachtete mein Motiv und versuchte, die drei Faktoren anzuwenden, mit denen sich die Kunst der Interpretation zusammenfassen läßt:

Verstärken, Verringern, Weglassen.

Ich muß den Himmel dunkler malen, um den Kontrast zu den weißen Elementen der Schiffe zu erhöhen, sagte ich mir, und das Weiß und die Spiegelungen vorab mit Rubbelgummi aussparen. Außerdem werde ich das Blau des Meeres verstärken, um einen kräftigeren Kontrast zu den goldgelben Spiegelungen zu erhalten. Die kleinen Boote werde ich weglassen und dafür die Spiegelung der Schiffe auf der linken Seite hinzufügen.
Mit diesen Vorstellungen im Kopf nehme ich einen Bleistift 2B und beginne zu zeichnen. Als erstes lege ich ein Kreuz durch die Mitte an, das mir die Berechnung der Maße und Proportionen erleichtert (Abb. 138). Anschließend decke ich die Metallkräne und die übrigen Formen vor dem Himmel sowie die Spiegelungen und die Reflexe auf dem Wasser mit Rubbelgummi ab (Abb. 139). Mit einer Mischung aus Ultramarinblau und Krappkarmin male ich den Himmel, und zwar oben dunkler als unten. Als

137

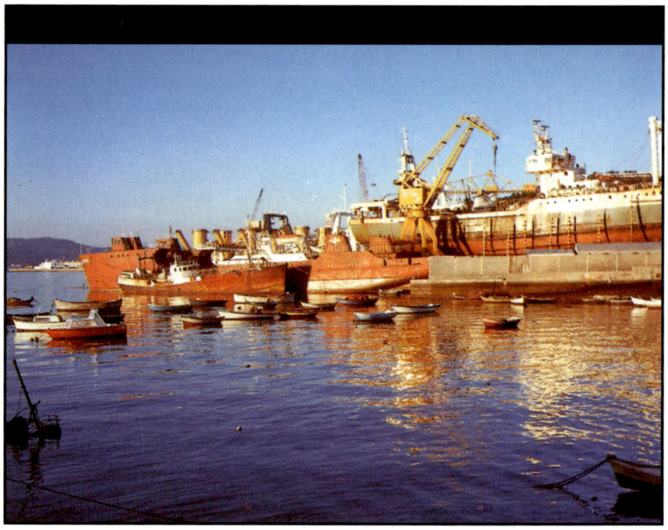

138

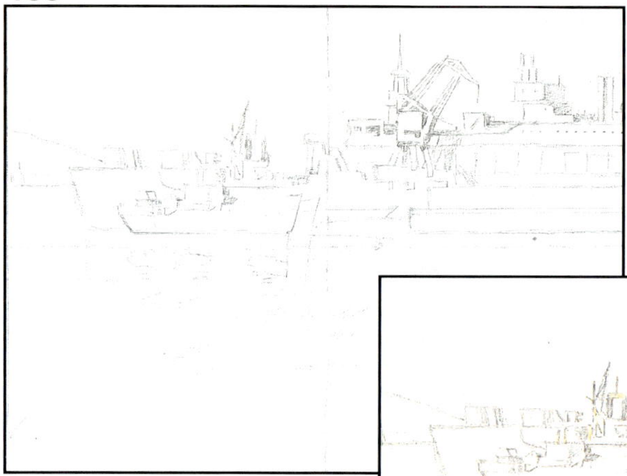

Abb. 137 und 138: Das Modell, ein Ankerplatz in Vigo im Nordwesten Spaniens mit großen und kleinen ruhenden Schiffen (Abb. 137) sowie die Eingangszeichnung mit dem gewohnten Kreuz in der Mitte (Abb. 138).

139

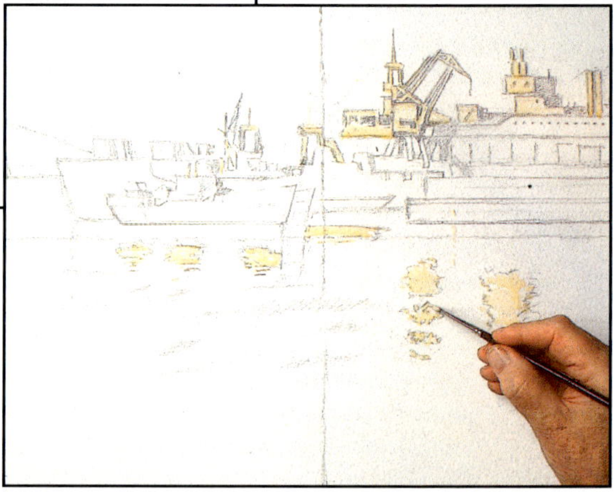

Abb. 139: Auftragen des Rubbelgummis für die weißen Formen am Himmel, die Glanzlichter sowie die goldenen Spiegelungen auf dem Wasser.

Abb. 140: Der Himmel und die ersten Farben für die Schiffe.

140

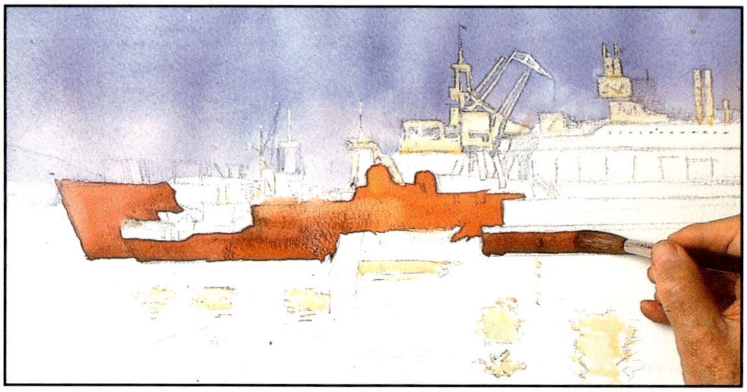

nächstes befasse ich mich mit den Schiffen, zuerst mit dem linken. Dafür benötige ich helles Englischrot, in das ich etwas von dem dunkelsten Blau für den Himmel gebe. Mit einer Mischung aus Englischrot und etwas Preußischblau ziehe ich den dunklen Streifen auf der rechten Seite und spare den weißen Strich dabei aus (Abb. 140). Nun male ich die beiden grauen Streifen, den unteren heller, den oberen dunkler und breiter. Vorher muß ich noch die Pfeiler vor dem breiteren grauen Streifen mit Rubbelgummi abdecken. Als nächstes nehme ich das Meer in Angriff und überziehe es mit einer allgemeinen Lasur aus Kobaltblau, Ultramarinblau und viel Wasser (Abb. 141).
Anschließend stelle ich das Zeichenbrett auf den Kopf und lege eine dunkelblaue Abstufung aus der Mischung von Preußischblau und Ultramarinblau an, die unten am kräftigsten ist (Abb. 142).
Ich kehre zu den Schiffen zurück und male etliche Details, um die Formen zu vervollständigen (Abb. 143). Leider begehe ich den Fehler, vorher den Rubbelgummi zu entfernen. Jetzt stelle ich fest, daß der Himmel nicht kräftig genug ist, um einen Kontrast zwischen den Metallkränen und den übrigen Elementen zu bilden. Deshalb decke ich alles wieder ab, überziehe den Himmel mit einer dunkleren Lasur und entferne den Rubbelgummi wieder. Anschließend male ich den gelben Kran, die dunklen Fenster der Kajüten etc. und erreiche das Stadium von Abbildung 144.

141

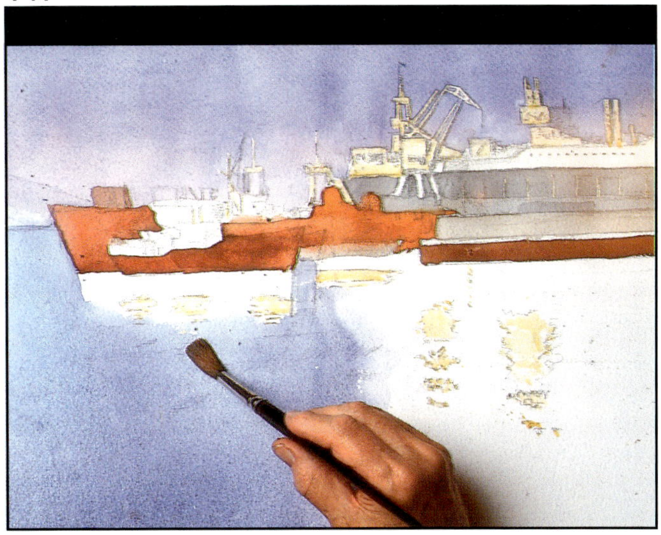

142

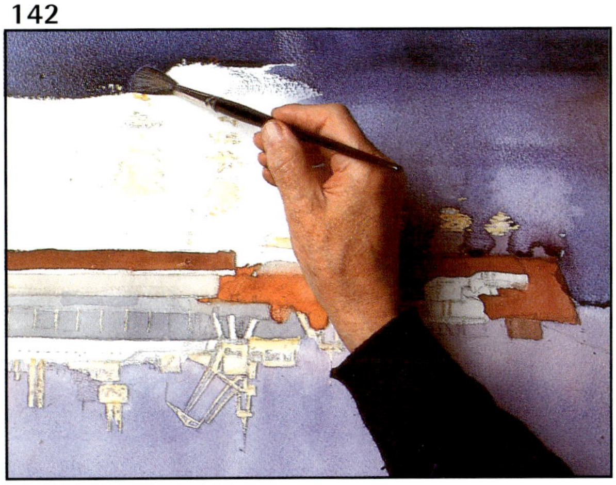

Abb. 141: Ich male die beiden grauen Streifen und die erste hellblaue Farbschicht für das Meer.

Abb. 142: Ich drehe das Zeichenbrett um und fahre mit einer Abstufung für das Meer von dunkel nach hell fort

Abb. 143: Verfrühtes Entfernen des Rubbelgummis, da der Himmel noch nicht dunkel genug ist.

143

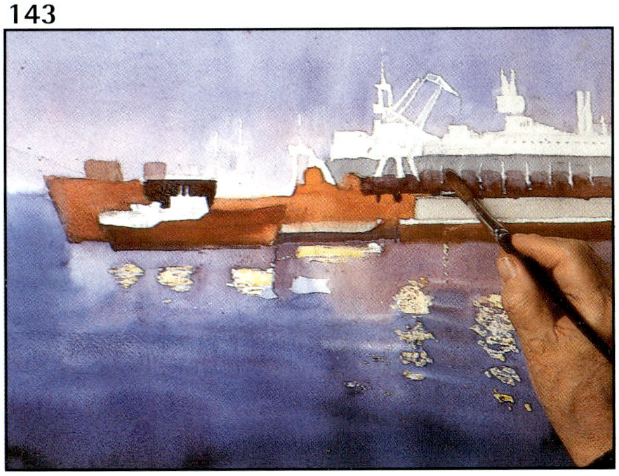

144

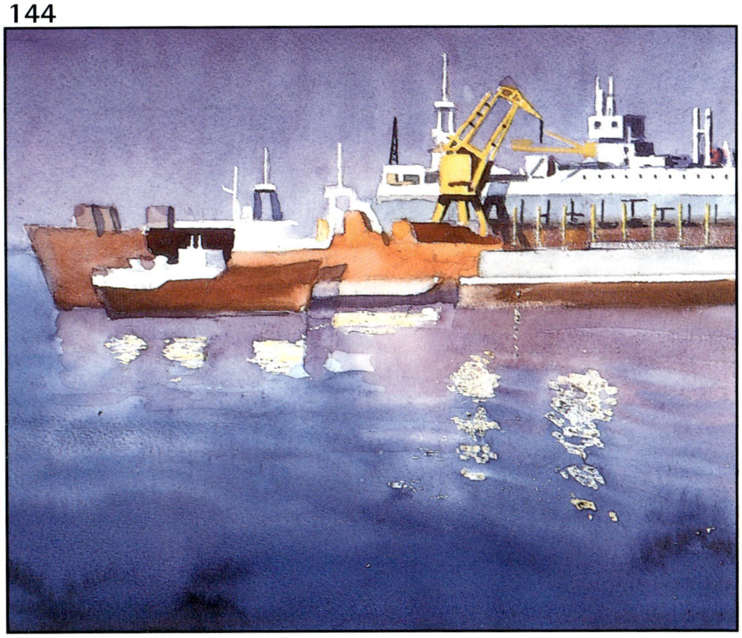

Abb. 144: Nachdem der Rubbelgummi wieder aufgetragen worden ist, kann ich den Himmel verstärken und anschließend die Schiffe auf der rechten Seite fertigstellen.

Ein Seestück Schritt für Schritt

Nun beginnt das aufwendige Absaugen und Zurücknehmen der Farbe des Meeres unterhalb des rechten Schiffes und um die Spiegelungen. Dazu verwende ich zunächst einen Rotmarderpinsel und Wasser und entferne die aufgelöste Farbe mit Küchenpapier. Da mich das Ergebnis nicht befriedigt, greife ich zu unverdünnter Lauge, fahre einige Male mit dem Synthetikfaserpinsel über die Fläche und ziehe die Farbe wie zuvor mit Saugpapier ab. Es ist eine monotone langwierige Arbeit, die aber zu dem gewünschten Ergebnis führt. Sie können es feststellen, wenn Sie den Ausschnitt von Abbildung 145 mit dem vorigen Stadium auf Abbildung 144 vergleichen.

Mit einem normalen Radierer entferne ich den Rubbelgummi, der sich noch auf den Spiegelungen befindet (Abb. 146), und hole weiteres Weiß mit Lauge, dem Synthetikfaserpinsel und Saugpapier rings um die Reflexe hervor. Abbildung 147 zeigt das Ergebnis dieses komplizierten Verfahrens, bei dem ich einige weitere Glanzlichter hinzugefügt habe. Beachten Sie die drei waagerechten Streifen rechts und oberhalb der großen glänzenden Fläche, die mit der genannten Technik erzielt wurden.

Ich lege die rötlichen Spiegelungen der rechten Schiffe auf dem Wasser an (Abb. 148) und komme endlich

145

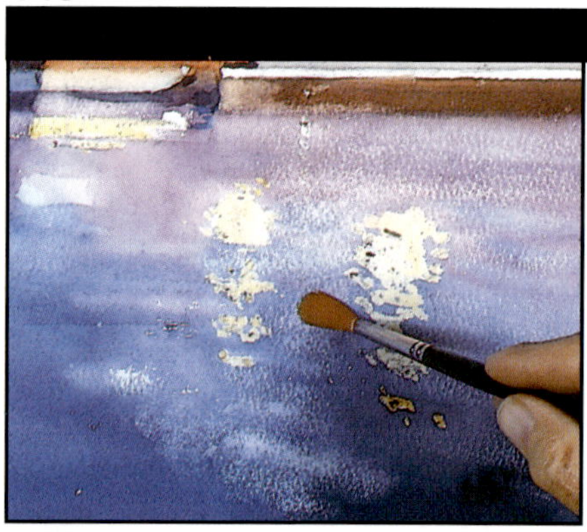

146

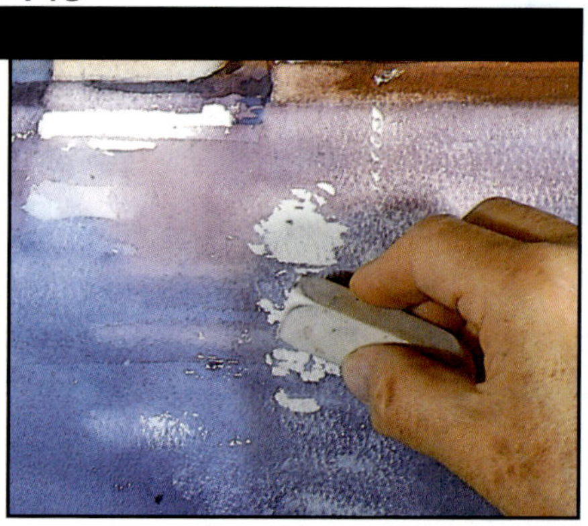

147

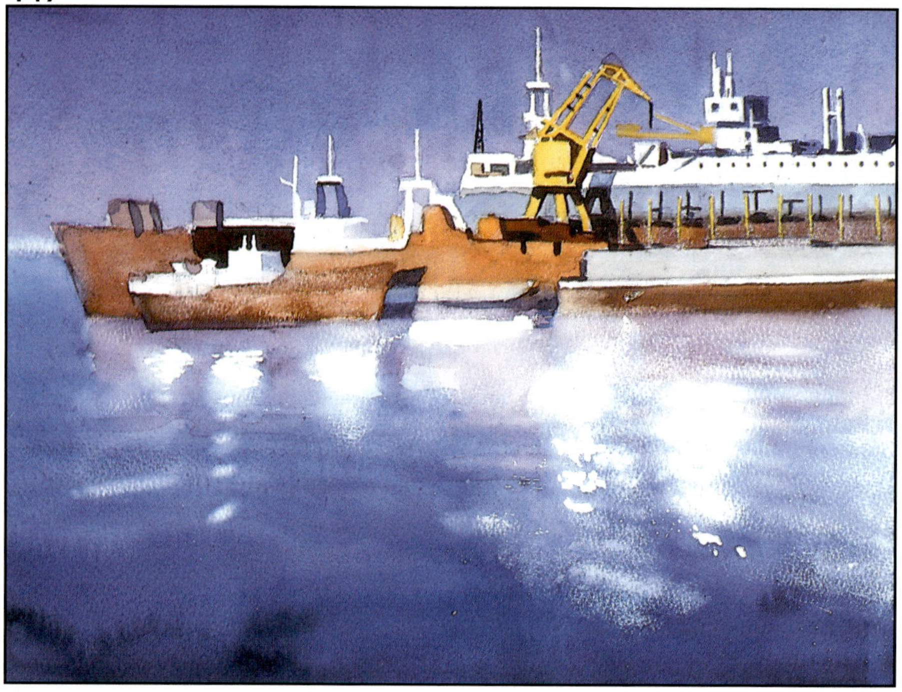

Abb. 145 bis 147: Ich helle die Farbe um die mit Rubbelgummi ausgesparten Stellen auf. Dazu reduziere ich die Farbstärke mit Lauge, streiche vorsichtig mit einem Synthetikfaserpinsel über die Fläche und sauge die Flüssigkeit mit Küchenpapier ab (Abb. 145). Anschließend entferne ich den Rubbelgummi (Abb. 146) und bearbeite die weißen Stellen, bis ich das Ergebnis von Abb. 147 erhalte.

148

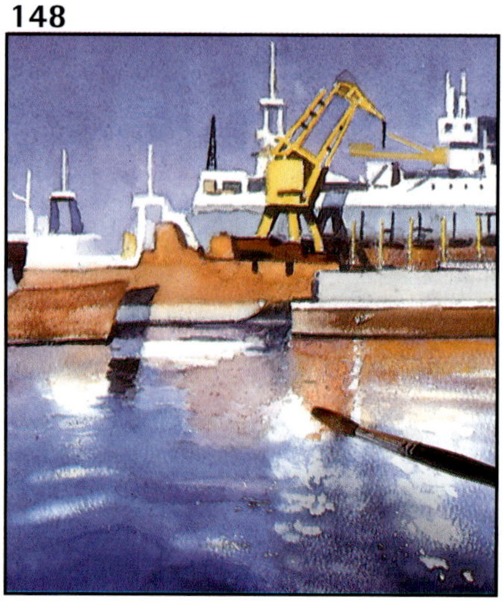

149

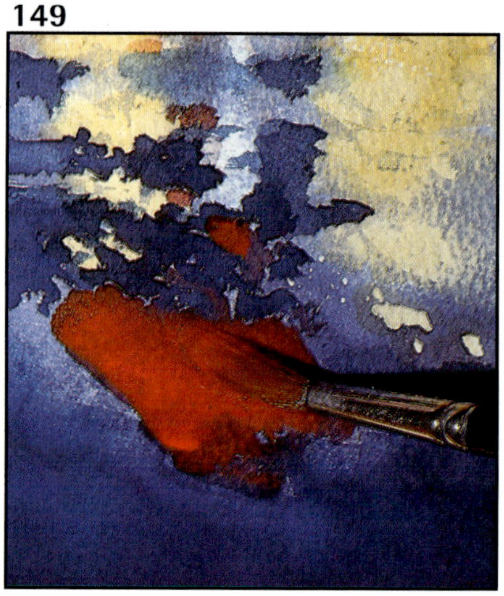

Abb. 148 und 149: Anlage von Rotorange und Kadmiumgelb dunkel für die Spiegelungen. Auf Abbildung 149 öffne ich zunächst eine weiße Stelle und male anschließend den roten Fleck, der in dem fertigen Aquarell als kleine rote Reflexe erscheint.

150

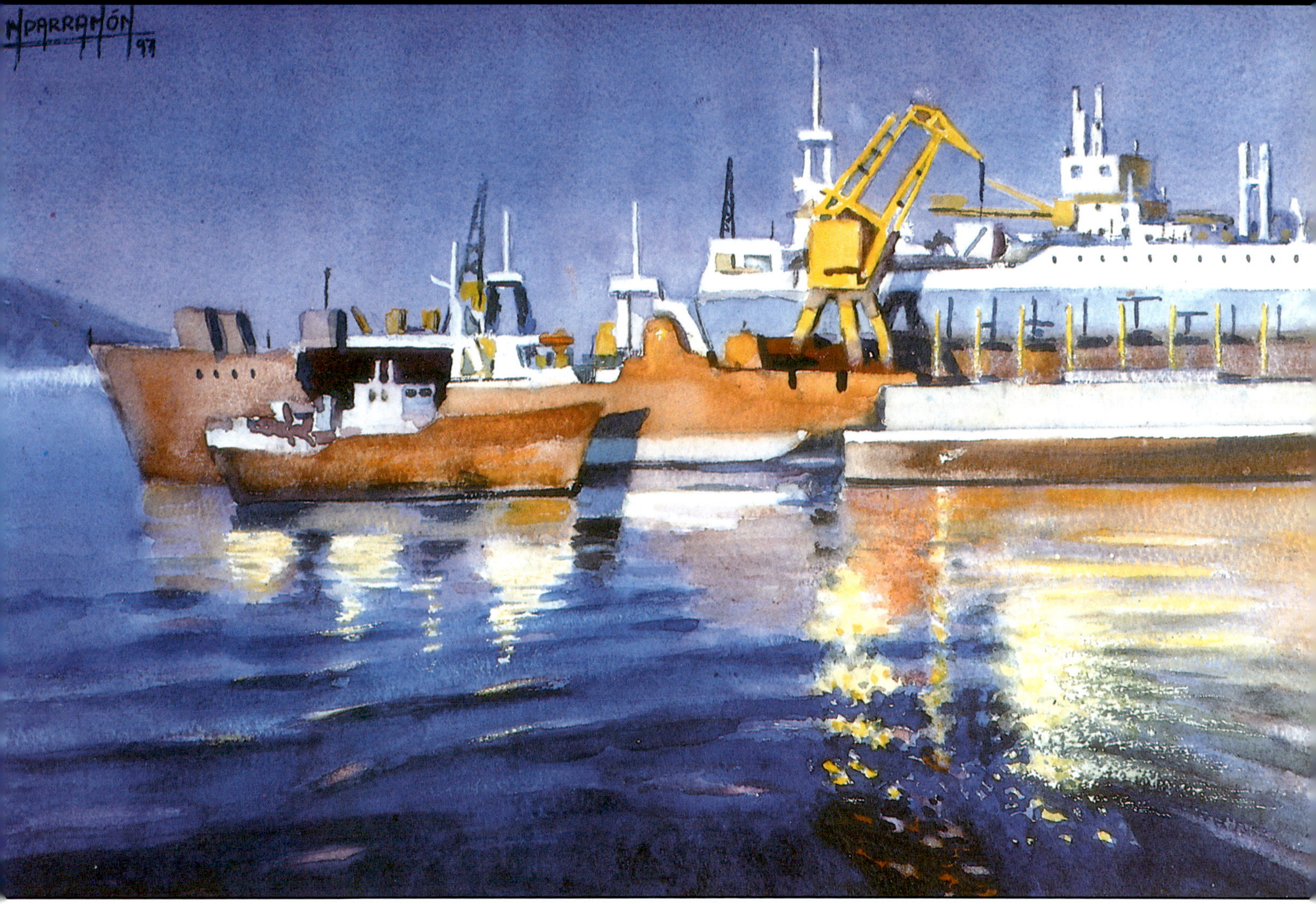

zum Meer, den dunkelblauen Meereswellen aus Preußischblau und Ultramarinblau, die von links nach rechts leicht ansteigen, wobei ich die kleinen Glanzlichter für die Reflexe ausspare, die rasch mit den Wellen verschmelzen und in das hellere Blau des vorigen Stadiums übergehen. Auf der folgenden Abbildung 149 und im fertigen Aquarell (Abb. 150) sehen Sie die Verlängerung dieser Wellen bis zur Mitte des Bildes sowie die großen Spiegelungen einschließlich der glänzenden waagerechten Streifen im oberen rechten Abschnitt aus Kadmiumgelb dunkel und viel Wasser. Ferner einen roten Fleck (Abb. 149), der im fertigen Aquarell wie eine Ansammlung von roten Lichtern wirkt, die sich im Meer spiegeln.

Damit komme ich zum letzten Stadium meines Aquarells mit dem Ankerplatz von Vigo und seinen Schiffen. Ich beginne mit einer allgemeinen Retusche und erweitere zum Beispiel die rechte Fläche mit den Reflexen, indem ich weiße Punkte mit dem Cutter hervorhole und mit Kadmiumgelb dunkel übermale. Ferner verändere ich einige Farben, so die für den Berg im Hintergrund links. Ich sauge Farbe von jenen Schatten ab, die einen zu großen Kontrast bilden, und male sie erneut; ich verwische einige Umrisse etc. Endlich bin ich zufrieden und signiere mein Werk.

Abb. 150: Das fertige Aquarell, bei dem viel Zeit für die Umrisse und die Ausarbeitung der kleinen Elemente verwendet wurde. Am auffälligsten ist die Verlängerung der goldgelben Spiegelung nach rechts, für die in geduldiger Arbeit weiße Punkte mit dem Cutter hervorgeholt und anschließend mit Kadmiumgelb dunkel übermalt wurden. Zahlreiche weitere Details kommen hinzu. Ich überziehe alle weißen Elemente am Himmel mit einer hellen Lasur in Ockergrau, um den Kontrast zu mildern, dämpfe einige Schatten des gelben Krans, verstärke den streifigen Schatten an dem kleinsten Schiff, male den Berg im Hintergrund links sowie die zahlreichen kleinen weißen Punkte auf dem Wasser etc. Zum Abschluß entschließe ich mich zu einer drastischen Maßnahme und verringere den Bildausschnitt unten um zwei Zentimeter. Ich glaube, so ist es besser. Zwei Tage später signiere ich mein Werk.

Ein Stilleben in einer kalten Farbskala

Antón Martín und ich sind im Atelier des Fotografen **Paco Vila Massip**. Antón Martín ist ein sehr bekannter Maler und Professor für Aquarellmalerei in der Vereinigung der Aquarellmaler Kataloniens. Dort unterrichtet er tagsüber und abends um die hundert Schüler.

Der Künstler malt seit Jahren Stilleben, die ich bewundere und daher als Beispiele in zwei oder drei meiner Bücher aufgenommen habe. Eines davon finden Sie auf Seite 63 des Bandes „Techniken und Farbe" von *Parramóns Aquarellmalschule*. Das Original ist derzeit in der Dauerausstellung der Vereinigung der Aquarellmaler Kataloniens zu sehen.

Antón Martín wird dieses Aquarell nun kopieren, damit der Fotograf die Anfertigung Schritt für Schritt festhalten kann.

151

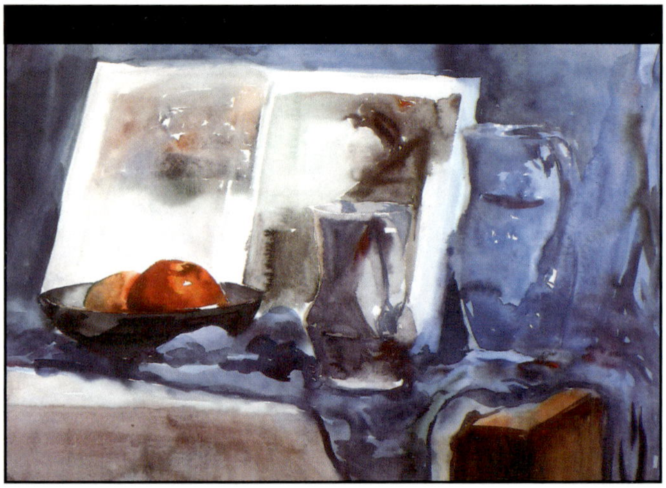

Paco hat das Original-Aquarell (Abb. 151) an einer Schiene befestigt, die sich durch Druck selbsttätig zwischen dem Boden und der Decke hält. Der Künstler stellt seine Staffelei mit dem Zeichenbrett und dem Aquarellpapier vor dem Bild auf, nimmt einen Bleistift 2B, setzt die Spitze auf das Papier und erklärt: „Ich bin soweit."

Lassen Sie mich zunächst darauf hinweisen, daß Antón Martín ein origineller, äußerst schnell arbeitender Aquarellmaler ist. Er beherrscht die Technik hervorragend und benötigt keine besonderen Tricks oder Kniffe. Darum hat er einmal geschrieben: „Mir gefallen der Rubbelgummi und die Spezialtechniken nicht, überhaupt nichts, was ich nicht mit Pinsel, Wasser und Lappen erledigen kann." Er spannt das Papier nicht auf das Zeichenbrett, sondern befestigt es nur mit Reißzwecken an den vier Ecken. Zum Absaugen des Wassers und Ausdrücken des Pinsels verwendet er einen Lappen. Er malt mit Tubenfarben, die er auf einem Palettkasten verteilt, und stellt das gesamte Aquarell ausschließlich mit einem dicken Rindshaarpinsel Nr. 22 her. In bezug auf seine Malweise ist Antón Martín ein echtes Phänomen. Für die ganze Kopie benötigt er kaum mehr als eine halbe Stunde. Kennt er das Bild so gut? Nein, denn er malt ein anderes Aquarell, wirft nur einige rasche Blicke auf das Modell und arbeitet ansonsten aus dem Kopf.

Beim Vorzeichnen hält er den Bleistift 2B innenliegend und zieht auf beinahe anarchische Weise etliche Umrisse, die er anschließend zu einem einzigen vereint, als wäre ihm die Zeichnung nicht wichtig (Abb. 152). Und erst die Farben ... Es ist schwierig, wenn nicht sogar unmöglich, Antón Martíns Malweise zu beschreiben. Mit einer Farbe-Wasser-Mischung aus Preußischblau malt er einige Formen auf der rechten Seite, die zunächst ziemlich abstrakt wirken (Abb. 153). Er

152

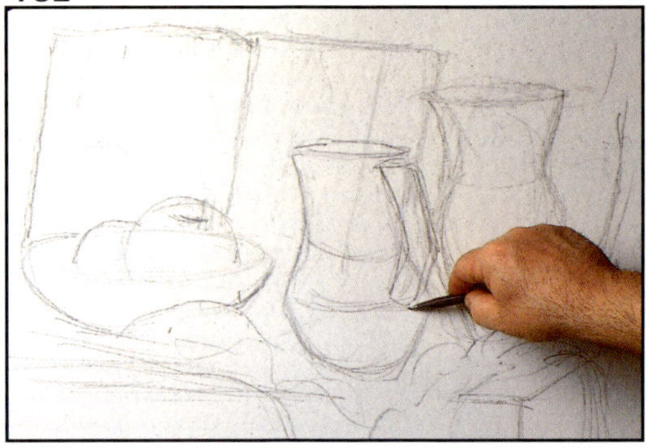

153

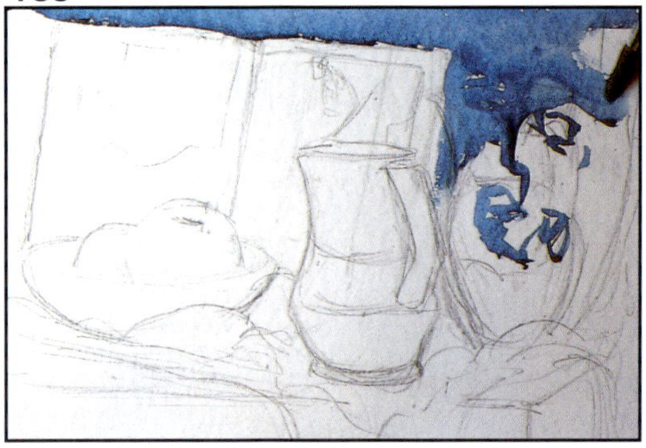

154

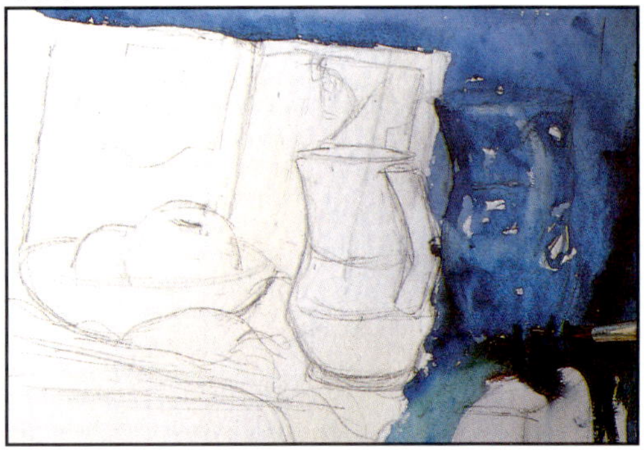

155

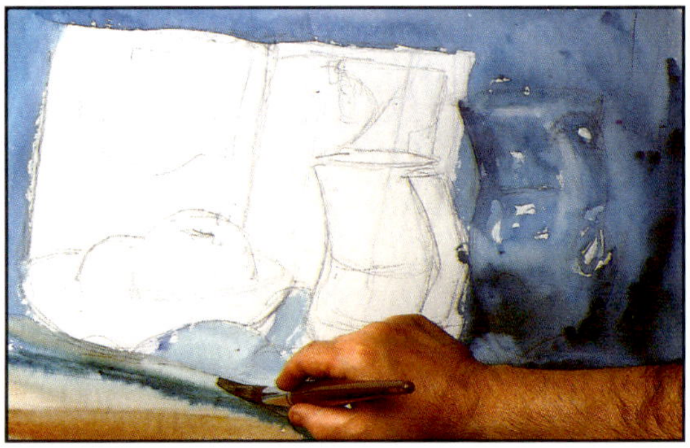

konkretisiert sie in der Naß-in-Naß-Technik, saugt Farbe wieder ab und stellt mit dem ausgedrückten Pinsel den Krug dar. Unablässig trägt er Farbe und Wasser auf, saugt die Mischung wieder ab und zeichnet gleichzeitig (Abb. 154 bis 156). Ich frage ihn, weshalb er einen Pinsel Nr. 22 verwendet und keinen Flachpinsel, was bequemer und funktioneller wäre. Er zeigt mir auf dem Lappen (Abb. 157), daß der Haarkörper sich aufgrund des Drucks beim Absaugen von Wasser und Farbe wie ein Fächer öffnet und wie ein Flachpinsel agiert mit dem Vorteil, daß man ihn mit einer einzigen Bewegung des Handgelenks in einen Rundpinsel zurückverwandeln kann. Antón Martín handhabt den Pinsel mühelos wie ein Spielzeug und zeichnet und malt kreisförmige, konzentrische, eckige, gerade und geschwungene Formen. Er spart Weiß aus, kontrolliert den Feuchtigkeitsgrad und sorgt dafür, daß keine Farbe in die ausgesparten Stellen dringt. In diesem Moment verhält sich der Pinsel wie ein kleiner Schwamm. Er hellt die Farbe auf und saugt sie ab und ist letztendlich nichts anderes als eine Verlängerung des Arms, der Hand, der Gedanken des Künstlers.

In Martíns Malweise spiegeln sich seine jahrelange Lehrtätigkeit und seine außerordentliche Erfahrung im Umgang mit dem Pinsel. Er malt nicht naß in naß, denn er feuchtet das Papier nicht vorab an. Wegen der sich überlagernden Lasuren und Mischungen und des ständigen Zufügens und Absaugens von Farbe wirken seine Aquarelle jedoch vollkommen wie Arbeiten in der Naß-in-Naß-Technik.

Wie gesagt, es ist schwierig, Antón Martíns Malweise zu beschreiben. Erlauben Sie mir daher, in Anlehnung an das chinesische Sprichwort: *„Ein Bild sagt mehr als tausend Worte“* die einzelnen Schritte anhand von Bildern zu erklären. Betrachten Sie die Abbildungen auf dieser und den folgenden Seiten (Abb. 151 bis 166). Lesen Sie die dazugehörenden Texte, und beobachten Sie, wie Antón Martín das herrliche Aquarell abschließt.

156

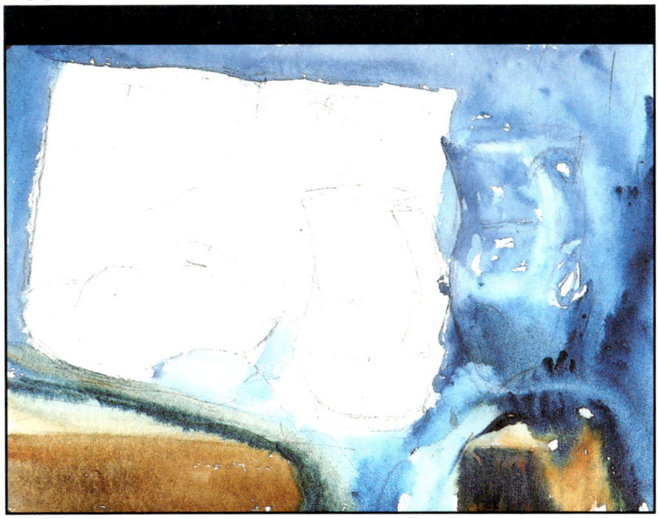

157

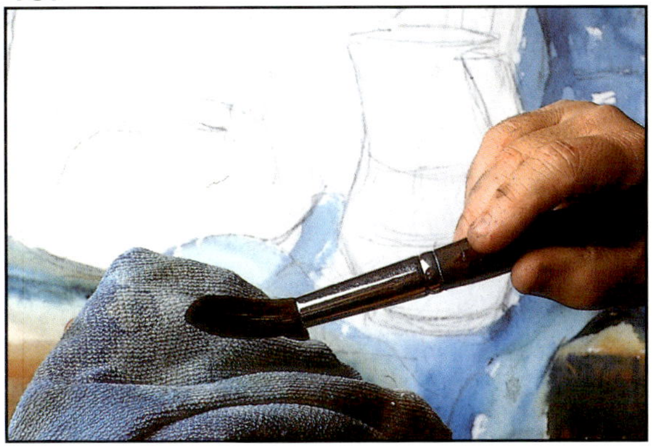

158

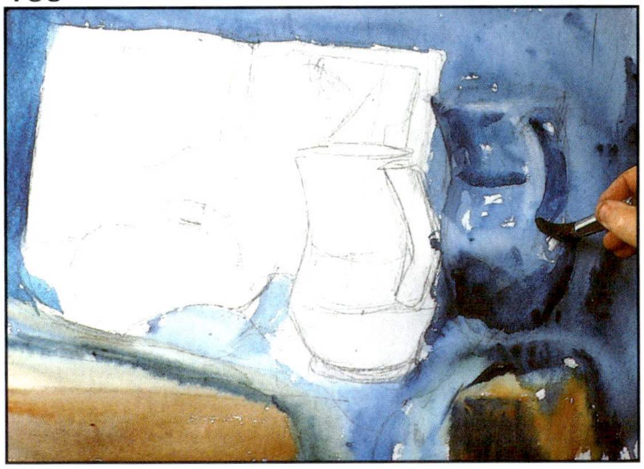

159

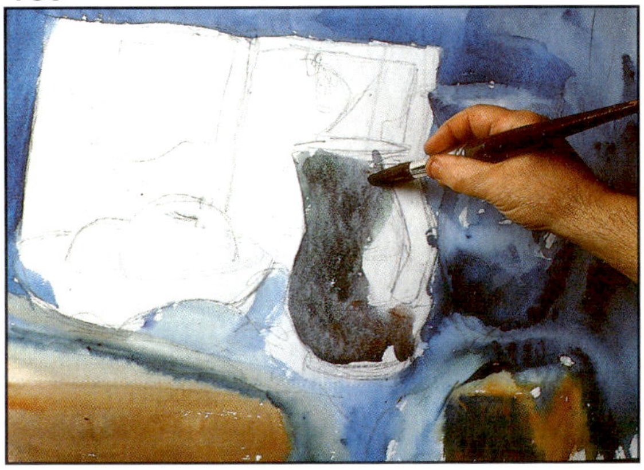

Abb. 151 und 152 (vorige Seite): Das Modell, diesmal ein Aquarell, das Antón Martín vor einiger Zeit gemalt hat und für diese Schrittfolge kopieren wird (Abb. 151). Abbildung 152 zeigt die Zeichnung sowie die besondere Art, in der Martín den Bleistift hält (Abb. 152).

Abb. 153 bis 155: Es gibt keine feststehenden Regeln oder Methoden für die Anfertigung eines Aquarells. Bei diesem Werk beginnt Martín auf ziemlich archaische Weise auf der rechten Seite. Wenig später zeichnet sich ein Krug mit seinem Spiel von Licht und Schatten innerhalb der blauen Farbe ab.

Abb. 156 und 157: Unser Gastkünstler arbeitet ausschließlich mit einem Rindshaarpinsel Nr. 22, der ihm gelegentlich auch als Flachpinsel dient.

Abb. 158 und 159: Mit sicheren Pinselstrichen in der Naß-in-Naß-Technik und einer dunklen Farbe-Wasser-Mischung beendet Martín den blauen Krug und nutzt dabei die kleinen weißen Aussparungen innerhalb der ersten Schicht. Anschließend befaßt er sich mit dem grauen Krug.

Ein Stilleben in einer kalten Farbskala

Abb. 160 bis 162: Martín saugt die Farbe des grauen Krugs etwas ab, um sie zu dämpfen, legt einige rosa und graue Nuancen für das geöffnete Buch an (aus den Resten auf der Palette), malt mit Preußischblau die Obstschale und verstärkt sie solange mit Umbra gebrannt und Paynesgrau, bis sie beinahe schwarz wirkt (Abb. 160). Anschließend malt er die beiden Äpfel, den roten mit Krappkarmin, Kadmiumrot und Ocker und den gelben mit Kadmiumgelb dunkel, Kadmiumrot sowie einigen Tupfern Preußischblau für die schattigen Stellen. Beachten Sie, wie geschickt er den Rand und die glänzenden Stellen der Obstschale mit dem Pinsel Nr. 22 anlegt. Während der ganzen Arbeit stellt er seine Fähigkeit zur Synthese unter Beweis.

Abb. 163: Die Obstschale und die Früchte mit ihren glänzenden Stellen sind fertig. Nun befaßt sich Martín erneut mit dem grauen Krug, für den er zunächst eine Mischung aus Preußischblau und Paynesgrau anlegt. Beachten Sie, wie er den Schatten auf dem blauen Tuch darstellt. Er malt einen dunkelblauen Fleck und spart einen weißen oder hellen Umriß auf der linken Seite des Krugs aus.

Abb. 164 und 165: Mit schwarzer Aquarellfarbe malt er einen dunklen Fleck in die obere rechte Ecke des Buches und zieht ihn bis zur Öffnung des grauen Krugs hinab. Mit sicheren Pinselstrichen legt er den Schatten des Henkels an – wiederum mit dem dicken Pinsel Nr. 22, der aus Rindshaar besteht und deshalb keine feine Spitze bilden kann.

160

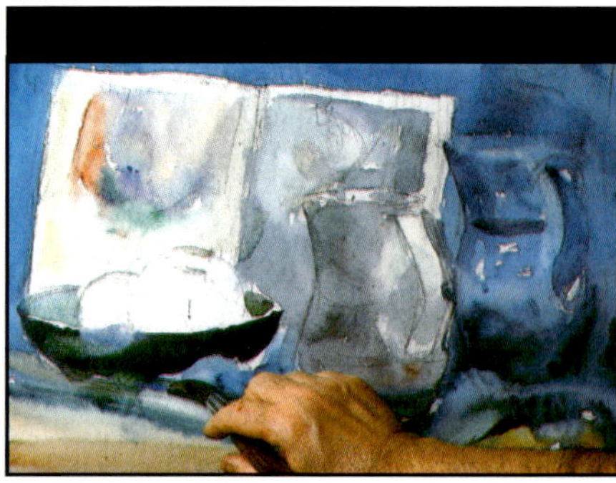

161

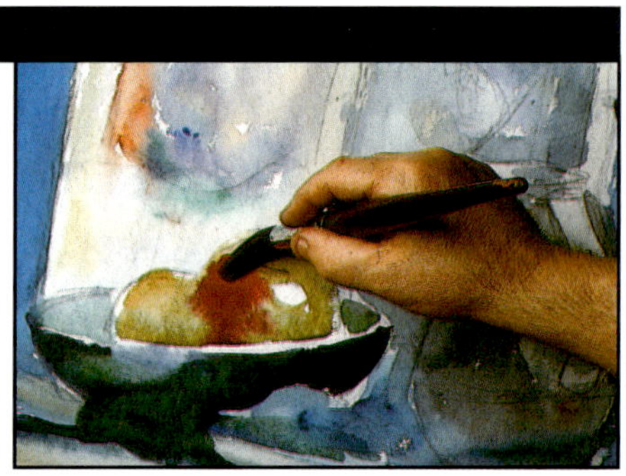

162

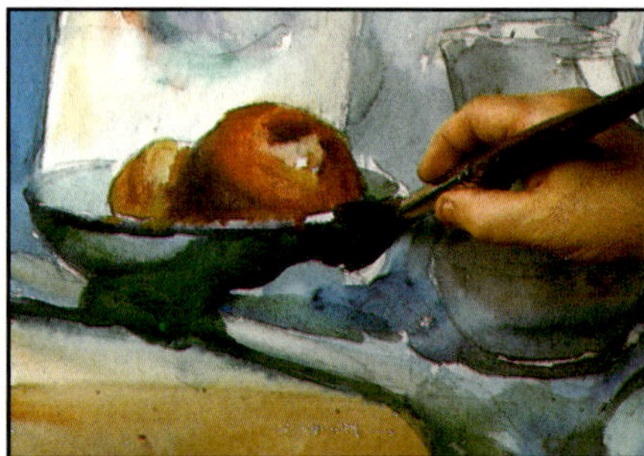

163

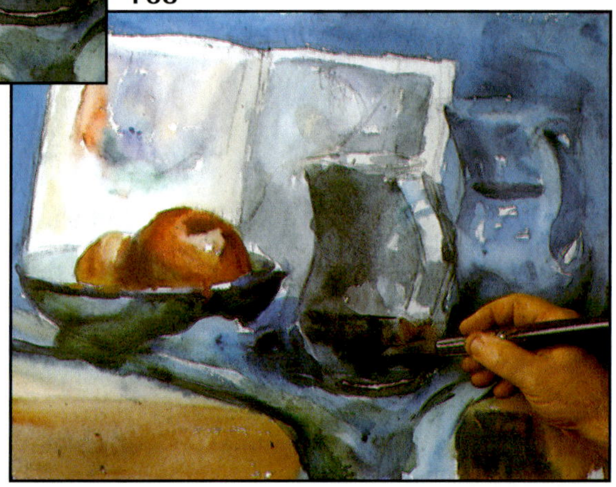

164

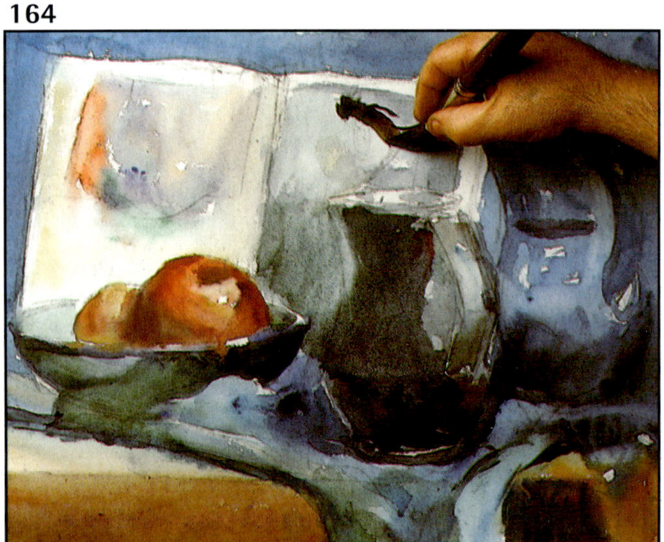

165

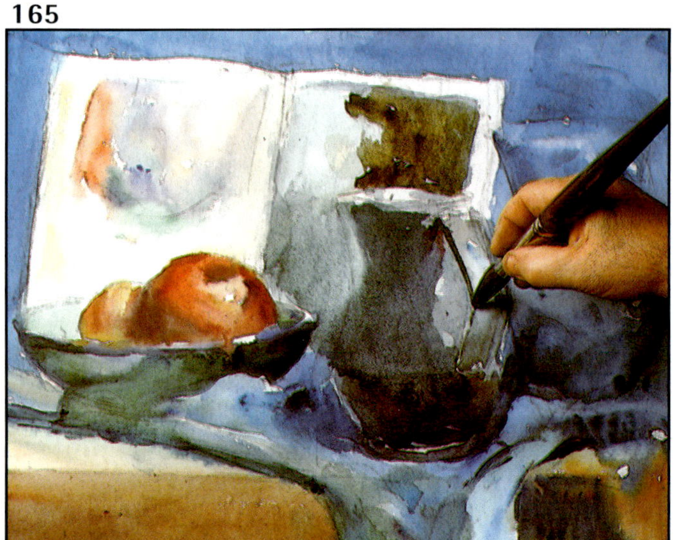

166

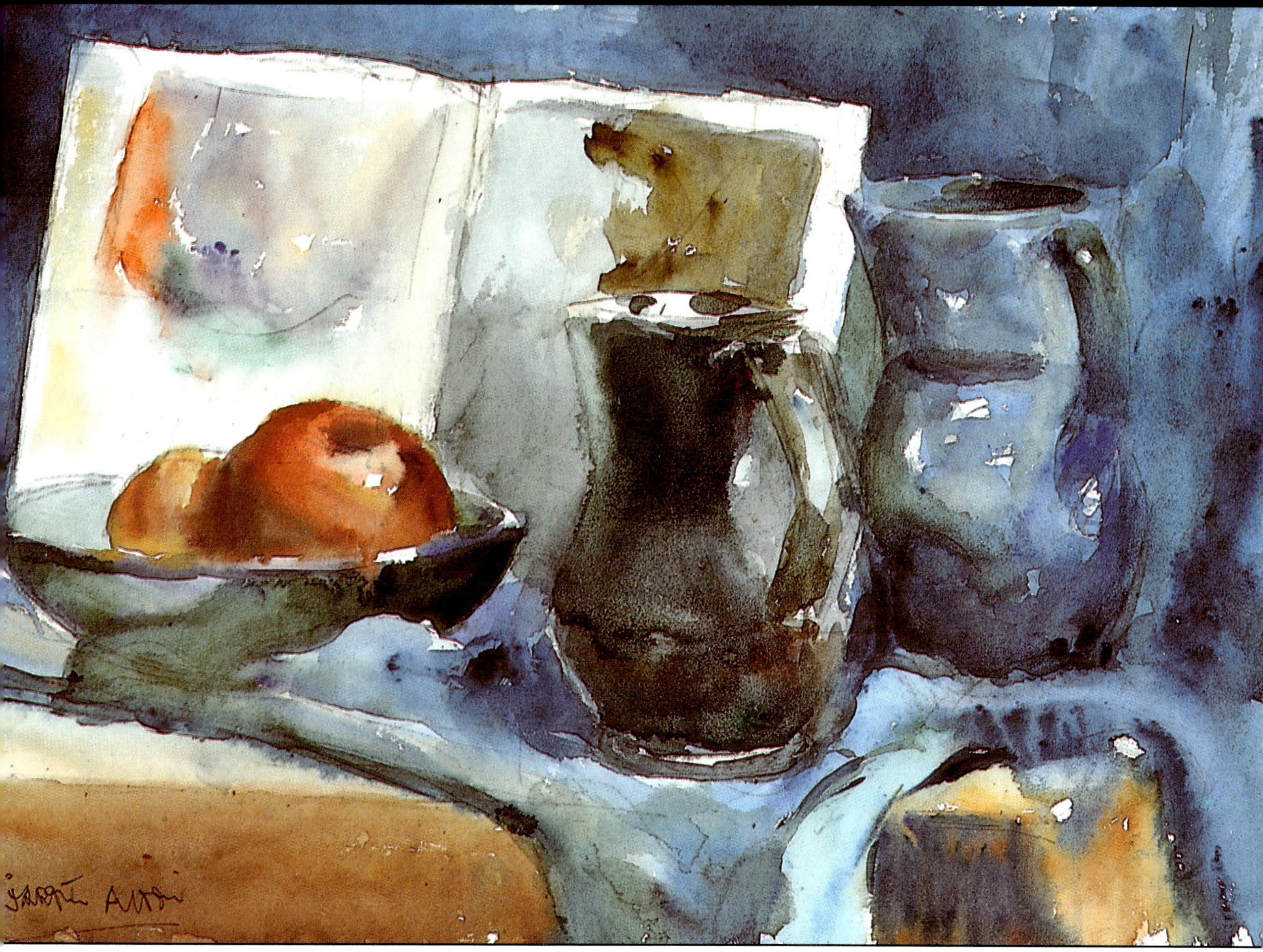

Abb. 166: Das fertige Werk. Es ist ein anderes Aquarell geworden als das Original. Ein Aquarell, in dem man das Wasser „spürt" und in dem die Naß-in-Naß-Technik überwiegt. Es enthält eine ausgesprochen künstlerische Farbenharmonie mit dem prächtigen Preußischblau als Dominante und dem herrlichen Krappkarmin des roten Apfels als harmonischer Dissonanz: eine warme Note auf einem Grund aus kalten Farben. Dies ist jener Kontrast der Farbenskalen, den der deutsche Kunstpädagoge Professor Johannes Itten forderte, der 1919 gemeinsam mit Paul Klee und Wassily Kandinsky am Bauhaus unterrichtete. Man sollte sich das Aquarell merken und ihm wegen seiner technischen Methode, seiner gelungenen Synthese und seiner Farbenharmonie nacheifern.

Ein Stilleben in einer warmen Farbskala

167

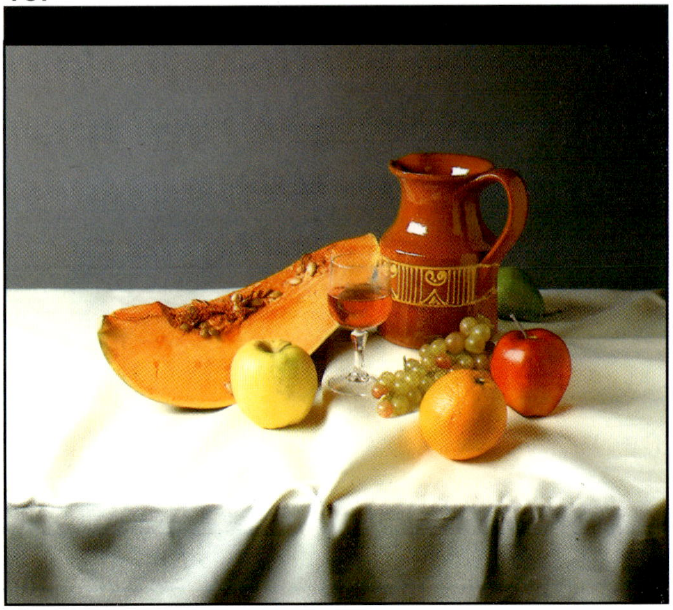

Ich war auf dem Markt, um die Früchte für dieses Stilleben zu besorgen. Als Grundelement dachte ich an eine Melone, aber es war noch nicht Melonenzeit. Da entdeckte ich einen fantastischen Kürbis in herrlichem Kadmiumorange, und ich fragte die Marktfrau: „Können Sie mir eine Scheibe davon abschneiden?“ Sie tat es. Außerdem besorgte ich Äpfel, Orangen, Birnen und eine Traube. Im Atelier fügte unser Fotograf Paco einen Tonkrug, ein Glas Roséwein und ein cremefarbenes Tischtuch hinzu. Es entstand ein Stilleben mit einer eindeutig warmen Farbskala aus Gelb, Ocker, Orange, Englischrot, Zinnober und Karmin mit dem Grün der Birne als reizvollen Kontrast (Abb. 167).
Wie üblich zeichne ich das Motiv mit einem Bleistift 2B vor und beginne wie immer mit einer Senkrechten und einer Waagerechten durch die Mitte, also mit einem Kreuz, das mir die Berechnung der Maße und Proportionen erleichtert. (Sie sehen es auf Abbildung 168).
Den Hintergrund male ich mit einer Mischung aus Paynesgrau und einer geringen Menge Ocker (Abb. 169). Das Tischtuch entsteht aus Ocker und Kadmiumgelb zitron, der Kürbis aus Kadmiumgelb dunkel und Rot und der Krug aus Englischrot sowie einer Spur Ultramarinblau für die Stellen im Schatten.
Bisher habe ich mit einem 2 cm breiten Flachpinsel aus Rotmarderhaar und zwei Rundpinseln Nr. 10 und 12 gemalt und die weißen Stellen für die Kürbiskerne und die noch formlosen Glanzstellen auf dem Krug sorgfältig ausgespart (Abb. 170 und 171).
Auf den Abbildungen 172 und 173 scheint sich nicht viel verändert zu

168

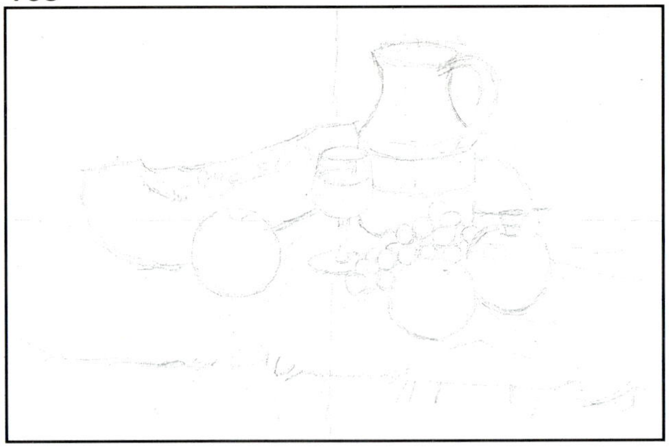

169

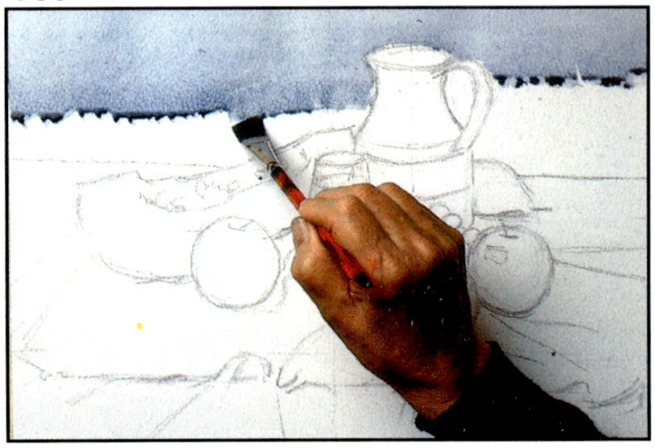

170

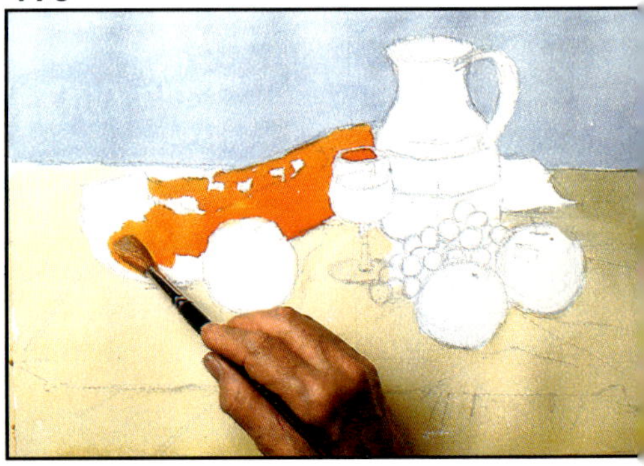

Abb. 167 bis 170: Das Modell und die Zeichnung, die ich wie immer mit einem Kreuz im Zentrum beginne (Abb. 168). Ich male zunächst den Hintergrund und fahre mit Ocker und Gelb für das Tischtuch sowie Kadmiumgelb dunkel und Rot für die Kürbisscheibe fort.

haben. Ich habe die Birne hinter dem Krug mit Permanentgrün und etwas Englischrot gemalt, um das grelle Grün abzustumpfen. Der gelbe Apfel entstand aus Kadmiumgelb zitron plus Ocker und einer Spur Kobaltblau für die Schatten; für die Orange benötigte ich Kadmiumgelb dunkel und Kadmiumrot. Außerdem habe ich die Farbe des Tischtuches verstärkt. All das sehen Sie auf Abbildung 172.
Auf Abbildung 173 sind das Weinglas und der rote Apfel ebenfalls fertig. Dafür habe ich hauptsächlich Karmin und Gelb verwendet und die jeweiligen Glanzstellen ausgespart. Erkennen Sie darüber hinaus die Veränderungen der Form und der Farbe des Tonkrugs gegenüber dem Stadium von Abbildung 172? Der Krug gefiel mir nicht. Deshalb feuchtete ich ihn mit Wasser an und saugte die Farbe mit Küchenpapier ab, um ihn anschließend neu zu malen und die Form und die Farbe des Ausgusses sowie die Glanzlichter auf der rechten Seite und im gelben Zierstreifen zu verbessern. Es fehlen noch die kräftigeren Glanzlichter auf dem Körper. Diese werde ich später hinzufügen.

171

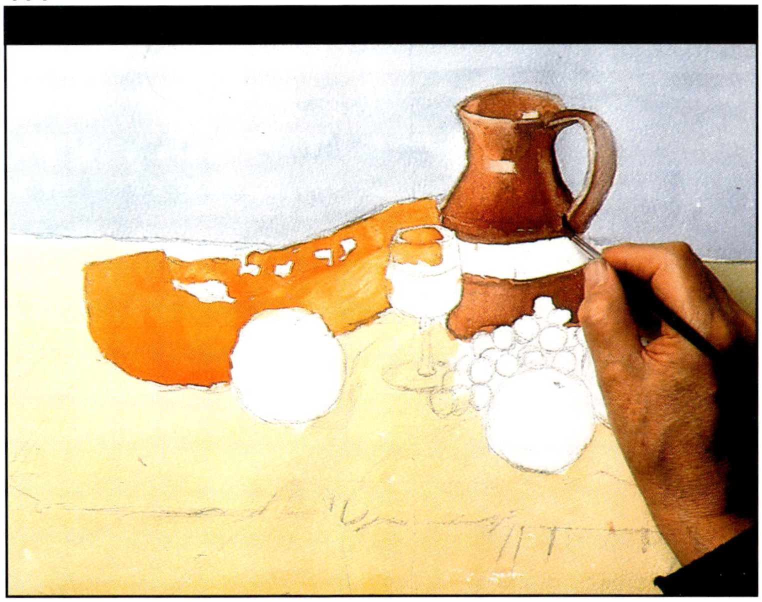

172

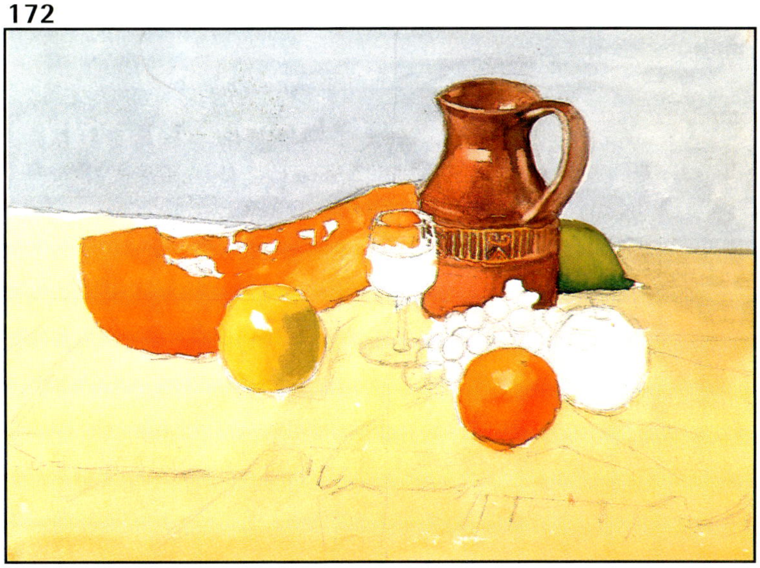

173

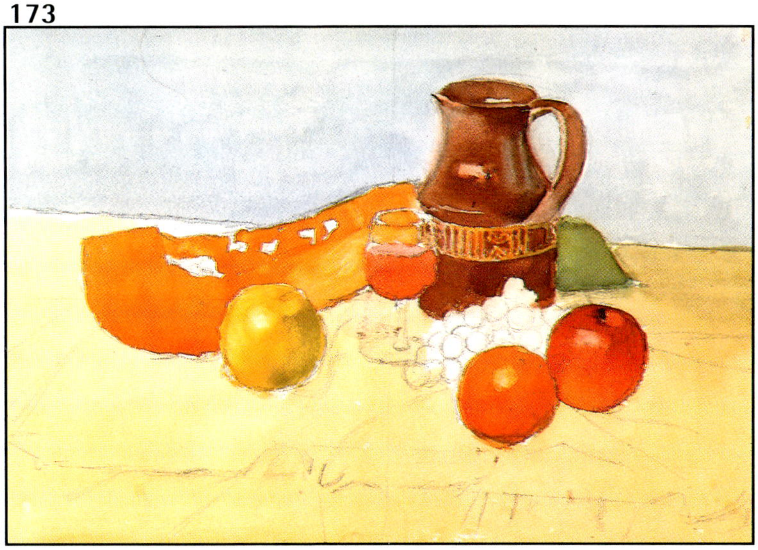

Abb. 171 bis 173: Das zweite Stadium beginne ich mit dem Tonkrug (Abb. 171) und male anschließend die erste Schicht für den Apfel, die Orange und die Birne (Abb. 172). Doch die Form und die Farbe des Krugs gefallen mir nicht. Die Perspektive des Streifens mit der gelben Verzierung ist nicht korrekt, und der Kreis für die Öffnung stimmt ebenfalls nicht. Auch die Form und die Farbe der Reflexe auf der linken Seite des Halses sind falsch. Deshalb lösche ich den Krug mit einem Synthetikfaserpinsel und Küchenpapier wieder aus und male ihn erneut, wie Abbildung 173 zeigt. So ist es besser, nicht wahr? Es fehlt noch etwas Farbe, und die glänzenden Stellen am Hals und am Körper müssen weiter ausgearbeitet werden. Das wird im nächsten Stadium geschehen. Oh, ich vergaß zu erwähnen, daß ich außerdem die Farbe der Orange verstärkt und den roten Apfel sowie den Wein im Glas gemalt habe, das noch einige Spitzlichter erhalten muß.

Ein Stilleben in einer warmen Farbskala

Ich fahre mit dem Stilleben fort. Zunächst dunkle ich den Hintergrund mit Paynesgrau und Ocker weiter ab. Dann male ich die erste Schicht für die Weintrauben und verstärke die Farben des Fruchtfleisches sowie den Schatten neben der Birne (Abb. 174). Ich überarbeite das Glas, den Wein und die Trauben und male den Schatten des Kürbis zwischen dem Glas und dem gelben Apfel (Abb. 175 und 176).

Nachdem ich die Farbe der Birne und ihrer Umgebung verstärkt habe, befasse ich mich mit den Falten des Tischtuches (Abb. 177). Ich glaube, es ist noch etliches zu korrigieren. Zum Beispiel der Hintergrund, der dunkler sein muß, und das Tischtuch, das wesentlich kräftiger sein sollte.

Abb. 174: Auf dieser Abbildung bestehen die einzigen Veränderungen darin, daß ich die Kürbisschale gemalt und die erste Farbschicht auf die Weintrauben gelegt habe.

Abb. 175 und 176: Hier ist wesentlich mehr geschehen. Zunächst habe ich die Farbe des Krugs verstärkt. Ferner erkennt man die Ausarbeitung des Glases und des Weins. Der gelbe Apfel ist ebenfalls praktisch fertig.

Abb. 177: Die wichtigste Veränderung besteht in der verstärkten Farbe für die Birne hinter dem Krug und dem Wurfschatten der Frucht. Außerdem habe ich mit den Falten des Tischtuchs begonnen.

174

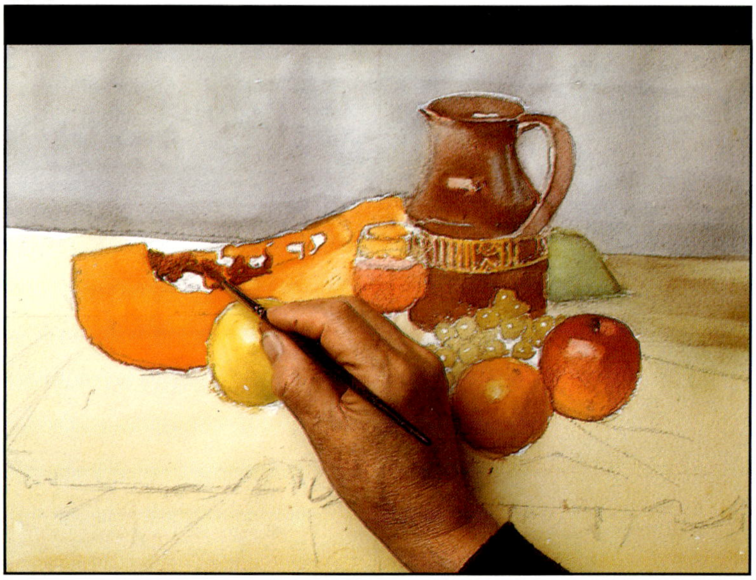

175

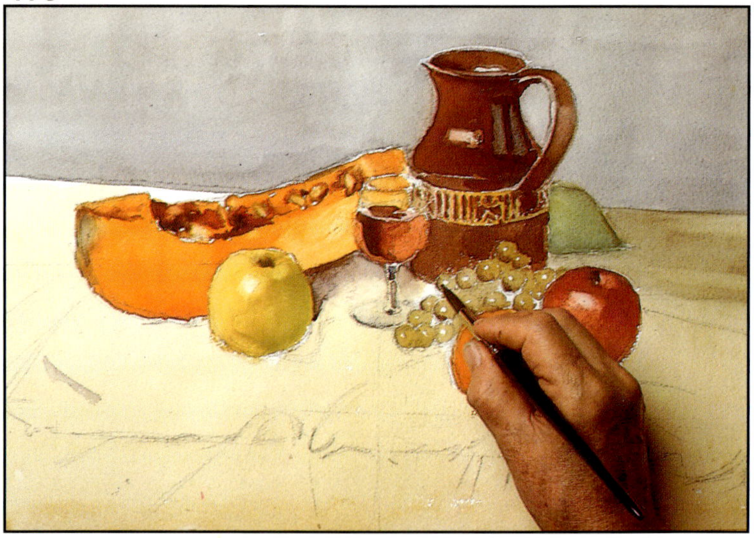

176

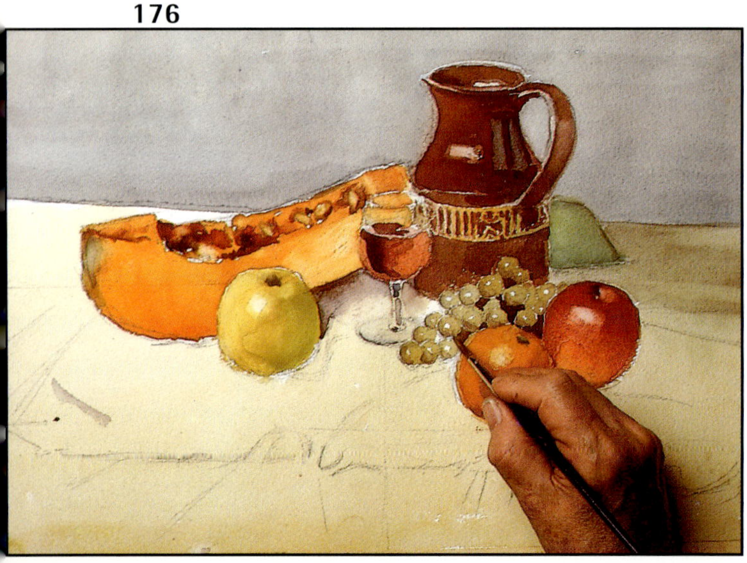

177

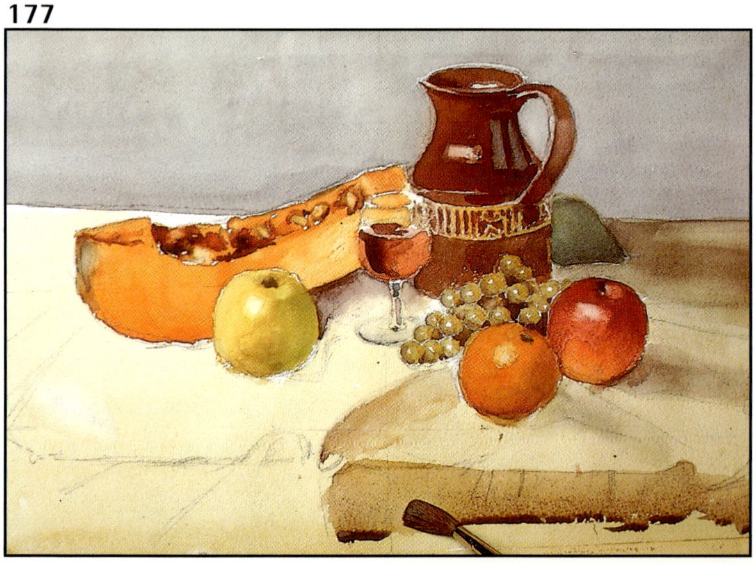

178

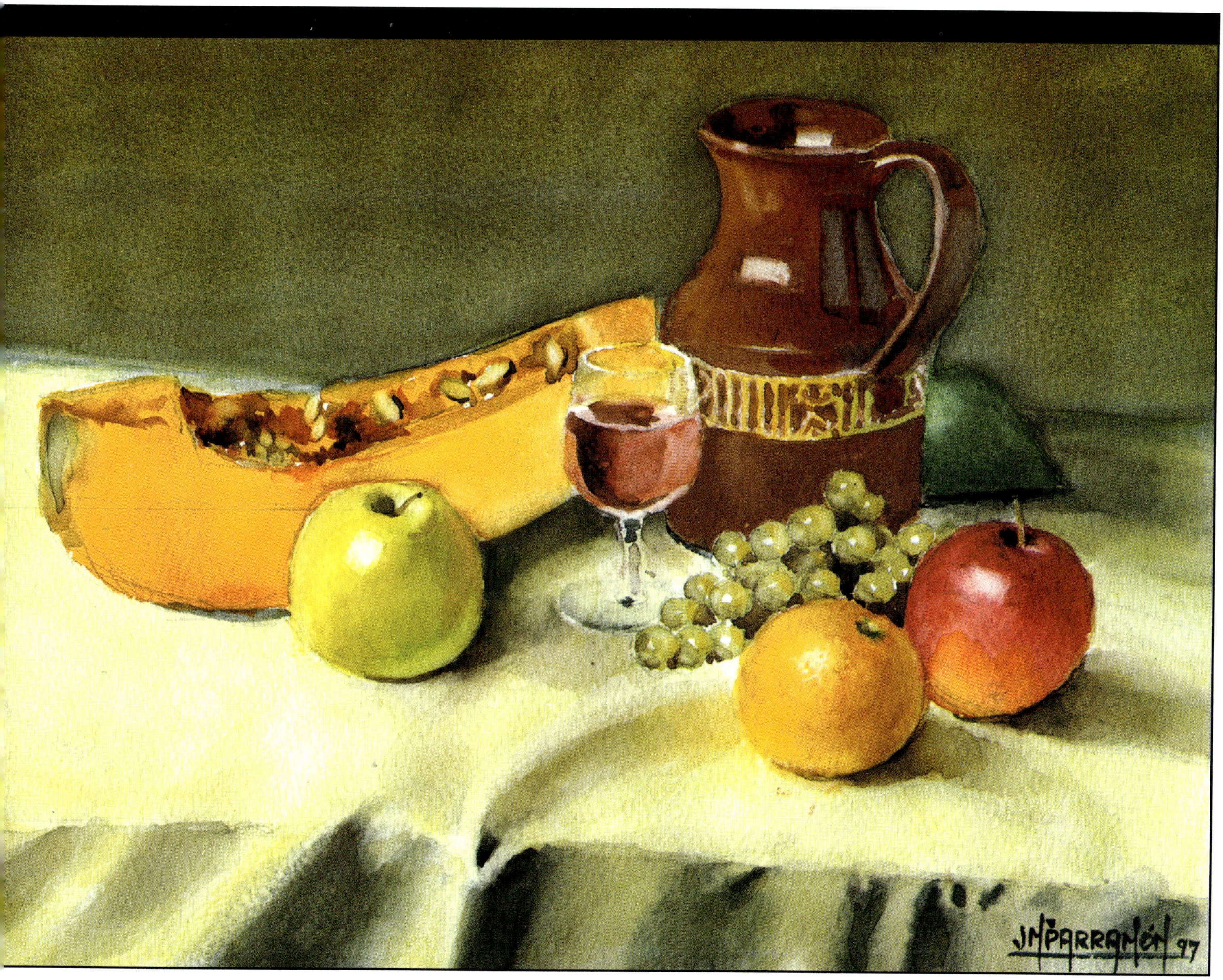

Auch den Bildausschnitt habe ich verändert. Ich hatte zuviel Raum oberhalb des Krugs und vor allem zu beiden Seiten gelassen.
Diese und einige weitere Korrekturen innerhalb der Abschlußarbeiten sind im fertigen Aquarell von Abb. 178 zu erkennen. Abgesehen vom Hintergrund und der Farbe des Tischtuches, die jeweils dunkler gestaltet wurden, habe ich die Falten neu gezeichnet und gemalt. Ich habe winzige weiße Stellen auf den Kürbiskernen geöffnet und die Formen mit Karmin und Umbra gebrannt umgeben. Außerdem habe ich die Trauben und den Tonkrug samt seines Ausgusses retuschiert, die Glanzlichter gereinigt und betont sowie zarte Reflexe am linken oberen Rand hinzugefügt. Ich habe die kleinen Apfelstiele gezeichnet und die Formen, Glanzlichter und Reflexe des Weins und des Glases vervollständigt. Ferner habe ich den Henkel des Krugs überarbeitet und ein Glanzlicht auf die Birne gelegt. Dann war mein Aquarell in einer warmen Farbskala fertig.

Abb. 178: Das fertige Aquarell mit den letzten Retuschen, zu denen auch die Verringerung des Formats am oberen Rand sowie zu beiden Seiten gehört. Ich fand, daß die überschüssige Fläche der Aufmerksamkeit des Stillebens schadete. Aber es gibt noch andere Dinge zu bemerken. Ich habe die warme Farbgebung des Hintergrunds sowie die Nuancen des Tischtuchs verstärkt und den Ausguß des Krugs mit einigen Reflexen versehen. Alles übrige geht aus dem Text hervor.

Tiere als Aquarell

Schaut man Künstlern wie Jordi Segú, Gaspar Romero oder Vicenç Ballestar zu und sieht, daß sie Tiere mit der gleichen Mühelosigkeit zeichnen und malen wie Früchte, Bäume oder Gestalten, könnte man sie für wahre Genies halten. Eines ist gewiß: Früchte, Bäume und selbst Gestalten rühren sich nicht, wenn sie für uns posieren. Ganz im Gegensatz zu den Tieren. Manche Tiere, so die Flamingos, die Giraffen oder die Elefanten, bewegen sich wenig. Auch Hunde und Katzen, Hühner und Hähne sind ruhig, solange sie schlafen. Aber bringen Sie einmal einen Hund, eine Katze, einen Hahn oder ein Huhn im Wachzustand dazu, sich nicht zu rühren! Trotzdem werden sie gezeichnet und gemalt. Wie geschieht das? Was muß man dafür tun?
Nun, zunächst einmal muß man wirklich zeichnen können. Man muß daran gewöhnt sein, rasch Figurenskizzen anzufertigen und die Maße und Proportionen in sehr kurzer Zeit zu berechnen. Hat sich der Künstler wie Vicenç Ballestar darüber hinaus auf die Darstellung von Tieren spezialisiert ...
Zweitens muß man – wie Ballestar es getan hat und immer noch tut – ständig Tiere zeichnen und malen, so daß sich einem die Formen einprägen, selbst wenn sich das Modell bewegt, und man praktisch aus dem Gedächtnis zeichnen kann. Jeder Künstler, der das Figurenzeichnen beherrscht, ist in der Lage, eine Gestalt aus dem Gedächtnis zu zeichnen, weil er sie unzählige Male dargestellt hat. Dasselbe geschieht beim Zeichnen von Tieren. Wenn Sie immer wieder Tiere zeichnen und ihre Köpfe, ihre Körper und ihre Glieder darstellen, haben Sie die Formen bald im Kopf und können unbesorgt ein Tier in Bewegung als Modell wählen. Das werden wir gleich in der Praxis erleben.
Der Künstler Jordi Segú, der Fotograf Paco und ich waren im Zoo von Barcelona und haben dort einige Tiere fotografiert und als Aquarell gemalt. Das ist ein außerordentlich befriedigendes Erlebnis. Es macht Spaß und ist darüber hinaus sehr lehrreich. Ich kann es Ihnen nur empfehlen. Falls es an Ihrem Wohnort keinen Zoo gibt, schlage ich vor, daß Sie auf einen Bauernhof mit Kühen, Kälbern, Schweinen, Kaninchen und Geflügel – Hühner, Hähne, Enten etc. – ge-

179

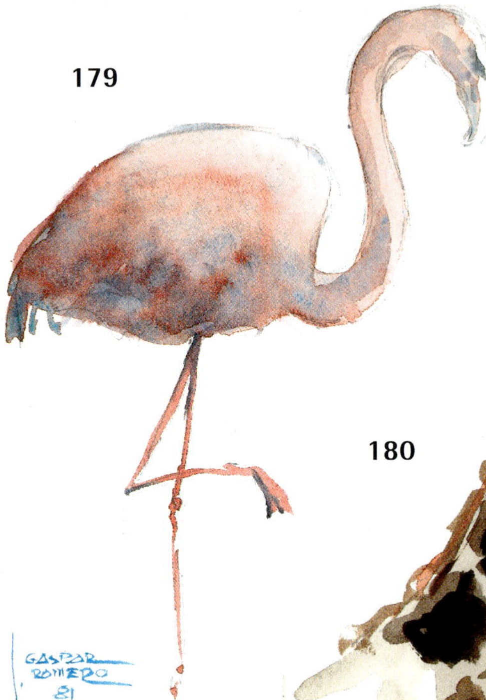

180

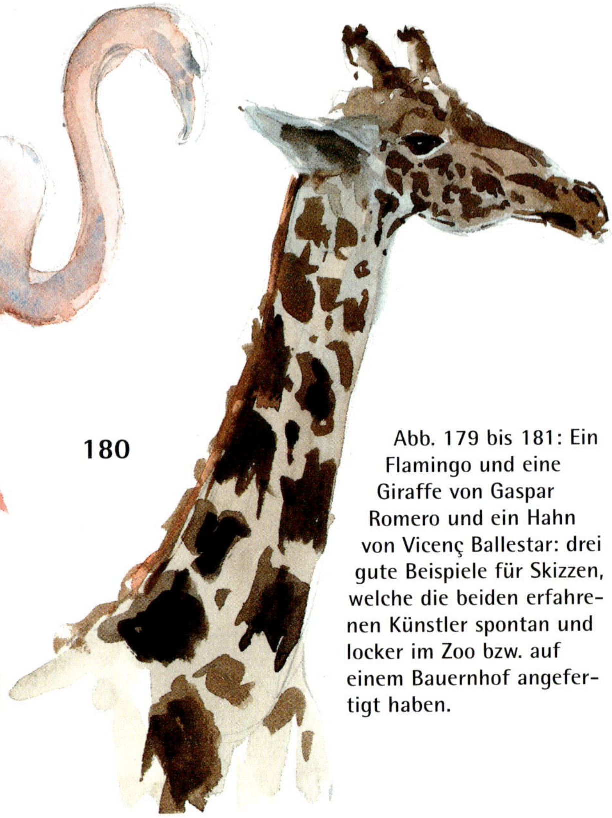

Abb. 179 bis 181: Ein Flamingo und eine Giraffe von Gaspar Romero und ein Hahn von Vicenç Ballestar: drei gute Beispiele für Skizzen, welche die beiden erfahrenen Künstler spontan und locker im Zoo bzw. auf einem Bauernhof angefertigt haben.

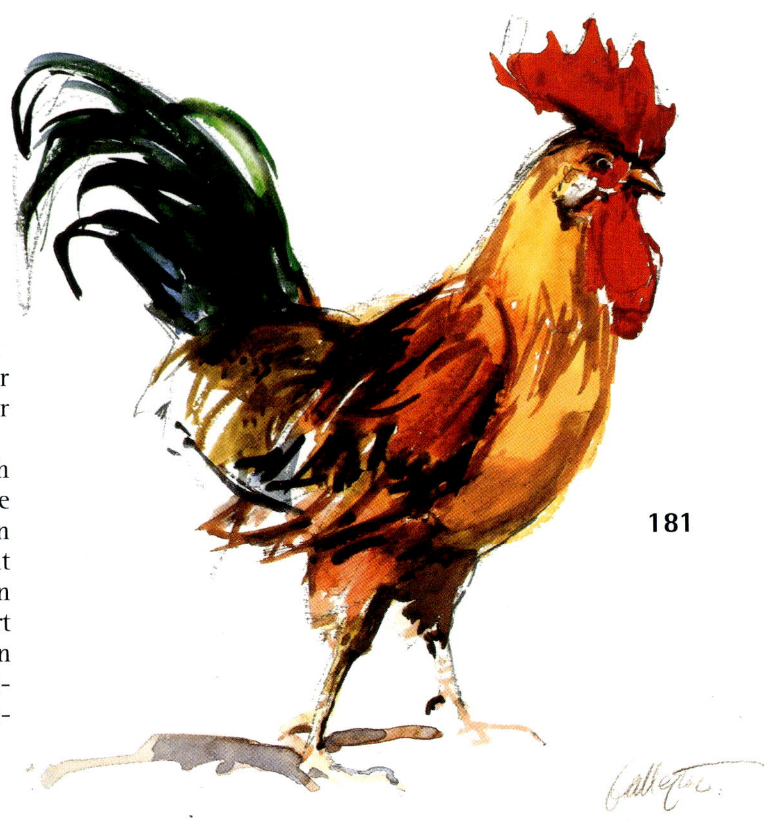

181

hen. In manchen Zoos muß man vorher eine schriftliche Erlaubnis zum Malen einholen, die aber ohne weiteres gewährt wird.
Fahren wir mit unserem Zoobesuch fort. Gleich hinter dem Eingang entdecken wir auf der linken Seite zwischen Bäumen, Felsen und einem kleinen Teich zwei Braunbären. Es sind unruhige Tiere, die ständig hin und her laufen und immer wieder umkehren (Abb. 182). Segú legt seine Zeichenmappe mit dem Papier bereit, stellt seinen Aquarellkasten und sein Wassergefäß auf einen Kragstein und betrachtet die Tiere aufmerksam, um sich deren Formen und Bewegungen einzuprägen. Über zehn Minuten schaut er genau hin. Einige junge Burschen werden neugierig und möchten sehen, was der Maler, der Fotograf mit der Kamera und der Dritte mit dem Diktiergerät dort treiben. Sie warten eine ganze Weile und wenden sich enttäuscht ab. „Der malt ja gar nichts.“
Segú betrachtet weiterhin eines der Tiere, studiert es aufmerksam und zeichnet anschließend den Kopf, den Rücken und die Beine praktisch aus dem Kopf. Nachdem die Zeichnung fertig ist, malt er den Hintergrund mit Hellgrün und fährt mit stark verdünntem Englischrot fort, das in der Nähe des Kopfes blaustichig wird. Ebenfalls mit Englischrot und etwas Ultramarinblau malt er die Beine und legt einen Tupfer auf das Ohr und das Auge (Abb. 183). Im nächsten Stadium fügt er noch einige Pinselstriche für den Kopf hinzu, der damit praktisch abgeschlossen ist, und stellt mit zahlreichen kurzen Strichen das Fell des Tieres dar (Abb. 184). Drittes Stadium: Zum Abschluß seines Aquarells mit dem Bären legt Segú noch einige zarte Farbtupfer auf den Kopf, um ihn zu präzisieren, und drückt mit kurzen, sorgfältig berechneten senkrechten und geschwungenen Strichen die Form des Tieres aus.

182

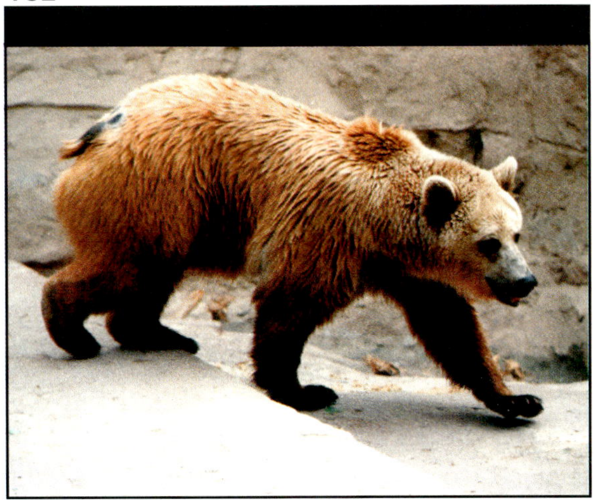

Abb. 182 bis 185: Jordi Segú malte mehrere Tiere im Zoo von Barcelona mit Aquarellfarben. Als erstes befaßte er sich mit diesem kanadischen Braunbären, ein unruhiges Tier, das ständig auf und ab lief. Der Künstler war gezwungen, es lange aufmerksam zu beobachten, bis er die Formen und den Gang aus dem Kopf wiedergeben konnte.

183

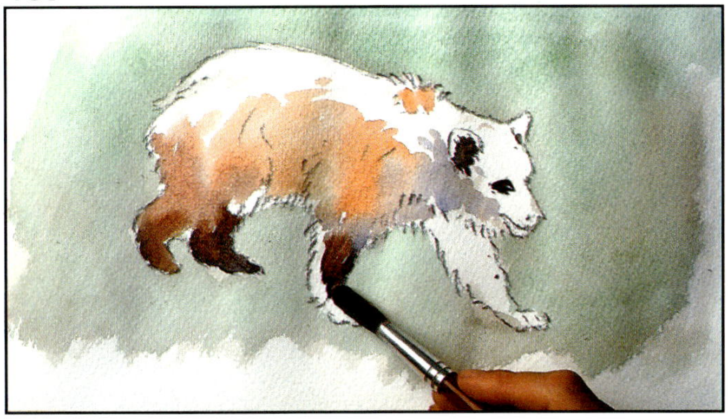

184

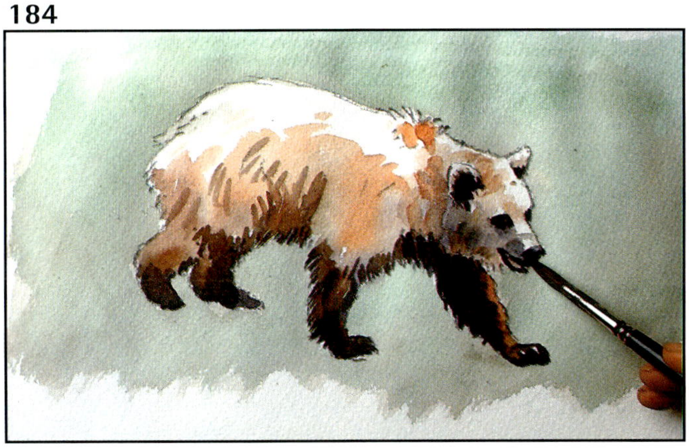

185

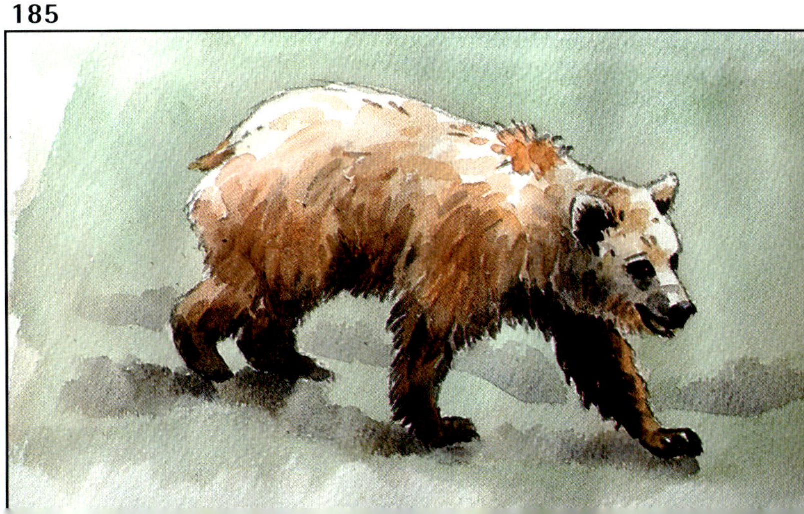

Tiere als Aquarell

186

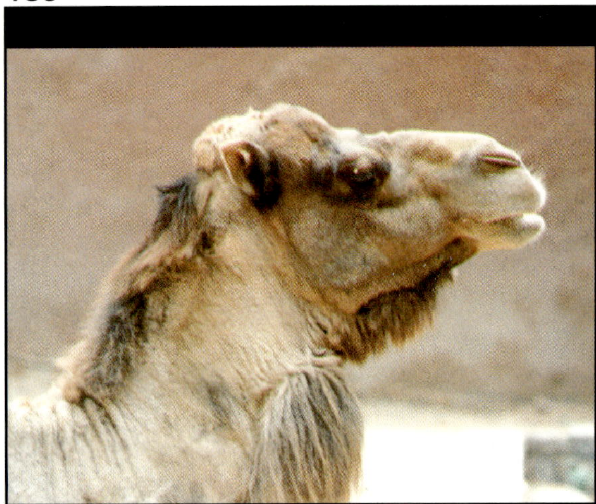

Wir schlendern etwas weiter und bemerken einige Dromedare. Ich schlage Segú vor, den Kopf eines ruhenden Tieres zu malen (Abb. 186).
Da sich das Dromedar kaum bewegt, genügen Segú wenige Minuten zur Beobachtung. Dann beginnt er zu zeichnen. Der Kopf im Profil bereitet ihm keine Schwierigkeiten. Mit sicherem, durchgehendem Strich löst er die Aufgabe. Er malt den Hintergrund mit Paynesgrau und etwas Ultramarinblau und legt eine Lasur aus Englischrot, gemischt mit dem Grau und Blau des Fonds, für die schattigen Stellen des Kopfes und des Halses an (Abb. 187).
Er betont das Englischrot auf der Brust des Tieres, spart das Weiß für den oberen beleuchteten Umriß aus und modelliert den Kopf mit Tupfern in Englischrot, Paynesgrau und etwas Ultramarinblau (Abb. 188).
Zuletzt zeichnet und malt Segú die übrigen Formen und Farben: die Haare und das Fell unterhalb des Kinns, die Mähne oberhalb und unterhalb des Halses etc. Er arbeitet die Formen des Kopfes mit zahlreichen Farbtupfern unterschiedlicher Stärke weiter aus und befaßt sich mit Ohr, Auge, Nase und Maul. Damit ist die ausgezeichnete Skizze bereits fertig. „Das reicht, nicht wahr? Mir gefällt es so“, sagt er und sieht mich an. „Oh, mir gefällt es ebenfalls“, antworte ich überzeugt.

187

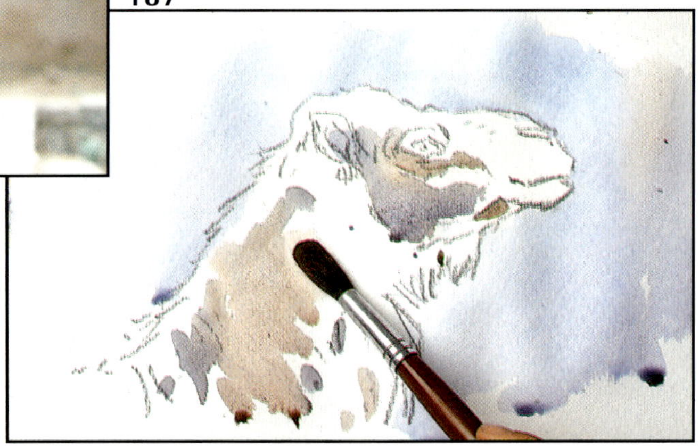

188

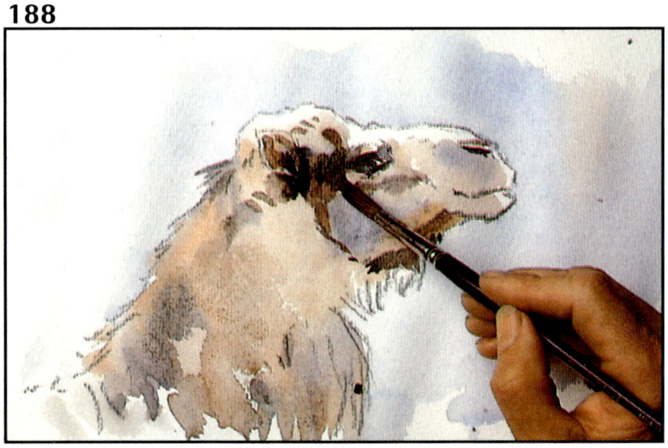

Abb. 186 bis 189: Das Dromedar rührte sich nicht, während Jordi Segú es zügig, aber nicht hastig zeichnete und malte. Es ist immer ein Vorteil, wenn ein Tier sich für eine Weile hingelegt hat.

189

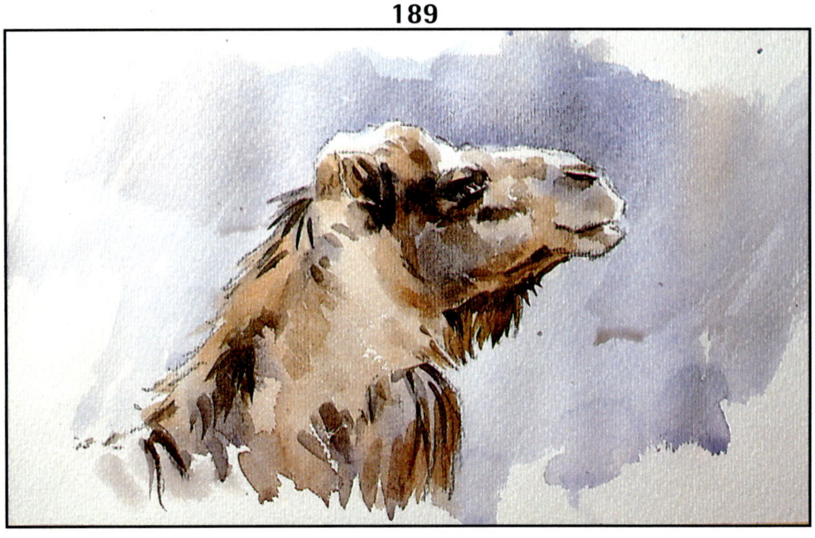

Kurz darauf stoßen wir auf zwei Giraffen, von denen Paco eine fotografiert (Abb. 190). Diesmal werde ich das Tier selbst zeichnen und malen. In diesem Fall existiert das Problem der Bewegung praktisch nicht, weil Giraffen ihre Haltung im allgemeinen eine ganze Weile beibehalten. Denken Sie daran, wenn Sie in einen Zoo gehen, und wählen Sie relativ ruhige Tiere als erste Modelle.

190

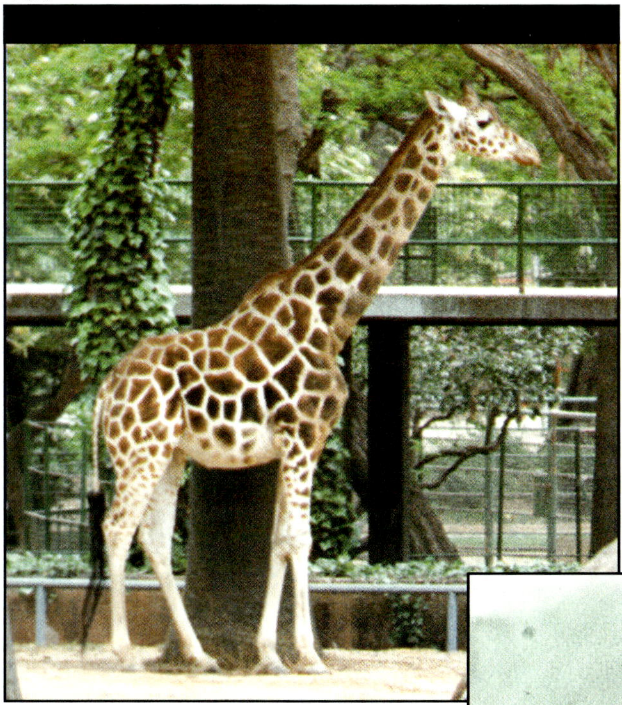

Ich zeichne die Giraffe mit dem Bleistift 2B vor und lege besondere Sorgfalt auf das typische Fleckenmuster des Tieres. Hier darf man nichts erfinden, sondern muß sich an das halten, was einem das Modell „sagt". Ich nutze einen Augenblick, als die Giraffe den Kopf dreht, und zeichne diesen rasch in der Dreiviertelansicht anstatt im Profil. Anschließend male ich den Hintergrund, verzichte aber auf die komplizierten Formen und Farben, die ich vor Augen habe (Abb. 190). Statt dessen begnüge ich mich mit einem grünen Fond, der rechts unterhalb des Giraffenhalses etwas heller ist. Ich zeichne die Mähne, modelliere den zylinderförmigen Hals und befasse mich anschließend mit den Gesichtsteilen (Abb. 191).

Geduldig zeichne und male ich das Muster des Fells, zunächst mit flachen Farben ohne das Spiel von Licht und Schatten, und verwende dafür Umbra gebrannt (Abb. 192). Nachdem die Flecken fertiggestellt sind, sauge ich innerhalb der Abschlußarbeiten hier und da Farbe wieder ab, um das Helldunkel des Halses, des Rückens und der Schenkel zu betonen. Mit Paynesgrau, Englischrot und einer Spur Preußischblau male ich den Schwanz, lege die zarten Schatten auf der rechten Körperseite, am Bauch und an den Beinen an und schließe meine Skizze ab (Abb. 193).

191

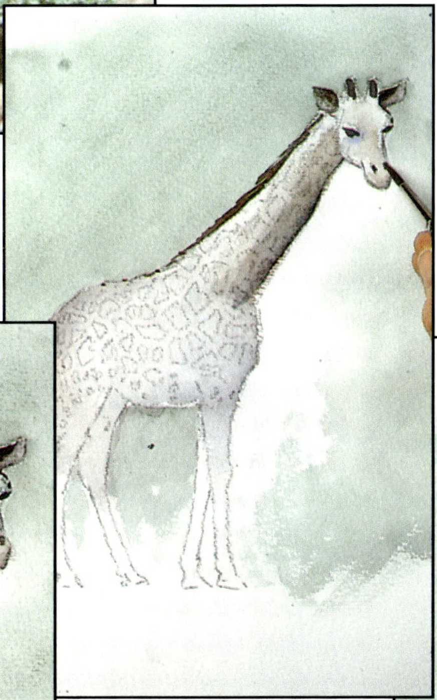

192

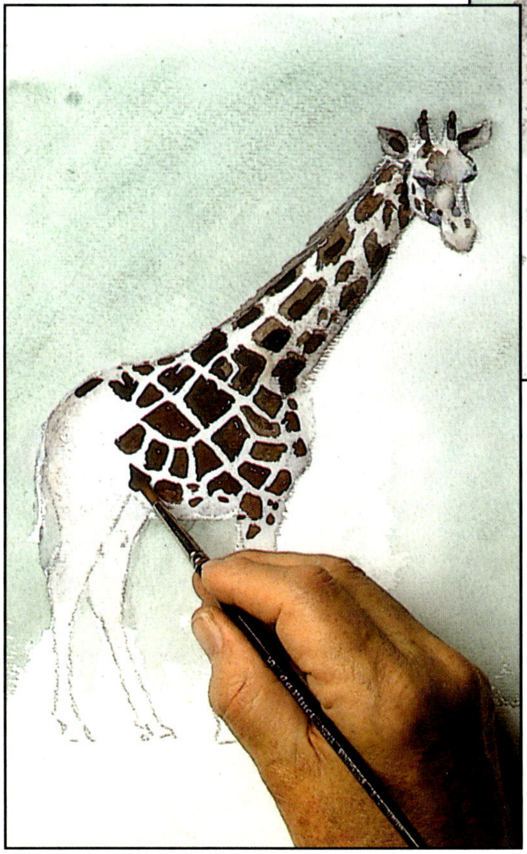

193

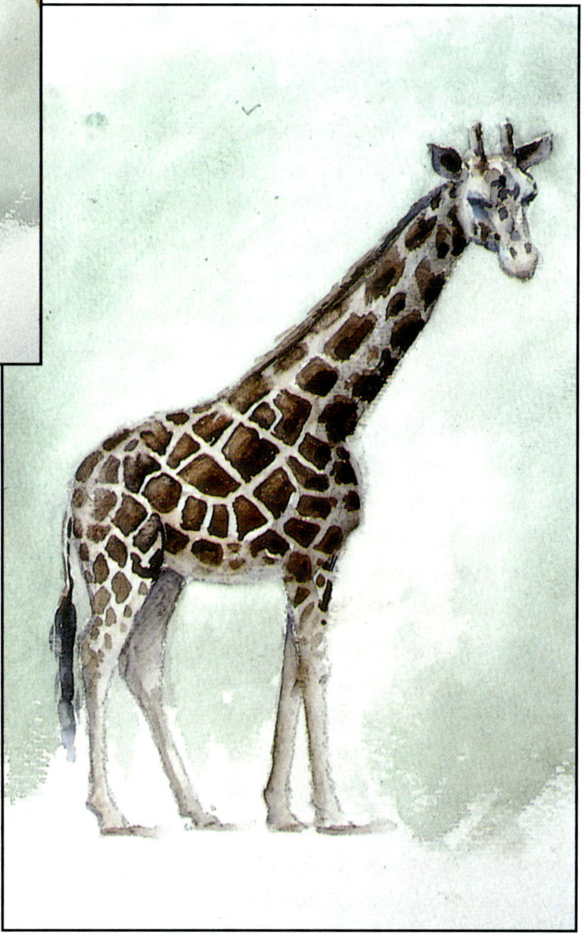

Abb. 190 bis 193: Hier male ich selbst, und zwar ohne Probleme, da sich die Giraffe ebenfalls ruhig verhielt. Als einzige Besonderheit mußte ich das typische Fleckenmuster des Tieres am Hals und am Körper berücksichtigen, dessen Formen eine präzise Zeichnung erfordern.

Tiere als Aquarell

194

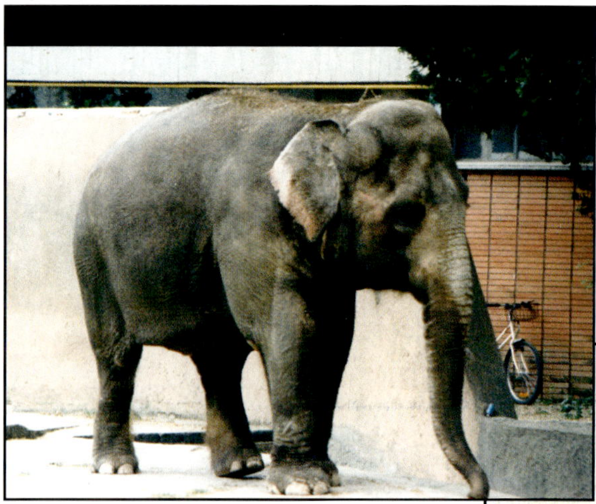

Wir gehen tiefer in den Tierpark hinein und kommen zu einem ziemlich offenen Elefantengehege. Zur großen Freude der Kinder nähern sich einige Tiere dem Graben, der sie von den Zuschauern trennt. Ein Elefant bleibt regungslos neben einer Wand mit einer roten Ziegelmauer im Hintergrund stehen (Abb. 194).
Da der Elefant sich nicht rührt, kann Jordi Segú ihn in wenigen Minuten zeichnen. Dabei nutzt er einen Moment, in dem das Tier den Rüssel einrollt. Als erstes legt er eine Lasur aus Paynesgrau an, die bereits die Grundform ausdrückt, obwohl sie noch keine Nuancen enthält. Außerdem malt er mit kaum wahrnehmbarem Creme den Hintergrund (Abb. 195). Mit demselben Grau wie zuvor arbeitet er den Elefant stärker aus und fügt einige Tupfer Englischrot hinzu, die für den Rotstich sorgen, der am Modell zu erkennen ist. Beachten Sie, wie sicher und locker Segú die Farbflekken anlegt und sie anschließend mit der allgemeinen Farbgebung des Tieres verschmilzt (Abb. 196). Diese Farbgebung behält er auch während des letzten Stadiums bei, fügt jedoch zahlreiche Töne und Nuancen hinzu, welche diese für die Aquarellmalerei typische Ausarbeitung bereichern (Abb. 197). Beachten Sie die Modellierung des Kopfes mit dem perfekt gezeichneten und gemalten Auge, den Rüssel und den Körper aus Flecken und Umrissen, die für die Synthese der Formen, Farben und Nuancen sorgen. Ein ausgezeichnetes Bild zum Abschluß dieser Reihe von Skizzen mit Tieren als Aquarell.

195

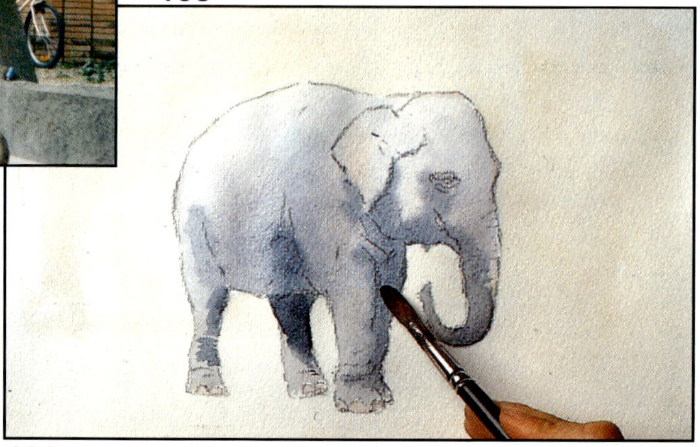

196

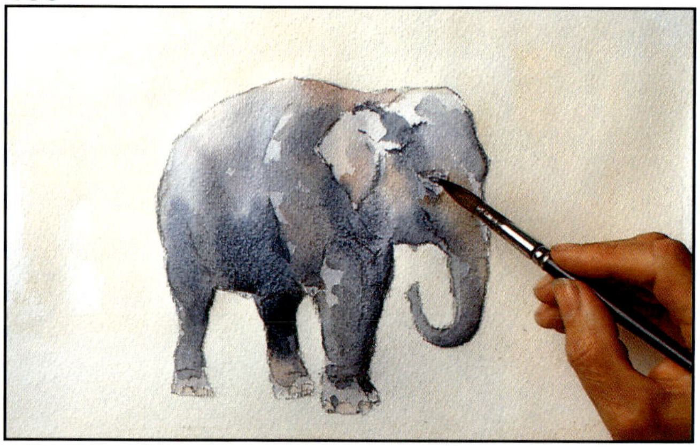

197

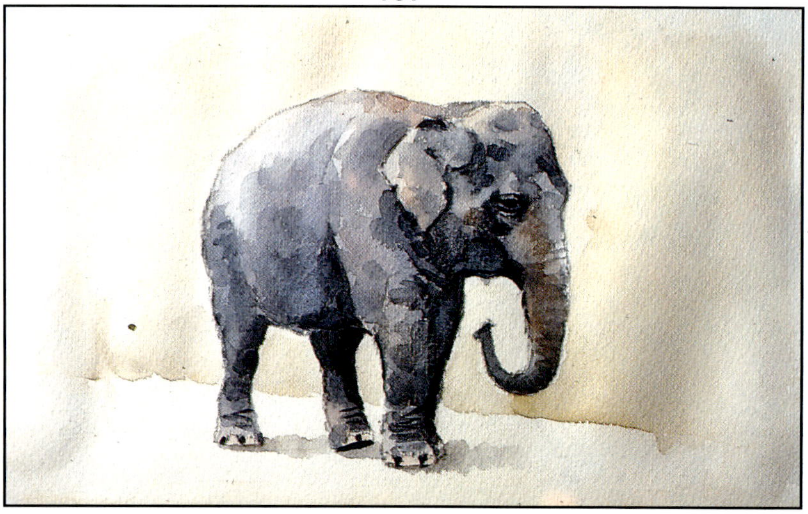

Abb. 194 bis 197: Hier skizziert Jordi Segú einen Elefanten. Er zeichnet und malt ihn mit derselben Perfektion wie für ein endgültiges Aquarell. Man braucht nur die Formen und die herrlichen Farben des Tieres auf Abbildung 197 zu betrachten, um das Können des Künstlers voll und ganz zu würdigen.

Ein menschlicher Kopf als Aquarell

Mein Freund Gaspar Romero hat den Frauenkopf, der sich auf dem Einband dieses Buches befindet (Abb. 198), vor einiger Zeit in einer der Sitzungen des Künstlerkreises von Barcelona gemalt, an denen er regelmäßig teilnimmt. Er wird ihn jetzt schrittweise für uns kopieren.
Bevor er seine Zeichnung beginnt, erlauben Sie mir, mit einigen Abbildungen auf den Kanon des menschlichen Kopfes zu verweisen (Abb. 200), einer äußerst praktischen Methode zum Zeichnen von Köpfen und Porträts im allgemeinen.
Gaspar Romero fertigt die Zeichnung des Kopfes mit einem Stift 2B an, den er innenliegend hält, wie aus Abbildung 199 hervorgeht, damit er locker und spontan arbeiten kann.
Anschließend beginnt er zu malen. Dafür stellt er sein Zeichenbrett senkrecht und feuchtet den Hintergrund mit einem 4,5 cm breiten Flachpinsel und sauberem Wasser an. Er mischt Englischrot und Ultramarinblau mit viel Wasser und überzieht die Fläche bis zur Mitte des Kopfes mit einer hellen Lasur (Abb. 201). Für die untere Fläche verwendet er denselben Pinsel und eine etwas kräftigere Mischung (Abb. 202). Dabei hält er sich an Leonardo da Vincis Rat, nach dem „der Hintergrund einer Gestalt auf der beleuchteten Seite dunkel und auf der Schattenseite hell sein soll".

198

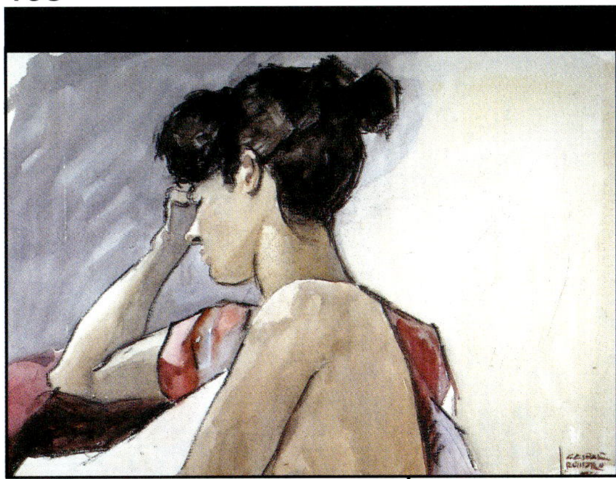

199

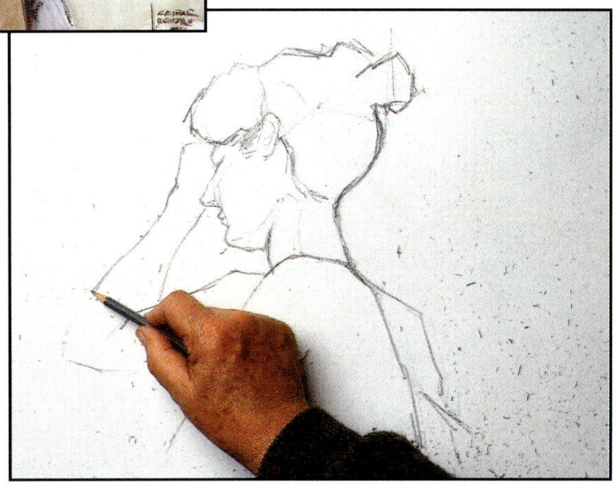

Abb. 198: Das Modell besteht aus dem Kopf, der sich auf dem Titelbild dieses Bandes befindet. Gaspar Romero hat ihn vor einiger Zeit gemalt und wird ihn nun Schritt für Schritt für uns kopieren.

Abb. 199: Die Zeichnung bereitet dem erfahrenen Künstler keine Schwierigkeiten.

200

DER KANON DES MENSCHLICHEN KOPFES

Abb. 200: Der Kanon des menschlichen Kopfes setzt sich aus Modulen zusammen. Die Höhe des von vorn gesehenen Kopfes mißt dreieinhalb Module, die Breite mißt zweieinhalb Module (Abb. 200A). Die Breite des Profils beträgt dreieinhalb Module (Abb. 200B). Beachten Sie die Übereinstimmung der Kopf- und Gesichtsteile mit folgenden Modulen:

A. Die Schädelkante ohne das Haar.
B. Der Haaransatz.
C. Die Lage der Augenbrauen.
D. Die Lage der Augen.
E. Die Unterkante der Nase.
F. Die Umrißlinie der Unterlippe.
G. Die Unterkante des Kinns.

Abb. 200B zeigt die Übereinstimmungen im Profil. Dabei ist folgendes festzustellen:
Die Augen liegen genau in der Mitte.
Der Abstand zwischen den beiden Augen entspricht der Breite eines weiteren Auges.
Die Höhe und die Lage der Ohren entsprechen in etwa dem Abstand zwischen den Brauen und der Unterkante der Nase.
Der Kanon des Frauenkopfes stimmt mit dem des Mannes überein (Abb. 200C).

200A

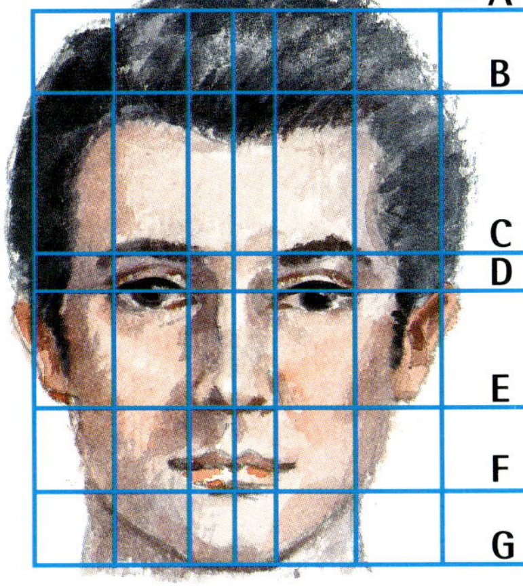

200B

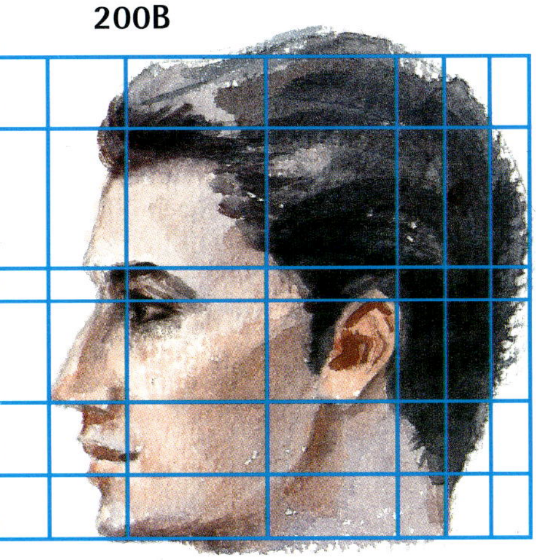

200C

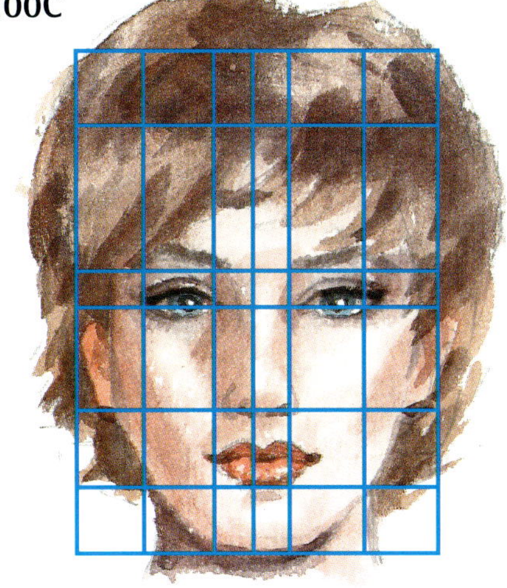

Ein menschlicher Kopf als Aquarell

Nachdem er den Hintergrund abgeschlossen hat, befaßt der Künstler sich mit dem Haar der Gestalt. Das ist eine gute Entscheidung, mit der er den schädlichen Einfluß des Gesetzes der Simultankontraste vermeidet, nach dem eine Farbe je nach ihrer Umgebung heller oder dunkler wirkt. In diesem Fall handelt es sich um die Fleischfarbe des Gesichts und des Halses, die sich bei einer nachträglichen Anlage des dunklen Haars verändern würde.

Für das Haar mischt Gaspar zunächst Paynesgrau mit Sepia. Er wartet, bis die erste Schicht getrocknet ist, und legt die dunkleren Töne darüber, um die Frisur darzustellen (Abb. 203). Während des Wartens malt er das rötliche Tuch oder den Schal, der über dem Arm und der Schulter des Modells liegt (Abb. 204).

Für die Fleischfarbe mischt er Siena und Kobaltblau mit viel Wasser. Die helle Lasur entspricht den beleuchteten Stellen. Die Schatten auf dem Arm malt er mit einer Mischung aus Kobaltblau und Umbra gebrannt und verschmilzt die Übergänge sorgfältig. Mit derselben Mischung legt er die Schatten im Gesicht und am Hals an (Abb. 205), und zwar immer von wenig nach mehr, und überzieht sie mit einer dunkleren Lasur, mit der er die Ausarbeitung der Gestalt beendet (Abb. 206).

Er zeichnet das Auge mit Paynesgrau (Abb. 207) und wird es gleich mit einem Stäbchen Chinatusche abschließen.

Diese Technik ist typisch für Gaspar Romero. Er wendet sie fast immer an, wenn er in den Sitzungen des Künstlerkreises von Barcelona Akte oder Figurenstudien nach einem Modell anfertigt. Dabei zieht er alle Umrisse und Linien mit dem angefeuchteten Stäbchen nach (Abb. 208). Das ge-

201

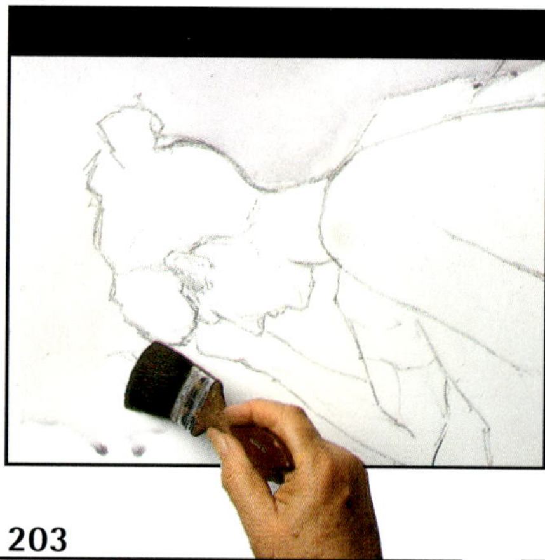

202

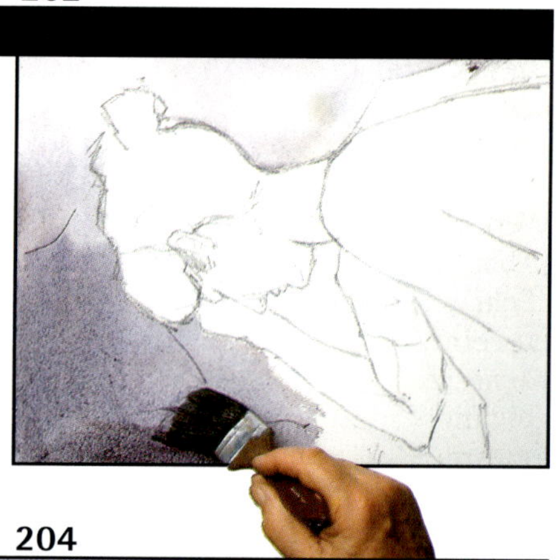

203

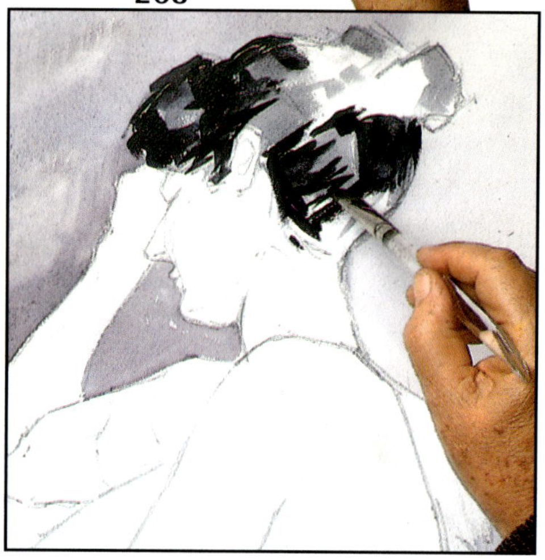

204

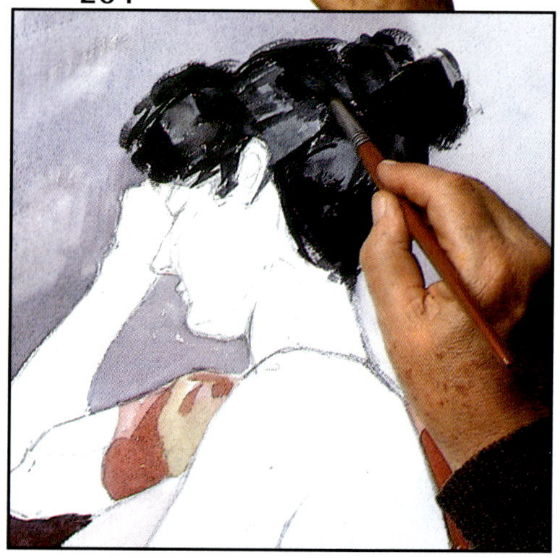

205

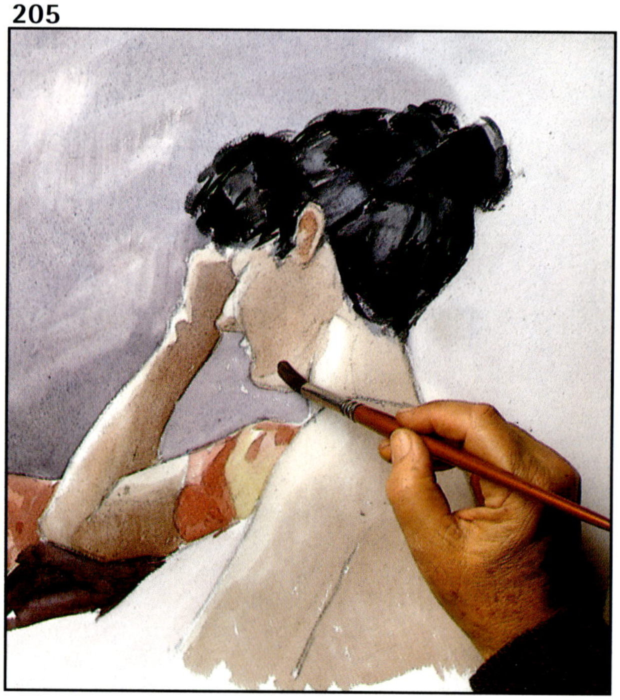

Abb. 201 und 202: Gaspar Romero malt den Hintergrund mit einer hellen Lasur (Abb. 201), die er später verstärkt. Das Zeichenbrett hat er dafür senkrecht gestellt.

Abb. 203 und 204: Er malt das Haar zunächst mit einem 2 cm breiten Flachpinsel und schließt es mit einem Rotmarderpinsel Nr. 12 ab.

Abb. 205: Hier legt er die erste allgemeine Lasur für die Fleischfarbe an und spart dabei die beleuchteten Stellen am Arm, im Gesicht, am Hals etc. weiß aus.

lingt nur, solange die Chinatusche wirklich noch feucht ist, so daß der Strich nicht völlig gleichmäßig ausfällt. Diese Unregelmäßigkeit verleiht nun dem Strich eine spontane Note, die dem fertigen Werk zustatten kommt (Abb. 209).
„Sehr gut, Gaspar. Es ist eine wunderbare Kopie und ein ausgezeichnetes Aquarell geworden. Herzlichen Glückwunsch!"

206

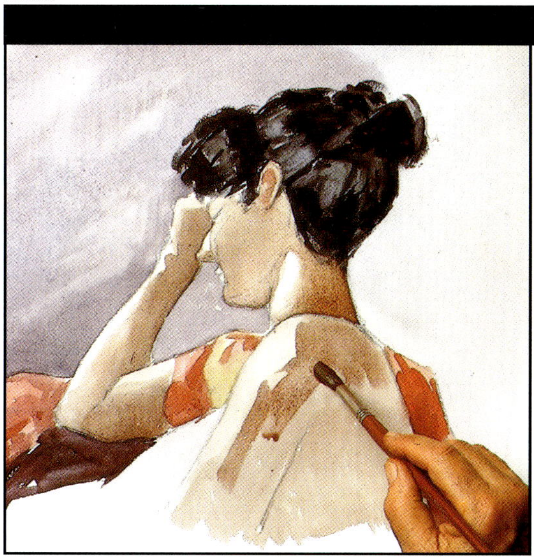

207

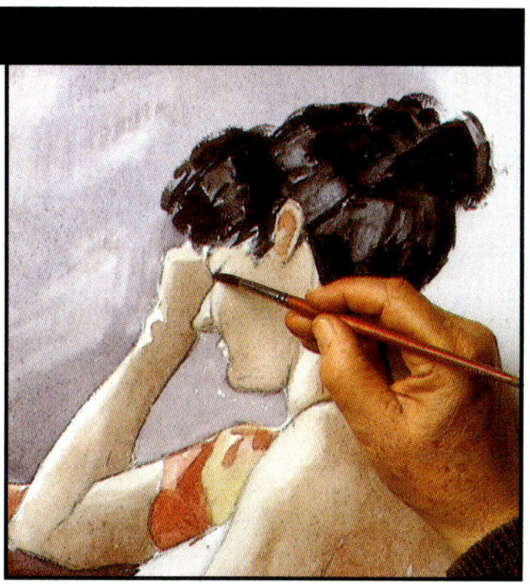

208

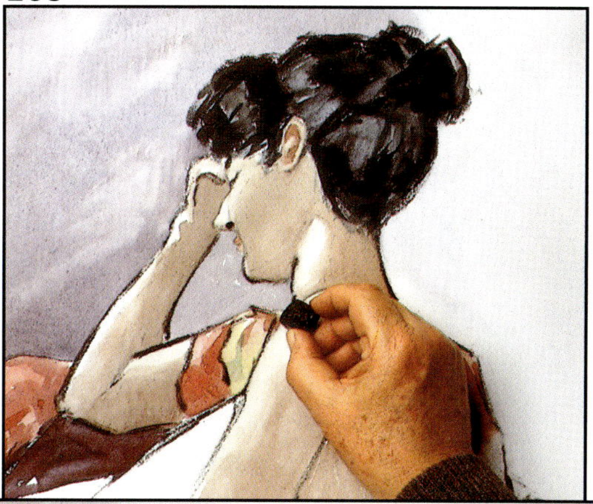

209

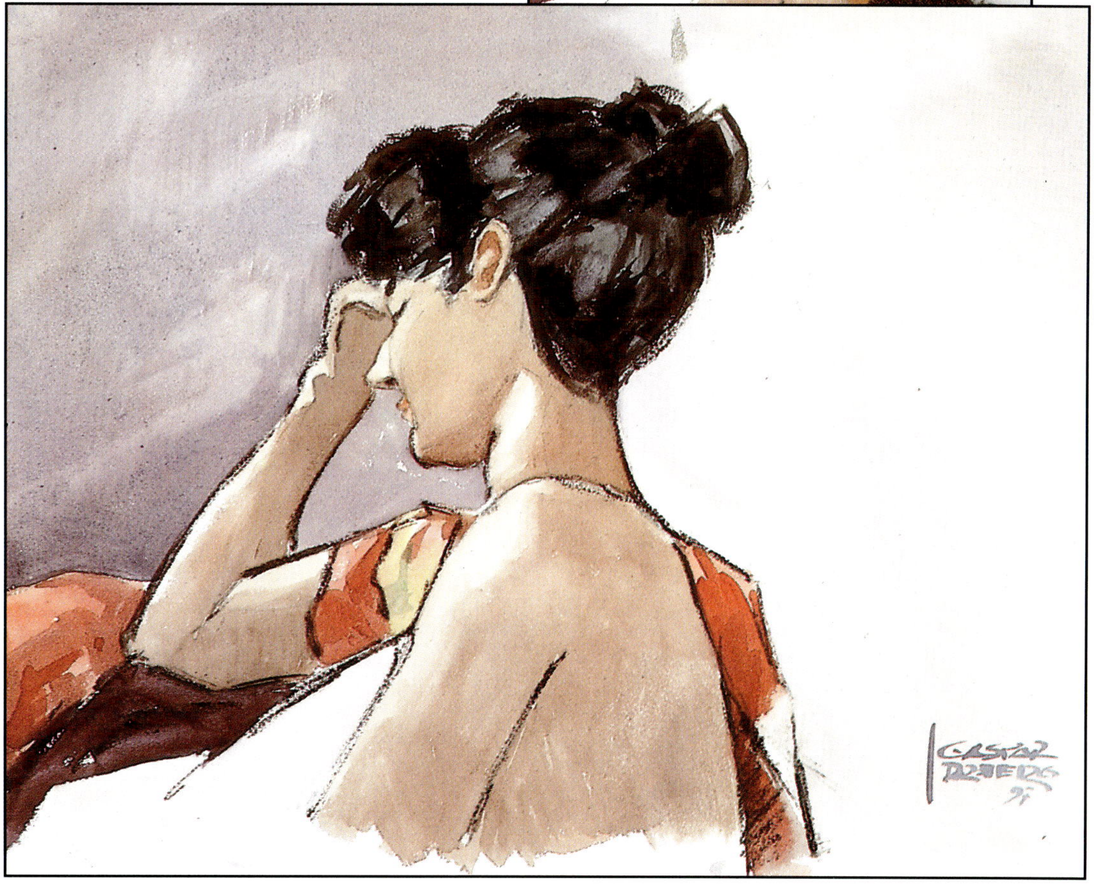

Abb. 206: Weiterhin mit dem Rotmarderpinsel Nr. 12 verstärkt er die Fleischfarben im Schatten.

Abb. 207 und 208: Er zeichnet und malt das Auge und betont die Umrisse in der für ihn typischen Technik mit dem angefeuchteten Stäbchen Chinatusche.

Abb. 209: Der fertige Kopf, eine hervorragende Kopie mit den lockeren spontanen Pinselstrichen eines Künstlers, der seine Lektion gelernt hat und perfekt zu zeichnen und malen versteht. Beachten Sie zum Beispiel die Ausarbeitung des Haars, das seit den ersten Schritten auf Abbildung 203 und 204 praktisch gleich geblieben ist. Auf Abbildung 203 hat Gaspar Romero die Frisur mit ihrem Helldunkel und ihren Glanzlichtern auf Anhieb angelegt und die Ausarbeitung auf Abbildung 204 abgeschlossen. Weitere Farbtupfer und Retuschen für das fertige Bild waren nicht erforderlich. Ausgezeichnet, Gaspar Romero. So malt man mit Aquarellfarben.

Ein Porträt von Julia

Die Kunstprofessorin Mercedes Romero von uns nur Merche genannt, wird nun ein Porträt ihrer Nichte Julia anfertigen. Ebenfalls anwesend ist der Vater von Mercedes und Großvater von Julia, Gaspar Romero. Uns geht es jedoch um Julia, das Modell, das Abbildung 210 zeigt.
Bevor sie zu malen beginnt, bespricht Merche mit ihrer Nichte die Pose. Anschließend befestigt sie ihr Papier mit Reißzwecken auf dem Zeichenbrett (Papier von Fabriano 300 g/qm) und vergewissert sich, daß Julia ihre Pose nicht verändert hat. Dann ist alles bereit.
Merche kneift die Augen leicht zusammen und beginnt mit dem Bleistift 2B zu zeichnen. Betrachten Sie auf den Abbildungen 211 und 212, wie sie den Stift hält: in beiden Fällen innenliegend, beinahe an der Spitze, wenn sie wie bei den Augen mit großer Präzision zeichnen muß (Abb. 211) und ziemlich weit oben und mit leichtem Druck des Zeigefingers, wenn der Strich weniger heikel ist (Abb. 212).
Nachdem Merche die Zeichnung abgeschlossen hat, kommen ihr plötzlich Zweifel.
„Einen Moment noch." Sie holt einen kleinen Spiegel aus der Handtasche und betrachtet die Arbeit darin. „Der Spiegel ist unerbittlich", erklärt sie. „Er verrät die Fehler, die in der Zeichnung enthalten sein könnten."
In Wirklichkeit befolgt sie einen Rat von Leonardo da Vinci, der folgendes schrieb:
„Wenn du wissen möchtest, ob dein ganzes Bild mit dem Modell übereinstimmt, nimm einen Spiegel und sieh es dir darin an; vergleiche das Spiegelbild mit deinem Werk, und überzeuge dich, ob das Original der Kopie entspricht."
Merche überzeugt sich also mit Hilfe des Spiegels, ob „ihr ganzes Bild mit dem Modell übereinstimmt", und beginnt zu malen. Sie betrachtet das Modell eine ganze Weile und untersucht die Farben, die Kontraste und die Beleuchtung. Anschließend greift sie zu dem 2 cm breiten Flachpinsel und deckt den Hintergrund mit einer stark verdünnten Mischung aus Violett, Kobaltblau und

210

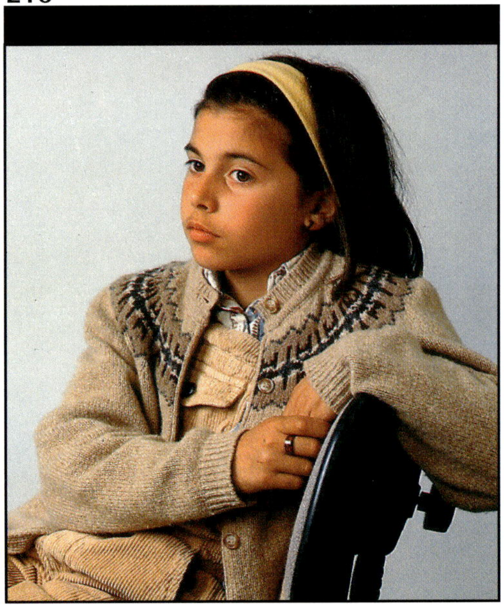

Abb. 210: Julia, das Modell, ist die Nichte von Mercedes Romero und die Enkelin meines Freundes Gaspar Romero.

Abb. 211 und 212: Auf diesen beiden Abbildungen sehen Sie, wie Mercedes den Bleistift hält: innenliegend und an der Spitze, um ein präzises Detail anzulegen, und weiter oben, um ungezwungen zeichnen zu können.

211

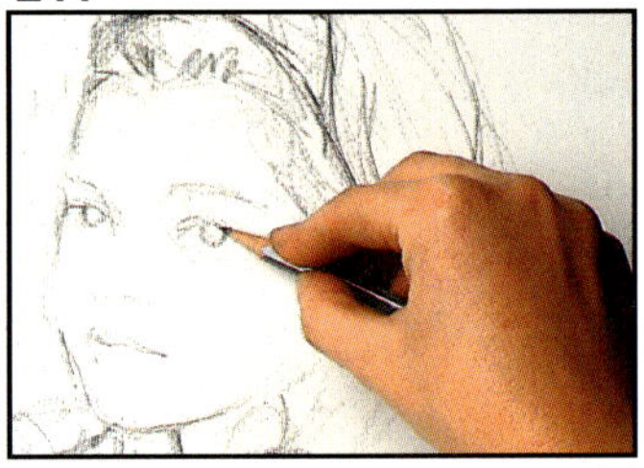

212

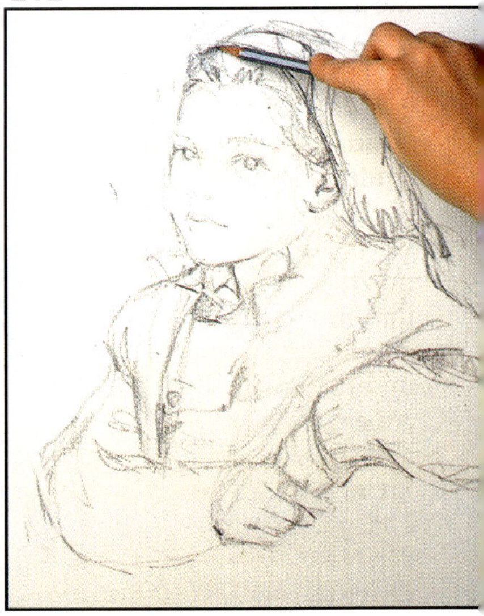

213

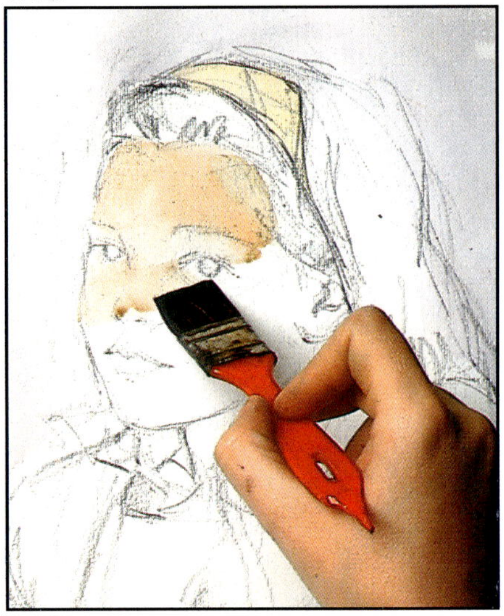

214

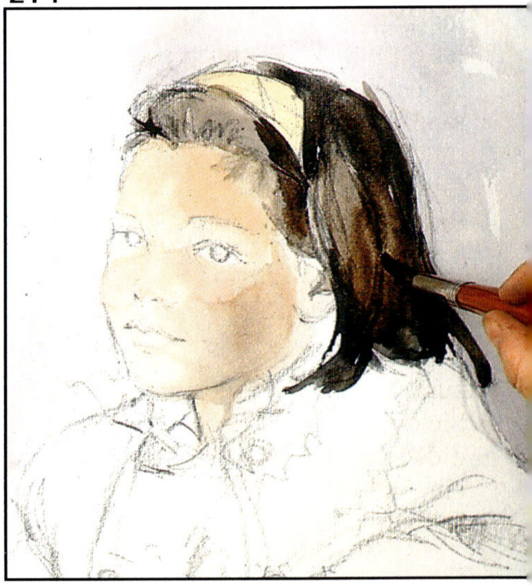

Abb. 213: So hält Mercedes den Flachpinsel, wenn sie eine generelle Lasur anlegt.

Karmin ab. Mit demselben Pinsel und einer Mischung aus Ocker mit Kadmiumrot legt sie die erste Schicht auf Julias Gesicht und überzieht das Haarband mit einer hellgelben Lasur (Abb. 213, gegenüber).
Als nächstes malt sie das Haar. Dafür nimmt sie mit einem Rotmarderpinsel Nr. 12 Umbra gebrannt auf, in das sie Paynesgrau und das Violett des Hintergrunds mischt. Mit langsamen, bedächtigen Bewegungen läßt sie den Pinsel von oben nach unten über die Fläche gleiten (Abb. 214, gegenüber). Sie fügt einige dunkle Tupfer hinzu und saugt mit dem ausgedrückten Pinsel etwas für die Glanzlichter wieder ab. Sie verstärkt das Gelb des Haarbands und legt die erste stark verdünnte Schicht auf die Kleidung, die Hände und den Sessel.
Nach einer kurzen Pause, die Julia nutzt, um ihr Porträt zu betrachten und ihrer Tante Merche ihre Bewunderung auszusprechen, macht sich unsere Gastkünstlerin wieder an die Arbeit. Mit einer kräftigeren Farbe aus Umbra gebrannt und einer Spur Preußischblau unterstreicht sie die Töne auf der linken Seite der Stirn, der Nase und der Wange und betont gleichzeitig die beleuchteten Flächen in Julias Gesicht (Abb. 215).
Im Atelier ist es völlig still. Nur das leise Plätschern des Pinsels im Wassergefäß ist zu hören, den Merche gerade reinigt. Sie nimmt etwas Karmin und Rot auf und legt die ersten Farbtupfer auf die Lippen. Mit demselben Pinsel und kräftigem Umbra gebrannt malt sie die Augen und die Brauen und retuschiert letztere mit der Spitze des Stiels. Anschließend kehrt sie noch einmal zu dem Haar zurück und fügt weitere Farbe hinzu. Sie verstärkt die Lippen, retuschiert die Töne rings um die Augen und legt eine rötliche Farbe auf die Wange (Abb. 216 bis 218).

215

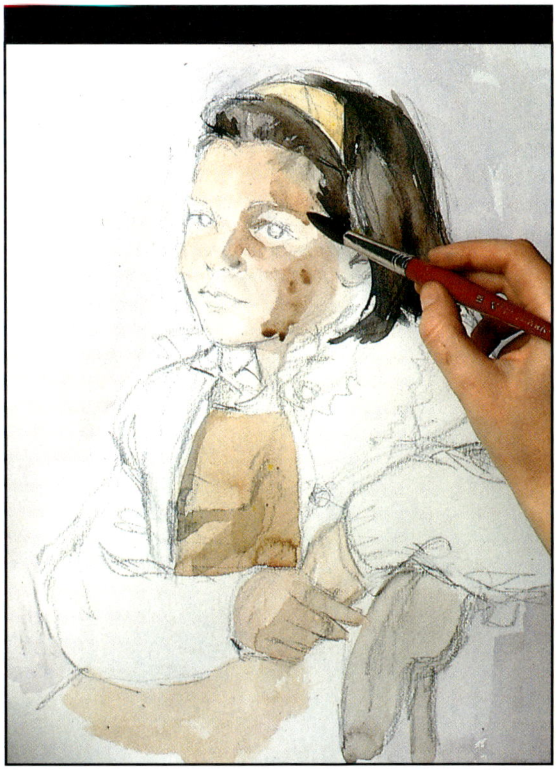

Abb. 214 (gegenüber): Mercedes malt die Frisur ihrer Nichte und legt das Gelb für das Haarband an.

Abb. 215: Sie verstärkt das Gelb des Haarbands und malt die schattige Seite des Gesichts.

Abb. 216 bis 218: Mit dem dicken Rotmarderpinsel Nr. 12 zeichnet und malt Mercedes auch so kleine Details wie die Augen, die Brauen und die Lippen.

216

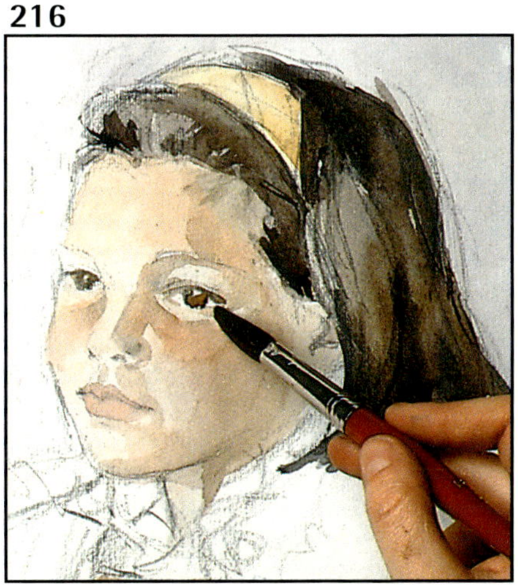

217

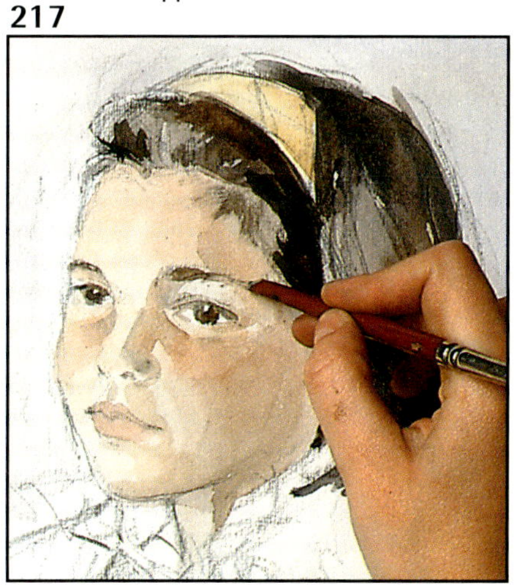

218

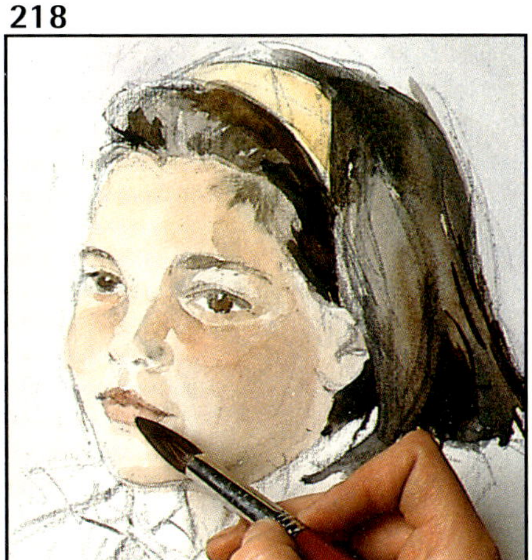

Ein Porträt von Julia

Merche schaut ständig zwischen dem Aquarell und Julia hin und her und vergleicht ihre Arbeit mit dem Modell. Abbildung 221 zeigt, daß sie sich sehr günstig gesetzt hat und den Blick nur wenig zu heben braucht.
Bei Julia machen sich Ermüdungserscheinungen bemerkbar, und die Tante erlaubt ihr, aufzustehen und sich ein wenig zu entspannen. Erneut betrachtet das Mädchen neugierig sein Porträt.
Anschließend kehren Künstlerin und Modell an die Arbeit zurück. Ebenfalls mit dem Rundpinsel Nr. 12 und einer verdünnten Mischung aus Umbra natur, Karmin und etwas Ocker malt Merche Julias Kleidung (Abb. 219). Sie fügt etwas Umbra gebrannt zu der vorigen Farbe und stellt die Falten und Knicke dar (Abb. 220). Zum Abschluß malt sie mit Umbra gebrannt und einer winzigen Spur Kobaltblau den Blusenkragen und deutet die Sessellehne mit Umbra gebrannt und Paynesgrau an. Dann signiert sie entschlossen ihr Werk.
Merche atmet zufrieden auf. Julia und Gaspar Romero stehen an ihrer Seite.
„Gefällt es dir, Papa? Was sagst du dazu, Julia?"
„Sehr gut, Merche. Es ist sehr gut", bestätigt der Künstler.
„Super!" ruft Julia und umarmt ihre Tante herzlich. „Ob ich eines Tages auch so zeichnen kann wie du?"
„Ja. Aber nur wenn du viel dafür tust und immer wieder übst."
Diese Antwort gilt für Kinder und Erwachsene gleichermaßen.

219

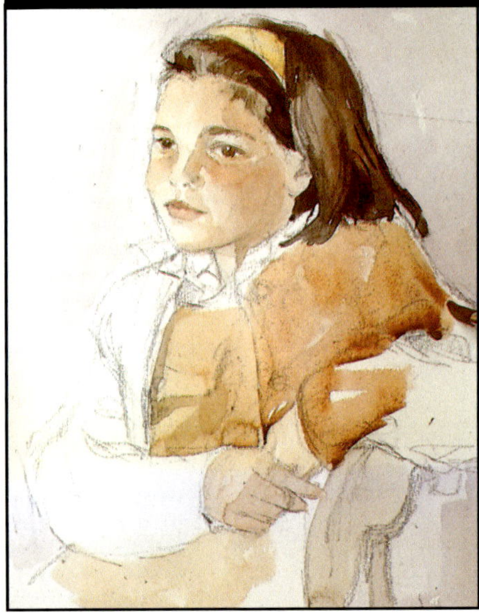

220

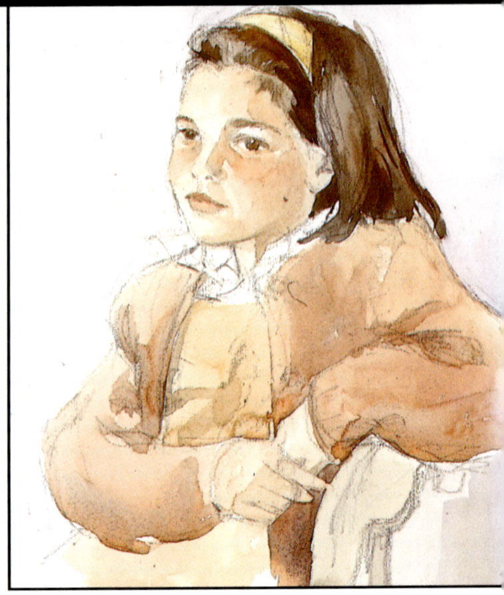

Abb. 219 und 220: Mercedes malt die Kleidung, die Hände und den Sessel. Das Gesicht und das Haar sind bereits abgeschlossen.

Abb. 221: Unsere Gastkünstlerin, die Kunstprofessorin Mercedes Romero, bei der Anfertigung von Julias Porträt.

221

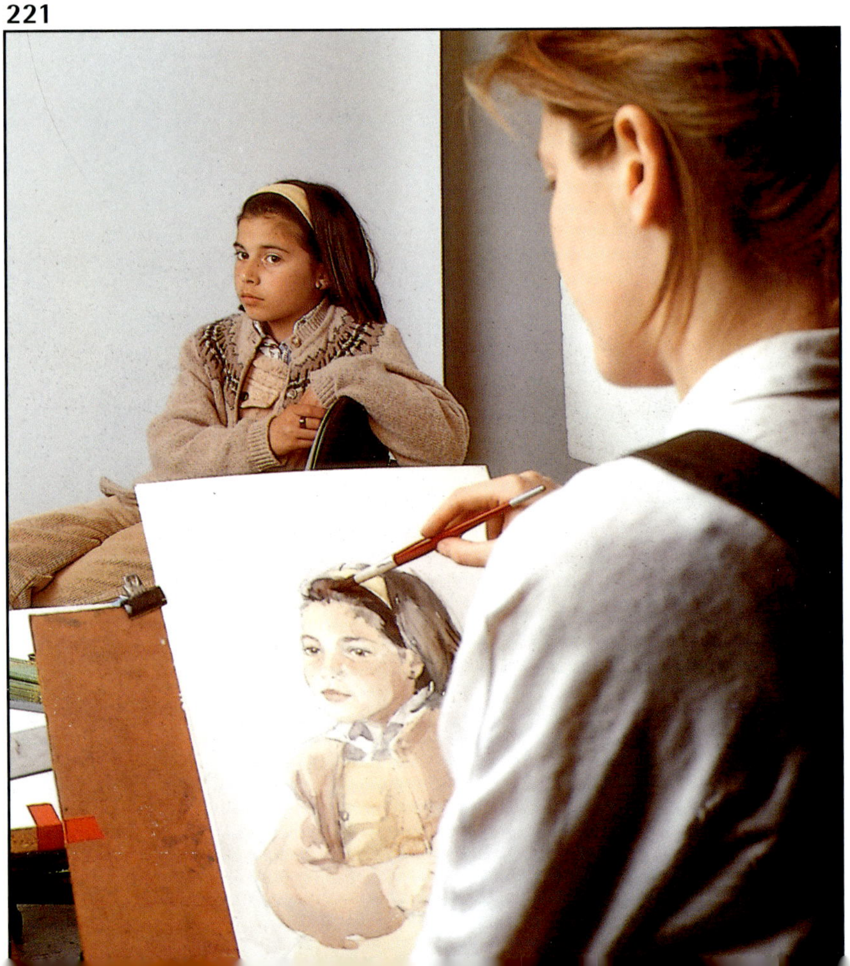

222

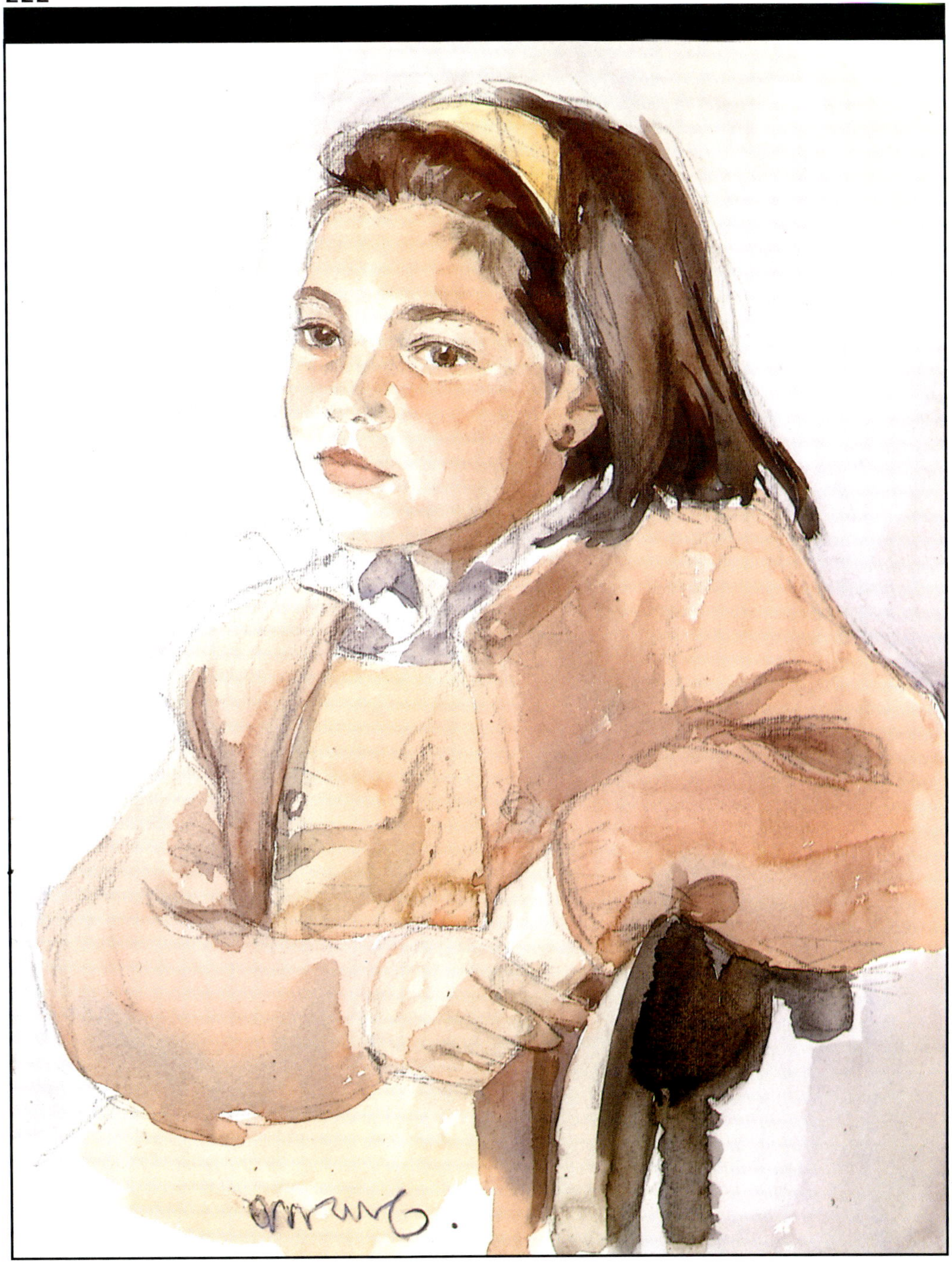

Abb. 222: Das fertige Aquarell. Mercedes Romero hat die wichtigsten Voraussetzungen für ein gutes Porträt erfüllt: Erstens die künstlerische Qualität, die sich in der sicheren Zeichnung, der Beherrschung der Technik und den korrekten zarten Farben ohne brutale Kontraste ausdrückt, wie es einem Kinderporträt entspricht. Zweitens die Ähnlichkeit, die für den normalen Betrachter keine Rolle spielt – wen interessiert die Ähnlichkeit bei einem so herrlichen Werk wie Velasquez' Porträt von Papst Innozenz X.? –, für Julia, ihre Tante Mercedes sowie für Gaspar Romero und dessen Frau Pila, den Großeltern, aber sehr wichtig ist.

Eine Gestalt als Aquarell

Jordi Segú wird nun eine bekleidete Gestalt malen. Das Modell, Amelia, hat sich vorbereitet und zeigt uns verschiedene Kleidungsstücke: eine Jacke und einen gelben Minirock, eine rosa Bluse und eine graue lange Hose, ein langes weißes Seidenkleid mit rosa Blumenmuster und ein schwarzes Schultertuch. Wir entscheiden uns für die letzte Kombination.

Amelia setzt sich auf einen hohen Hocker im Dreiviertelprofil und dreht den Kopf zum Künstler. Damit hält sie sich an einen Rat von Ingres, der seinen Studenten riet: *„Gebt acht auf die Pose des Kopfes und des Körpers. Der Körper darf der Bewegung des Kopfes nicht folgen."* Der Fotograf Paco richtet die Beleuchtung ein, die in diesem Fall frontal sein wird (Abb. 223).

Jordi Segú beginnt seine Zeichnung auf Fontenay-Papier von Canson im Format 37 x 50 cm mit einem Stift Nr. 2 und verstärkt die schwachen Striche mit einem Bleistift 2B. Als erstes umreißt er seltsamerweise das Gesicht und zeichnet das Haar, die Augen, die Nase und den Mund. Die restliche Gestalt schließt er mit dem Stift 2B ab (Abb. 224).

Den Hintergrund malt er mit stark verdünntem Preußischblau, zu dem er gelegentlich Englischrot und Paynesgrau gibt (Abb. 225).

Ohne die Hautfarbe anzudeuten, zeichnet und malt er als nächstes mit Preußischblau und Paynesgrau die Brauen und die Augen sowie mit Krappkarmin und etwas Englischrot erst die Oberlippe und dann die Unterlippe. Wie gesagt, auf dem Weiß des Papiers (Abb. 226).

Nun befaßt er sich mit dem Haar und mit dem Gesicht, dem Hals, dem Dekolleté und den Armen. Für das Haar verwendet er eine Mischung aus Preußischblau, Englischrot und Paynesgrau mit den entsprechenden Nuancen für Licht und Schatten. Er beginnt mit schwachen Tönen und

223

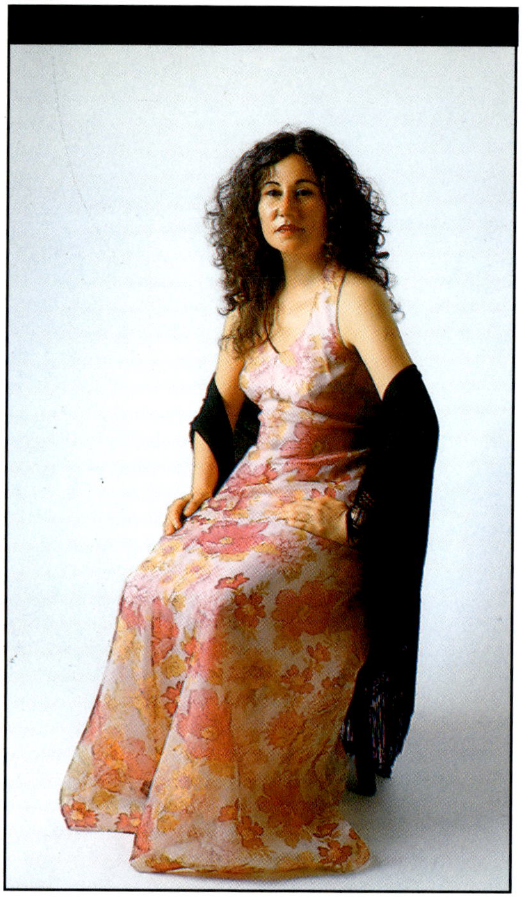

Abb. 223: Amelia, das Modell, schlägt Jordi Segú mehrere Kleidungsstücke vor und posiert schließlich in einem langen Seidenkleid mit rosa Blumen und einem schwarzen Schultertuch. Sie sitzt auf einem hohen Hocker im Dreiviertelprofil und schaut nach vorn.

Abb. 224 und 225: Die Zeichnung mit einem Bleistift 2B und der Hintergrund, der mit einem Rotmarderpinsel Nr. 12 angelegt wurde.

224

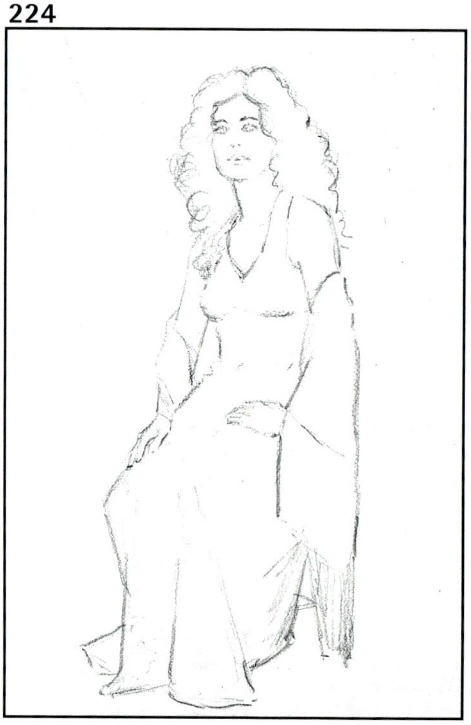

225

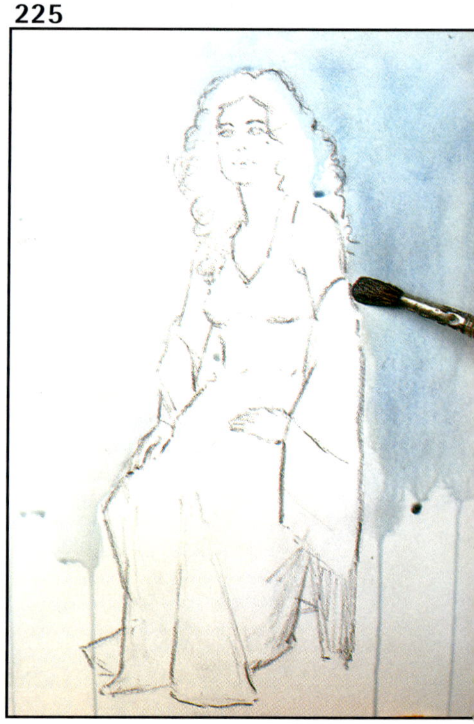

verstärkt die Farbe nach und nach, bis sie dem Schwarz des Modells entspricht. Mit einer verdünnten Mischung aus Kobaltblau, Karmin, Englischrot und Ocker malt er die Hautfarbe im Schatten und stuft sie zu den beleuchteten Partien ab. Auch hier begnügt er sich zunächst mit den mittleren Tonwerten (Abb. 227).
Er legt eine Lasur aus Fleischfarbe auf die Hände, überzieht das Kleid mit einer Mischung aus Zinnober, Karmin und viel Wasser und fügt Ultramarinblau mit einer Spur Karmin und Zinnober für die Schatten hinzu (Abb. 228).

226

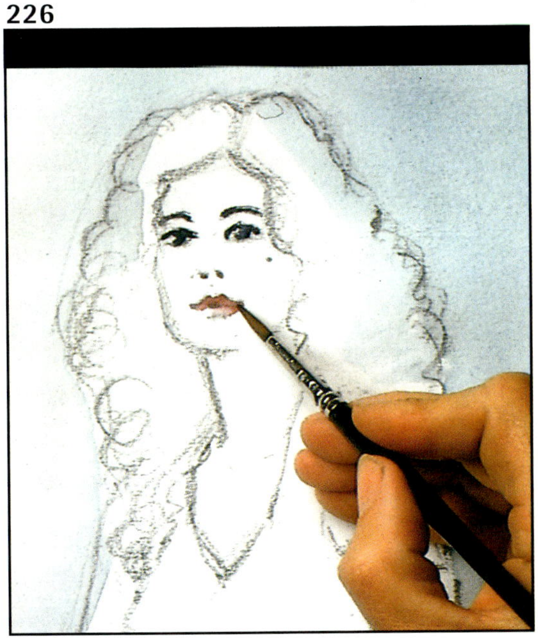

227

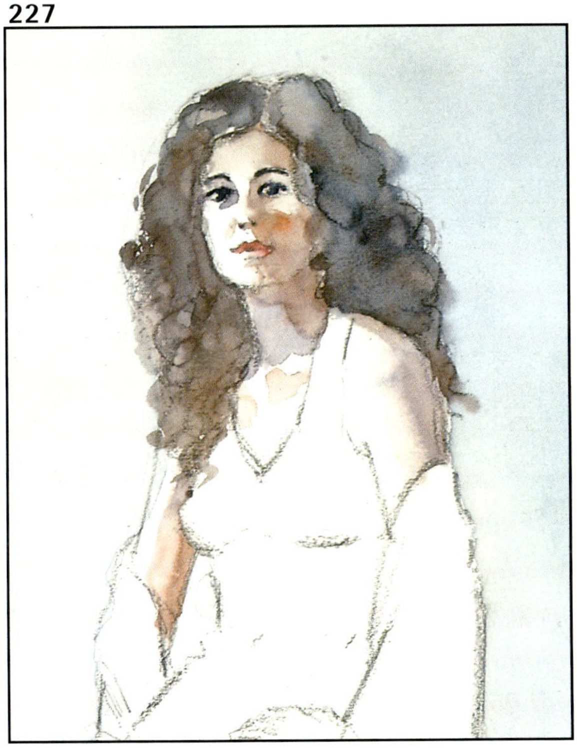

228

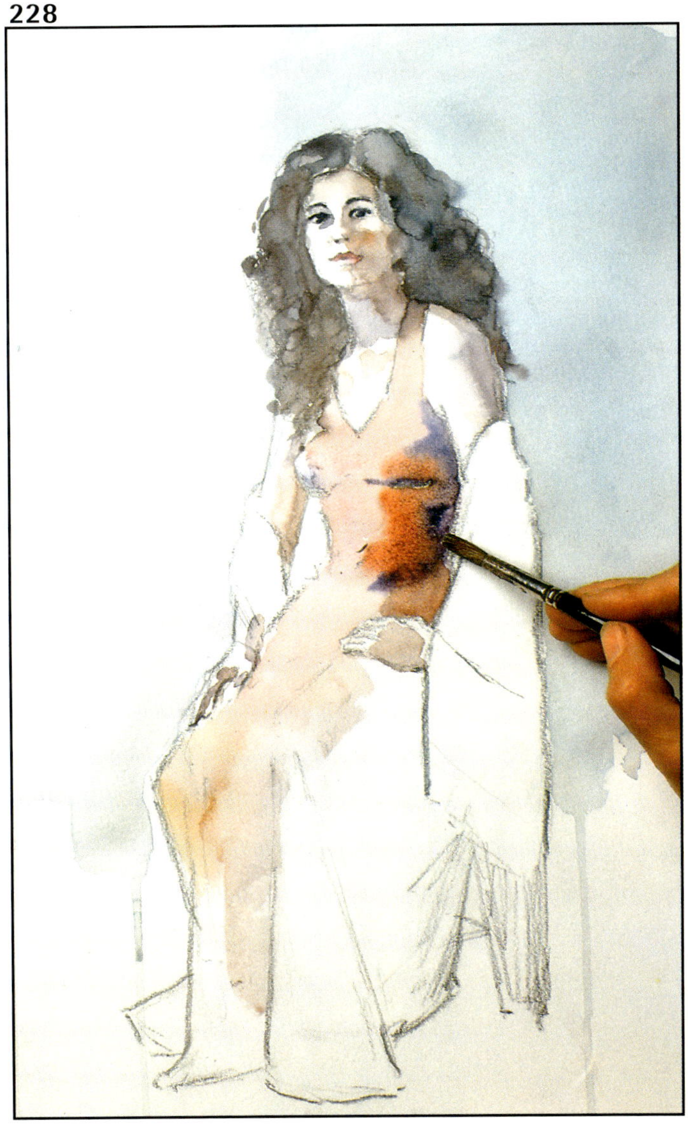

Abb. 226: Segú beginnt die Gestalt mit dem dünnen Rotmarderpinsel Nr. 6 und malt zunächst das Gesicht mit den Brauen, den Augen, der Nase und dem Mund. In dieser Beziehung ist er eine echte Ausnahme.

Abb. 227: Er legt die ersten Pinselstriche mit der Fleischfarbe an und überzieht das Haar mit einer dunklen Lasur. Sowohl das Gesicht als auch das Haar lassen bereits das Spiel von Licht und Schatten erkennen.

Abb. 228: Mit stark verdünntem Rosa malt er das Kleid und gibt die ersten Farbtupfer auf die Schattenpartien des Oberkörpers.

Eine Gestalt als Aquarell

Segú dehnt die Schattenfarbe auf das restliche Kleid aus und mischt für das Schultertuch Paynesgrau und Preußischblau, was kräftiges Schwarz ergibt (Abb. 229). Auf Abbildung 230 sehen Sie das Schultertuch am Ende dieses Stadiums, an dem sich nicht mehr viel ändern wird.
Der Künstler malt unmittelbar und ohne Probestriche. Neben seinem Palettkasten liegen zwei, drei zusammengefaltete Blätter Saugpapier, in denen er von Zeit zu Zeit wie in einem Schwamm den Pinsel ausdrückt. Mit einer Mischung aus Ultramarinblau und Paynesgrau vervollkommnet er die Augen und verstärkt mit Ultramarinblau den Ton des Haars (Abb. 231). Er retuschiert das Gesicht, betont vor allem die Wangenknochen und das Kinn und harmonisiert alle Farben. Nachdem das Gesicht fertig ist, schließt er nun die Ausarbeitung des Haars und des Oberkörpers ab. Mit einer Mischung aus Magenta, Rot, Ocker und gelegentlich einer Spur Ultramarinblau malt er das Blumenmuster des Kleides, verstärkt dann mit schwarzer Aquarellfarbe die dunkelsten Stellen des Schultertuches und bearbeitet zum Abschluß die Hände.
Im fertigen Aquarell von Abbildung 233 erkennen Sie die lockere, spontane Arbeitsweise eines echten Experten für die Aquarellmalerei.

229

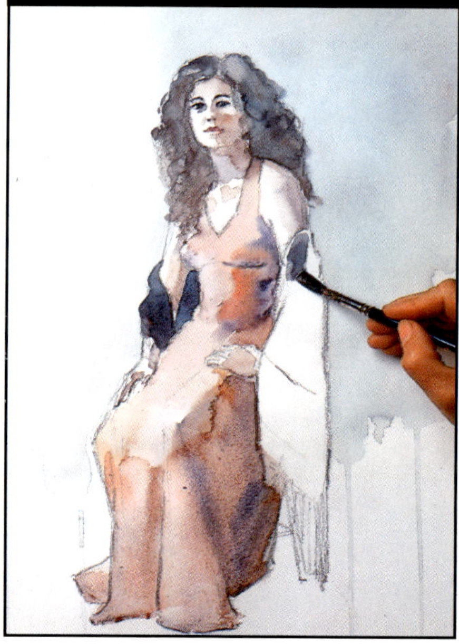

230

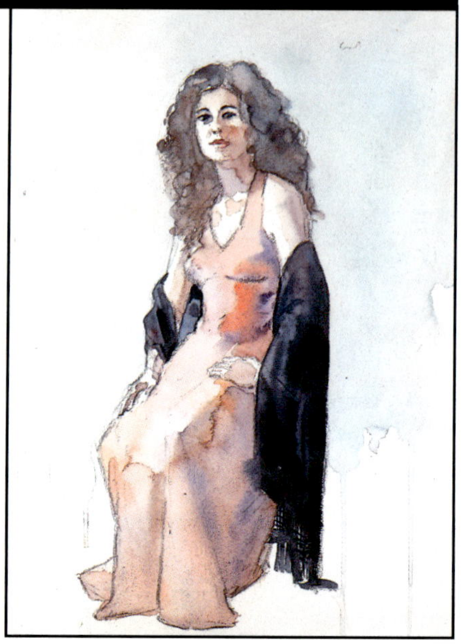

231

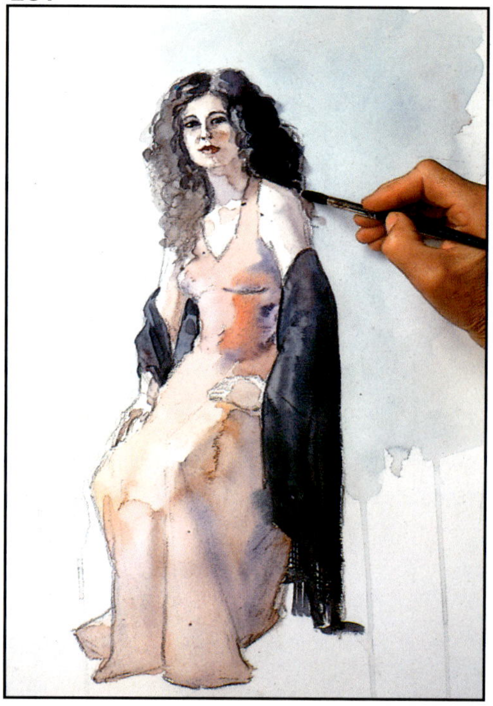

232

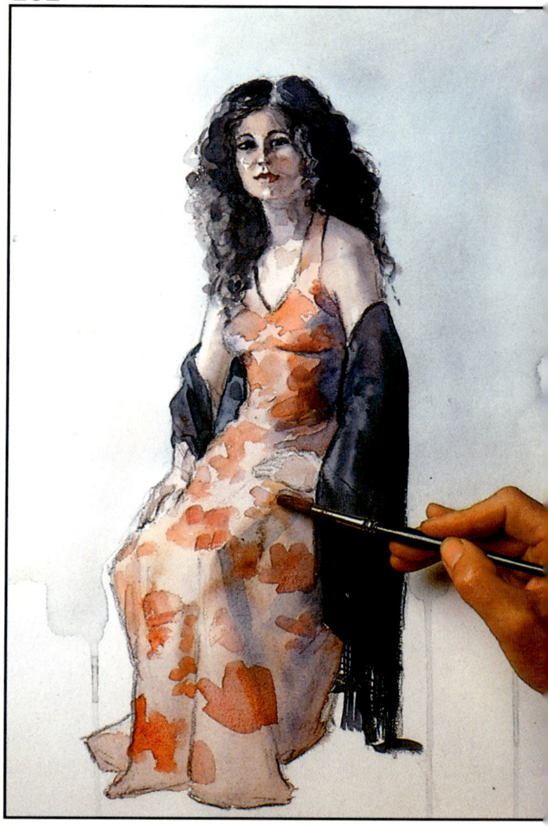

Abb. 229 und 230: Segú fährt mit den schattigen Stellen der Kleidung fort und beendet das schwarze Schultertuch, das er nicht weiter retuschieren wird. Es bleibt so im fertigen Aquarell.

Abb. 231 und 232: Er befaßt sich noch einmal mit dem Haar (Abb. 231) und beendet die Gestalt mit dem rosa Blumenmuster.

233

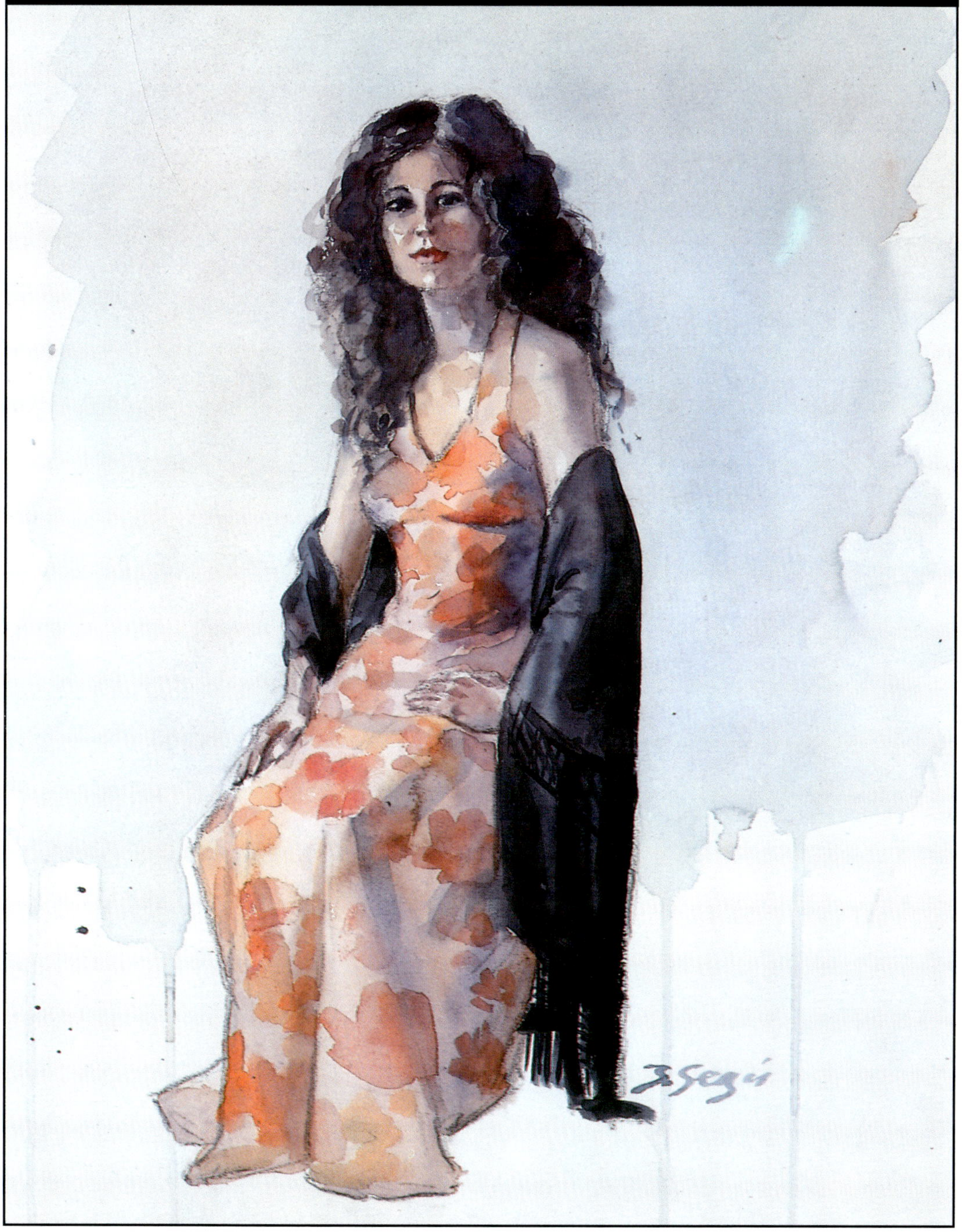

Abb. 233: Beim Schreiben dieser Zeilen habe ich Jordi Segús fertiges Aquarell vor Augen. Mit seinen Maßen von 37 x 50 cm ist es erheblich größer als die obige Abbildung. Ich erwähne dies, weil die an sich gute Reproduktion nicht die Qualität des Originals wiedergibt. Darin sind wesentlich mehr Details und Nuancen enthalten. Zum Beispiel im Haar mit seinen Locken, seinen Grautönen und seinem Schwarz: ein Paradebeispiel für die Synthese von Form und Farbe; oder die bläuliche Nuance, die den Ansatz des Arms zart modelliert; oder der beinahe unmerkliche Rotstich der schwarzen Farbe im oberen Abschnitt des Schultertuchs, das den Arm umgibt und die Fleischfarbe durchscheinen läßt. Hätten Sie das Original vor sich, könnten Sie die Qualität dieser bekleideten Gestalt als Aquarell meines Freundes Jordi Segú erheblich besser beurteilen.

Ein liegender Akt als Aquarell

Gaspar Romero wird nun den Akt eines jungen Mädchens malen. Als erstes legt er die Pose fest. Im Atelier unseres Fotografen Paco steht ein großes Sofa mit einer gemusterten Decke. Gaspar schlägt vor, daß Pepa darauf Platz nimmt. Pepa ist ein professionelles Modell. Sie probiert verschiedene Posen aus, bis der Künstler sich zu der auf Abbildung 234 entschließt.
Gaspar Romero zeichnet zunächst mit einem normalen Stift Nr. 2, radiert gelegentlich mit einem weichen Gummi und verstärkt den korrekten Aufbau des Körpers mit einem Bleistift 2B.
Bei einem stehenden Akt ist die Ermittlung der Maße und Proportionen relativ einfach, da sich der Künstler an den Kanon des menschlichen Körpers aus acht Kopfhöhen halten kann, der bereits aus der Renaissance stammt. Die Abbildungen 235 und 236 zeigen den Kanon der Frau und des Mannes, wobei letzterer etwas höher ist.

234

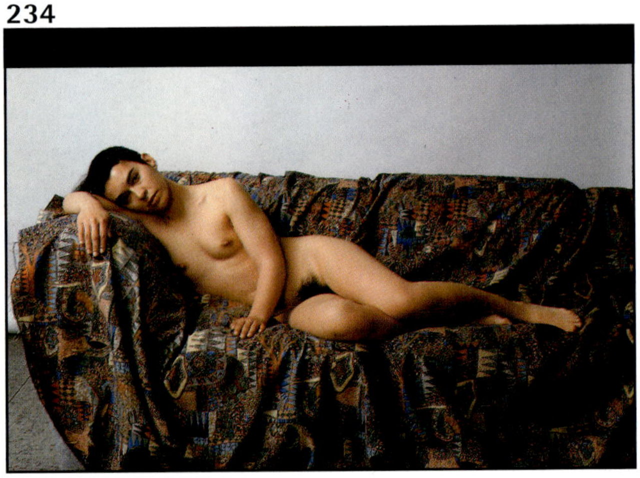

Abb. 234: Das Modell in der Pose, die Gaspar Romero gewählt hat.

Abb. 235 und 236: Der Kanon des menschlichen Körpers besteht aus acht Modulen in der Höhe und zwei in der Breite. Beachten Sie die Hinweise in den Abbildungen, und halten Sie sich daran, wenn Sie eine männliche oder weibliche Gestalt zeichnen, wobei die Module für letztere etwas kleiner sind.

235

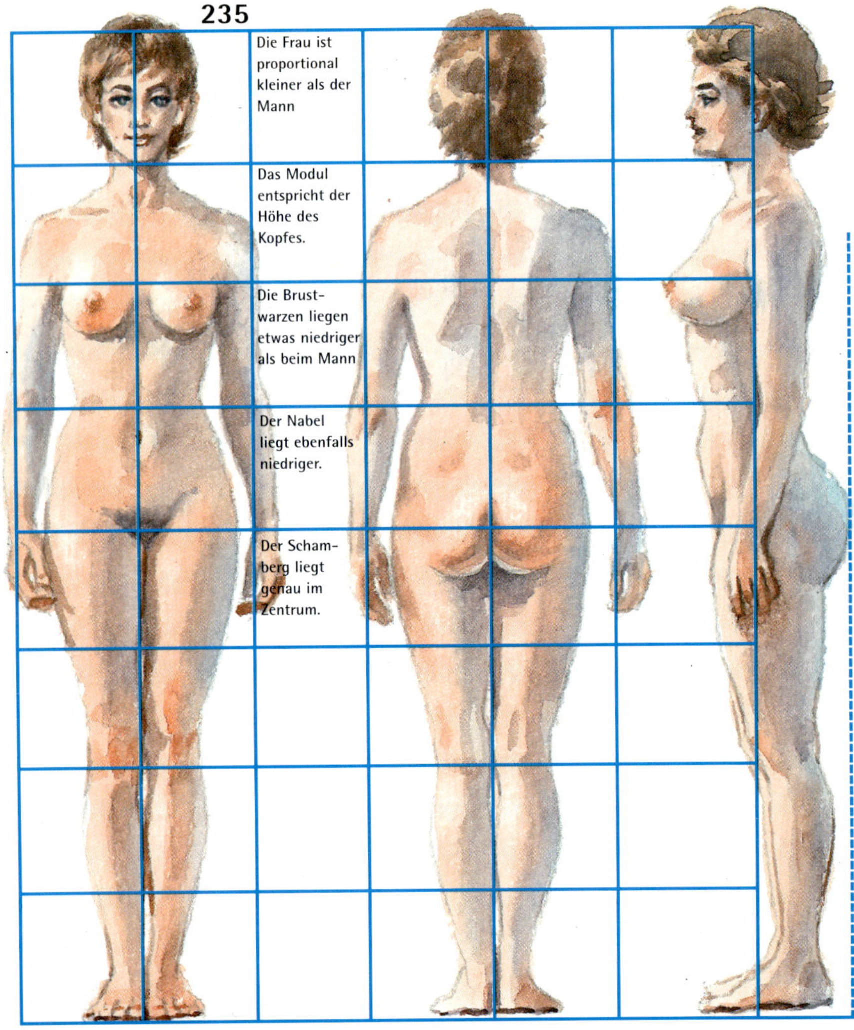

236

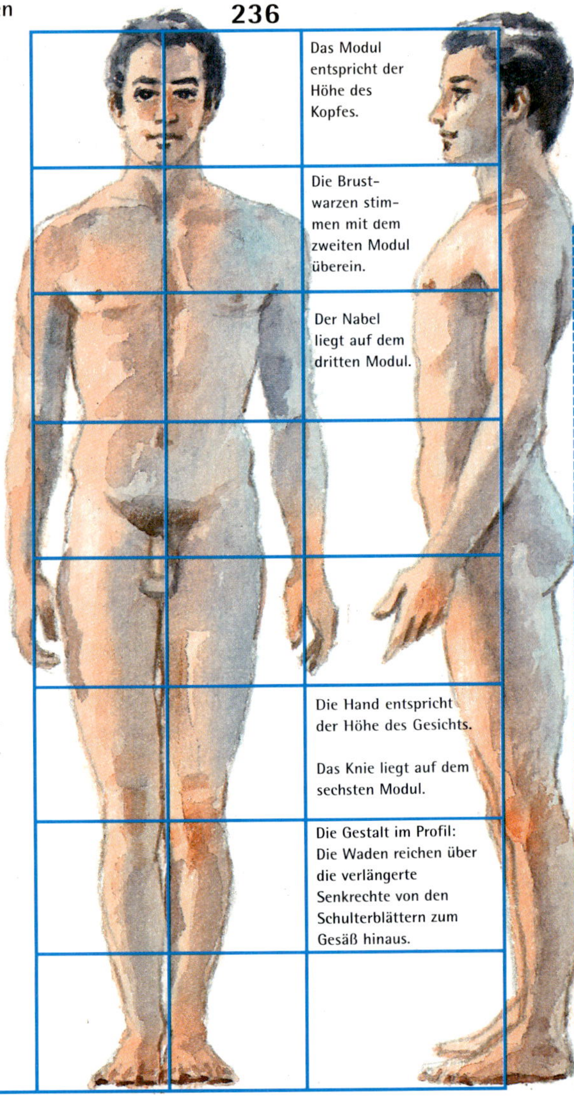

237

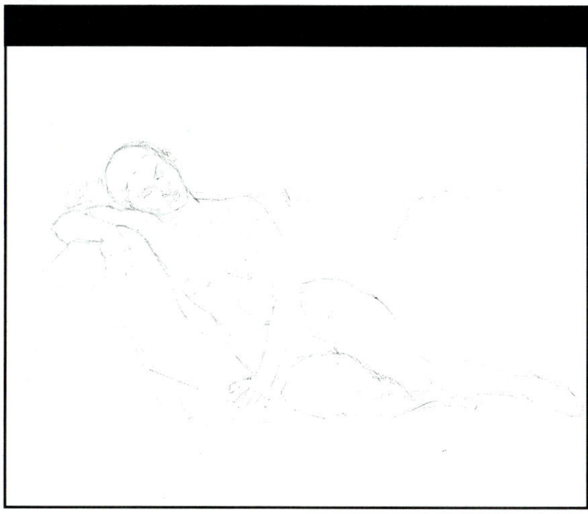

Die sitzende Gestalt besteht aus sechs Kopfhöhen oder Modulen. Bei der liegenden Gestalt kann der Kanon dagegen nur einen Anhaltspunkt bilden. Natürlich hält sich Gaspar Romero ebenfalls daran, während er die Zeichnung von Pepa anfertigt (Abb. 237).

Gestatten Sie mir hier einen Einschub über die Fleischfarben. Gaspar Romeros Palette besteht im wesentlichen aus Kadmiumgelb zitron, Lichter Ocker, Siena natur, Kadmiumrot, Siena gebrannt, Karmin, Coelinblau und Ultramarinblau (Abb. 238). Jeder Künstler hat seine eigene Zusammenstellung. Ich erinnere mich zum Beispiel daran, daß der verstorbene Maler Francesc Serra die Fleischfarben in Öl mit Lichter Ocker, Englischrot, Karmin, Ultramarinblau und Weiß malte (Abb. 239). Die Skala des berühmten amerikanischen Aquarellmalers Charles Reid besteht dagegen aus Kadmiumgelb hell, Lichter Ocker, Kadmiumrot sowie Coelinblau oder Kobaltblau. Für die Schatten mischt er Hookersgrün oder weiteres Ultramarinblau hinzu (Abb. 240).

Aber verfolgen wir nun, wie Gaspar Romero seinen Akt malt.

Der Künstler beginnt mit einer stark verdünnten Mischung aus Kadmiumgelb zitron, Lichter Ocker und einer Spur Coelinblau und fügt nach dem Trocknen der ersten Schicht eine sehr helle Lasur in Coelinblau hinzu, mit der er die Schatten andeutet.

Mit Paynesgrau und Ultramarinblau skizziert er das Haar (Abb. 241). Er wartet, bis die Farbe trocken ist, und umreißt die Gestalt auf dem dunklen Sofa mit einer hellen Mischung aus Ultramarinblau und Coelinblau (Abb. 242).

238

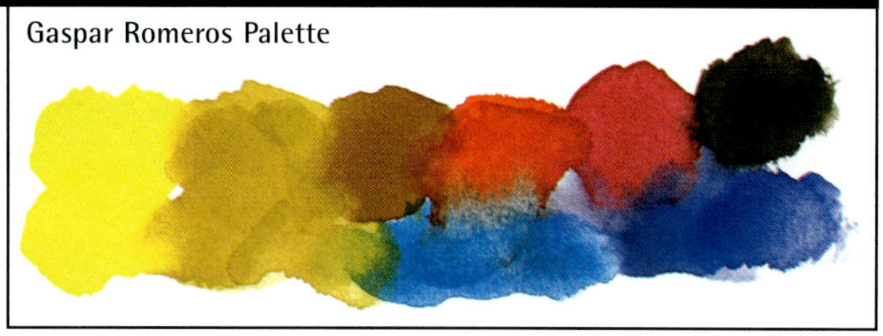

239

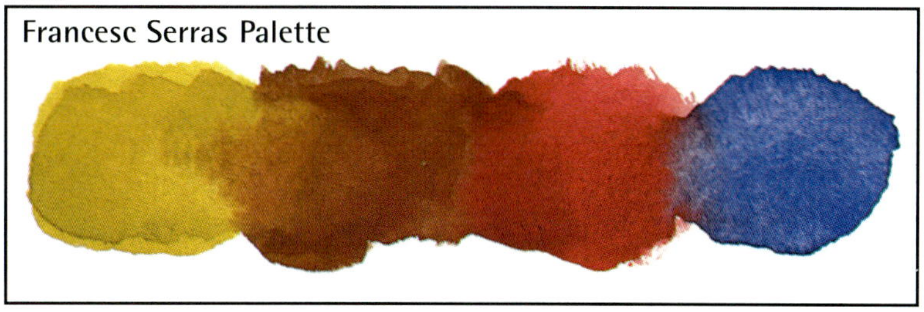

240

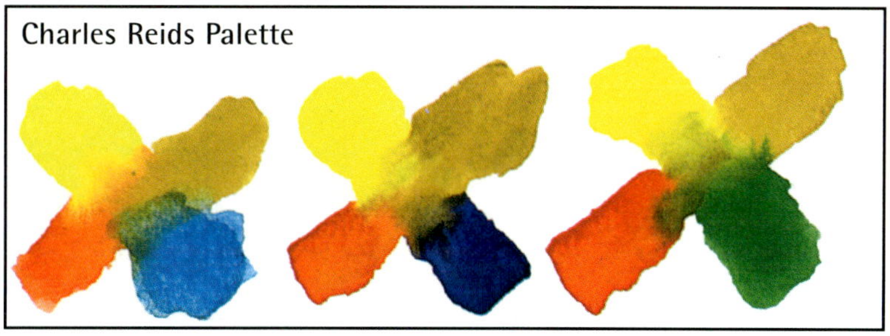

241

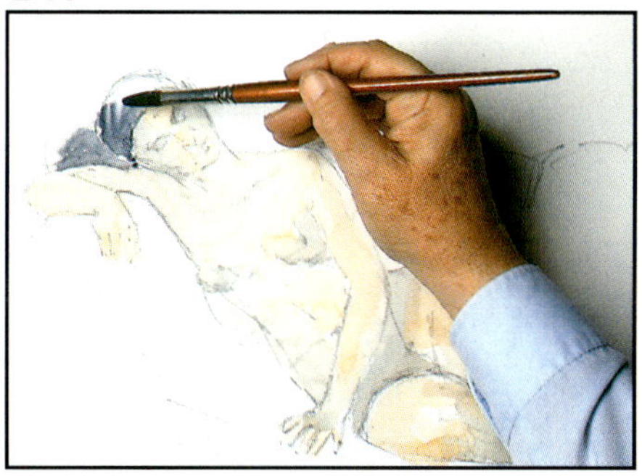

242

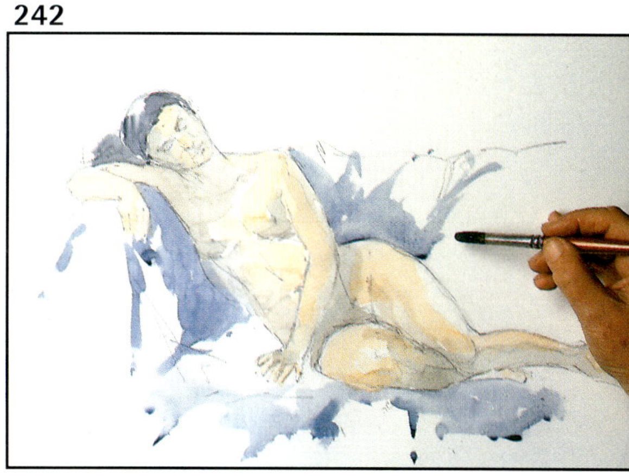

Abb. 237: Gaspar Romero beginnt die Zeichnung mit einem normalen Stift Nr. 2 und überarbeitet sie mit einem 2B.

Abb. 238 bis 240: Die Skalen, mit denen Gaspar Romero, Francesc Serra und Charles Reid ihre Fleischfarben malen.

Abb. 241 und 242: Gaspar Romero beginnt mit einer schwachen Lasur für das Haar, den Körper und die schattigen Stellen des Sofas.

Ein liegender Akt als Aquarell

Gaspar Romero befaßt sich nun mit dem Hintergrund und umgibt das Sofa mit einer sehr hellen und kaum erkennbaren grauen Lasur aus der Mischung von Kobaltblau und Siena gebrannt. Er verstärkt die Farbe des Haars und beendet dessen Ausarbeitung. Zum Abschluß intensiviert er die Schatten mit Lichter Ocker, Coelinblau und einer Spur Kadmiumrot (Abb. 243).

Nach diesem allgemeinen Stadium radiert Gaspar die Bleistiftzeichnung weitgehend aus und läßt nur einige Anhaltspunkte stehen, mit deren Hilfe er die Formen des Akts weiter aufbauen wird.

Zunächst verstärkt er den Schatten, den das Modell auf das Sofa wirft, und intensiviert gleich darauf mit dunklerer Farbe den Eigenschatten auf der rechten Seite des Modells. Er verdünnt nun die Mischung etwas mit Wasser und zeichnet und modelliert damit die Ober- und Unterschenkel. Außerdem legt er einen roten Farbtupfer für die Schleife auf das Haar (Abb. 244). Endlich malt er das Sofa, allerdings in einer helleren Farbe, als es dem Modell entspricht, nämlich mit einer Mischung aus Kadmiumgelb zitron, Ocker, etwas Krappkarmin und einer geringeren Menge Kobaltblau (Abb. 245).

Er hebt die linke Seite des Modells vom Sofa ab (Abb. 246) und befaßt sich anschließend mit den Gesichtsteilen. Um die Schwierigkeit der optischen Verkürzung des liegenden Kopfes zu verringern, dreht er das Zeichenbrett zur Hälfte, so daß die Gestalt jetzt senkrecht steht (Abb. 247).

In dieser Lage und später wieder in der normalen Position zeichnet und malt er die Augen – Ultramarinblau und Kobaltblau –, die Lippen und die Nase (Abb. 248).

243

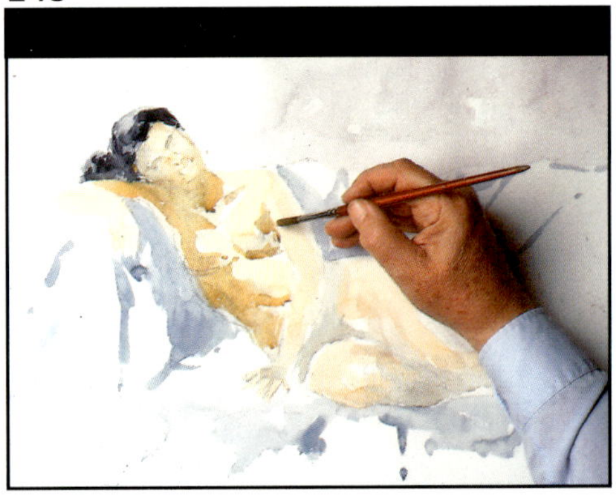

244

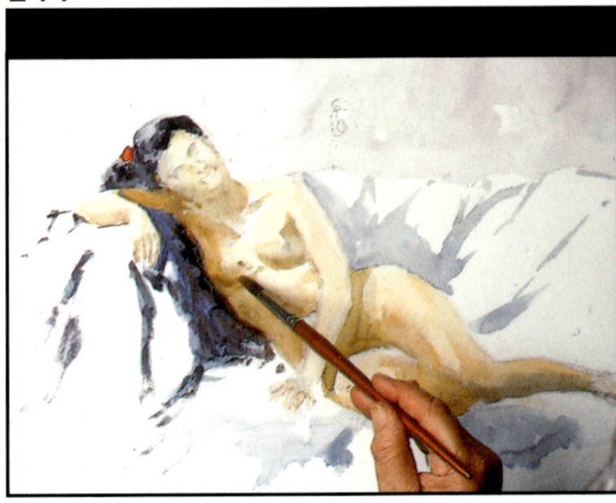

Abb. 243 und 244: Er beendet das Haar, malt die ersten Farbtupfer für die Schatten des Körpers und des Sofas und fügt einen roten Fleck für die Haarschleife hinzu.

245

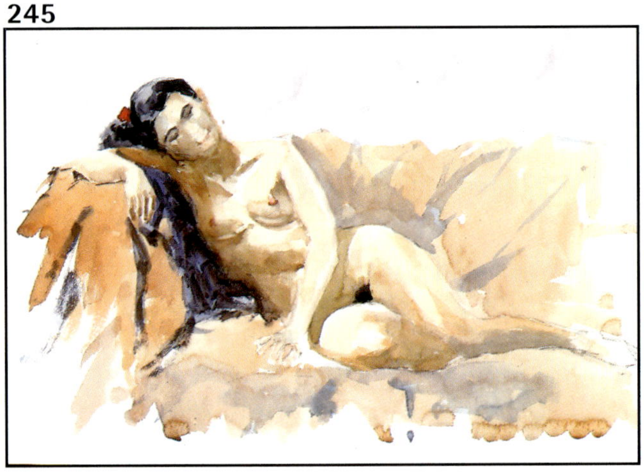

Abb. 245 und 246: Er verstärkt und retuschiert die Schatten des Körpers und des Gesichts, malt die Grundfarbe des Sofas und umreißt die Gestalt mit den kräftigen Schatten, die sie auf das Sofa wirft.

246

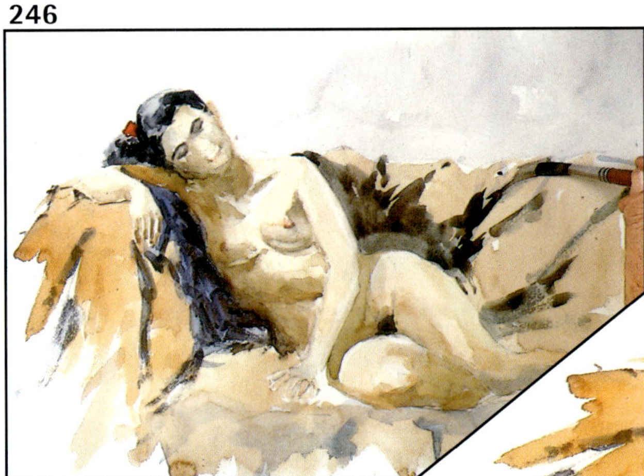

247

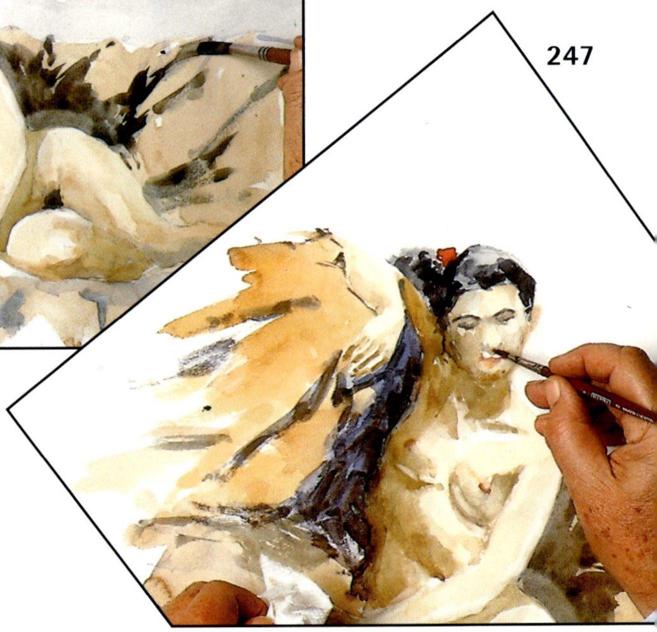

Abb. 247: Nachdem Gaspar Romero leichte Schwierigkeiten beim Malen der Gesichtsteile hat, dreht er das Zeichenbrett ein wenig, um in einer bequemeren Position arbeiten zu können.

Gaspar Romero verstärkt die Töne und Farben des Oberkörpers, der Brüste, des Halses und des Bauches und öffnet einige weiße Stellen. Es ist ein ständiges Wechselspiel zwischen dem Absaugen von Farbe, dem Öffnen von Weiß, dem Verwischen der Umrisse und der Veränderung von Formen (Abb. 249). Es fehlen nur noch einige dunkle Farbtupfer, dann kann der Künstler das Aquarell beenden.
„So lasse ich es", erklärt Gaspar Romero. „Weitere Retuschen, Formen oder Farben könnten dem Bild nur schaden. Es gefällt mir, wie es ist." Der große verstorbene Aquarellmaler Federico Lloveras sagte dazu: „Das Schwierigste bei der Aquarellmalerei besteht darin, zu erkennen, was man nicht malen darf." Gaspar Romero hat recht. Er signiert sein Werk.

248

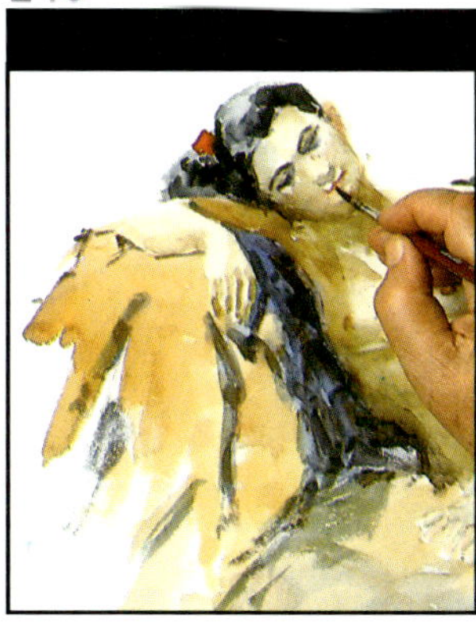

249

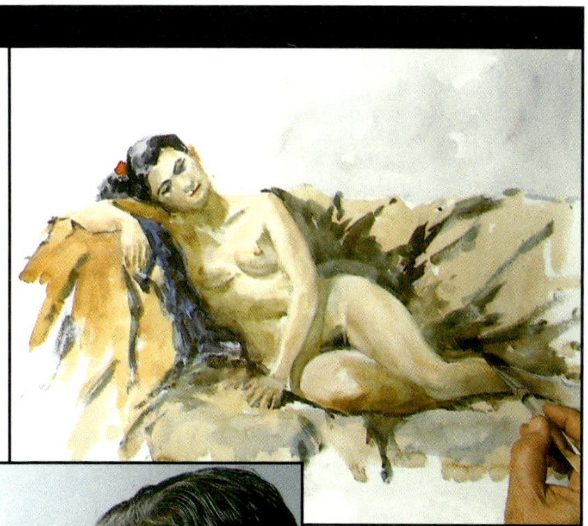

250

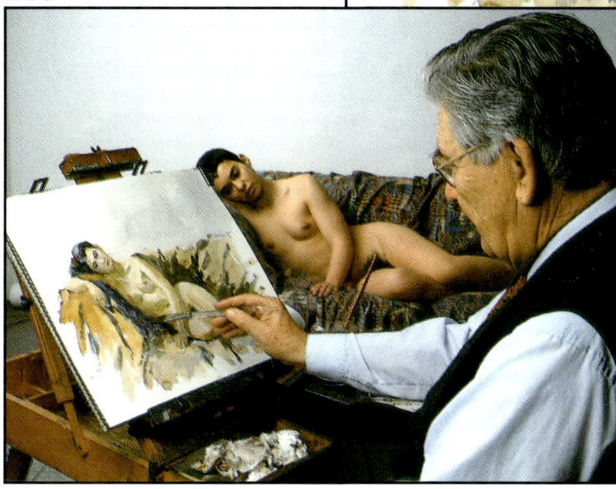

Abb. 248 bis 250: Er retuschiert die Gesichtsteile und trägt die letzten Farbtupfer für die Abschlußarbeiten auf. Abbildung 250 zeigt den Künstler beim Malen dieses Akts.

Abb. 251: Das fertige Aquarell nach Fertigstellung der Abschlußarbeiten.

251

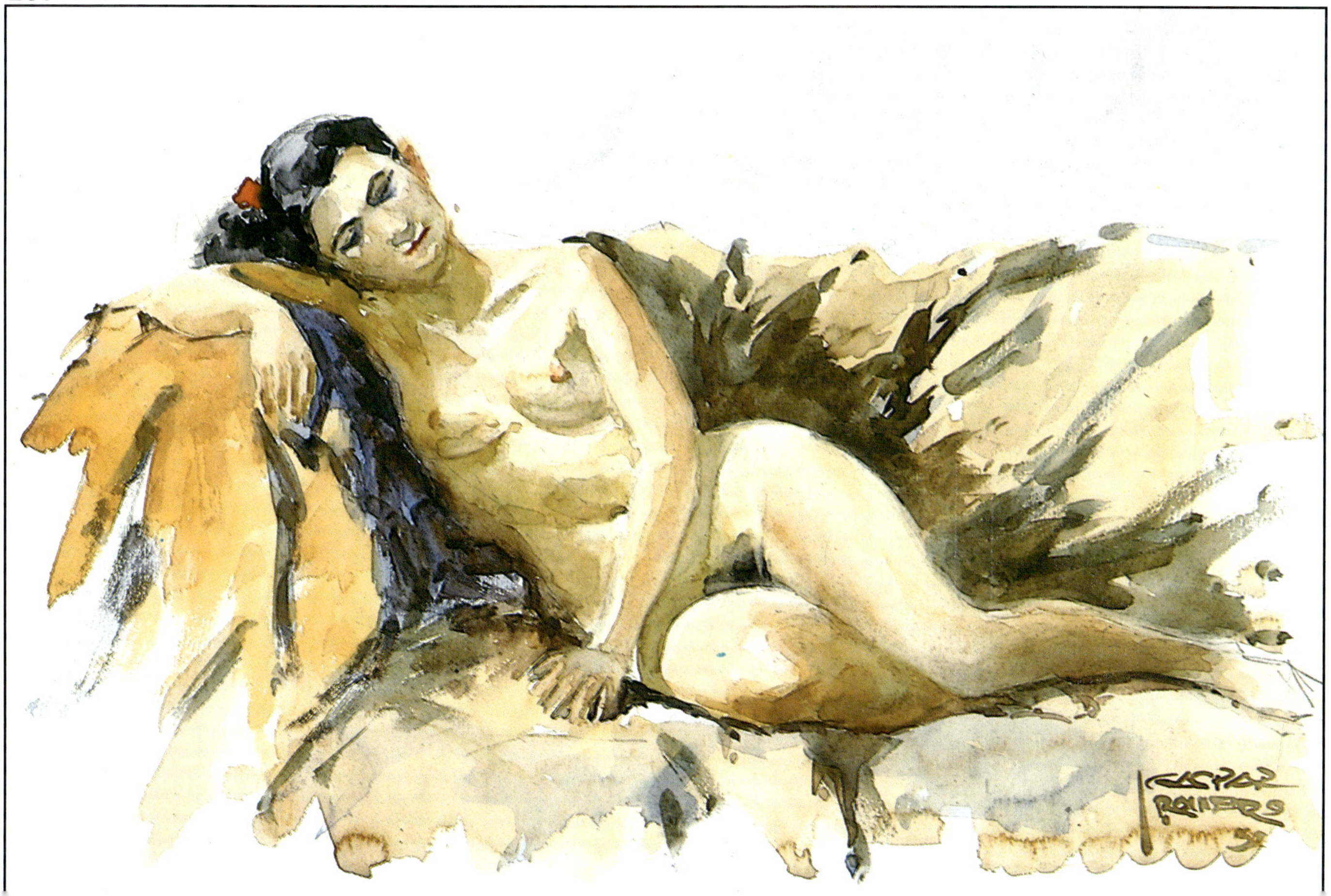

Ein sitzender Akt als Aquarell

Jordi Segú malt ebenfalls Akte als Aquarell. Dazu geht er beinahe täglich zwei Stunden in den Künstlerkreis und zeichnet und malt dort so herrliche Gestalten wie die von Abbildung 252.
Segú wird nun einen Akt von Amelia malen. Das Modell sitzt auf einem Hocker, der mit einem roten Samttuch bedeckt ist (Abb. 253). Auf Abb. 254 sehen Sie die Zeichnung, die mit einem Bleistift 2B auf Aquarellpapier Fontenay von Canson angefertigt wurde, sowie den sehr hellen grauen Hintergrund. Im nächsten Stadium hat Segú die ersten Pinselstriche für die Fleischfarbe im Schatten angelegt – Englischrot, eine Spur Ultramarinblau und viel Wasser – und den Ton für die Wange und den Hals leicht verstärkt (Abb. 255). Im folgenden Stadium überzieht er den ganzen Körper mit einer Lasur, spart Weiß für die beleuchteten Stellen aus und stumpft die Farbe der Schatten vor allem am Oberkörper und im Gesicht weiter ab (Abb. 256). Es folgt ein Übergangsstadium mit der Anlage der Beine, der allgemeinen Ausarbeitung des Körpers sowie der ersten

252

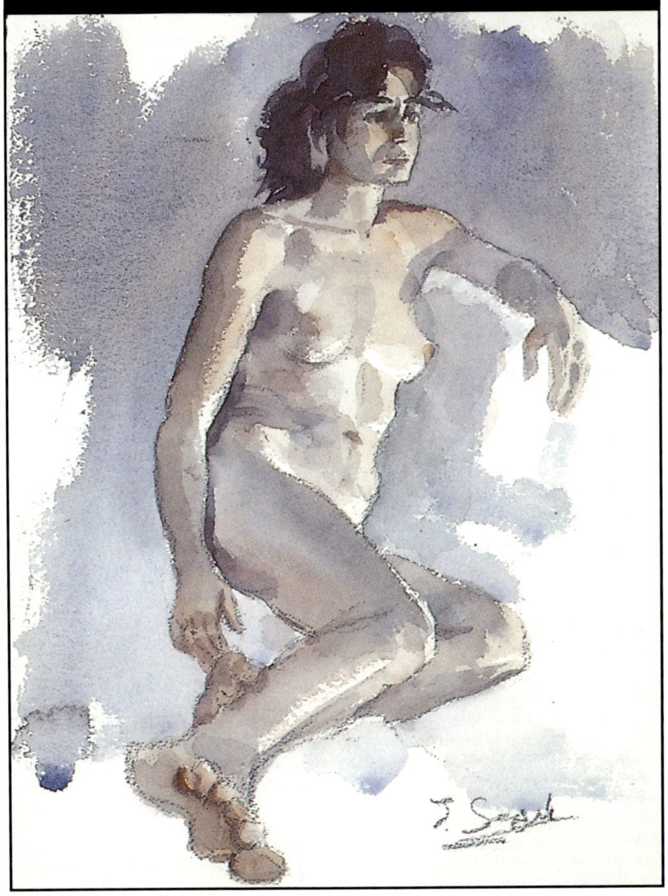

Abb. 252: Eines der Akte mit Aquarellfarben, die Jordi Segú als Studie im Rahmen der Sitzungen des Künstlerkreises von Barcelona gemalt hat.

Abb. 253 und 254: Das Modell und die Zeichnung mit dem sehr hellen Fond.

Abb. 255: Erste Farbversuche sowie die Angabe der Schatten.

253

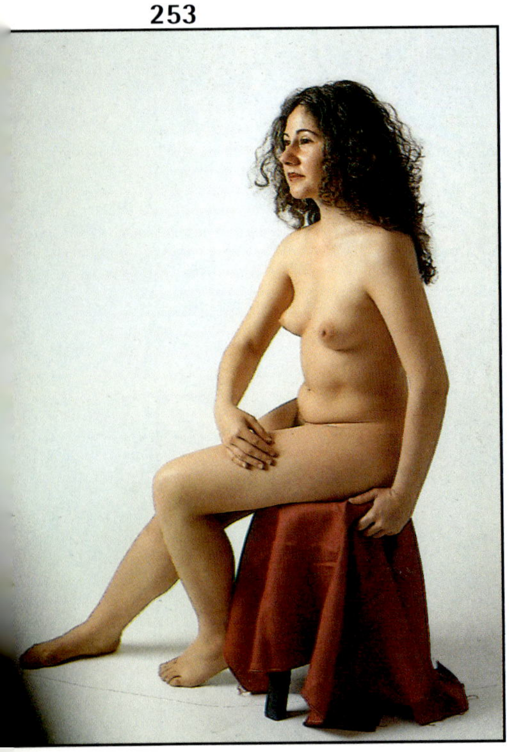

254

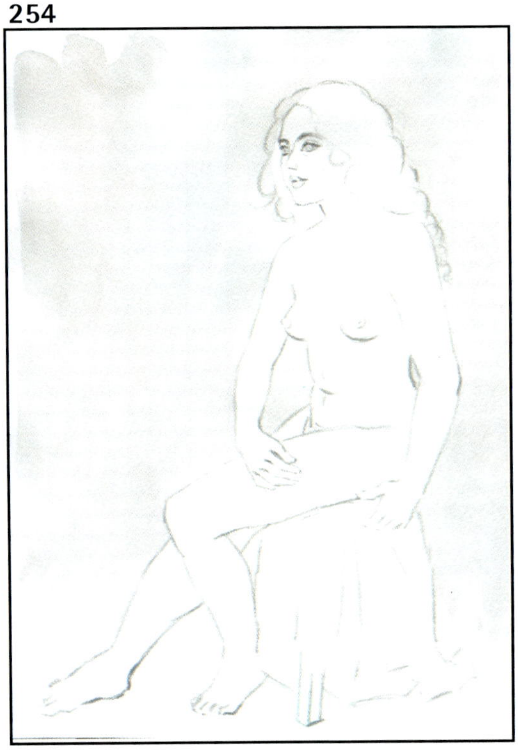

255

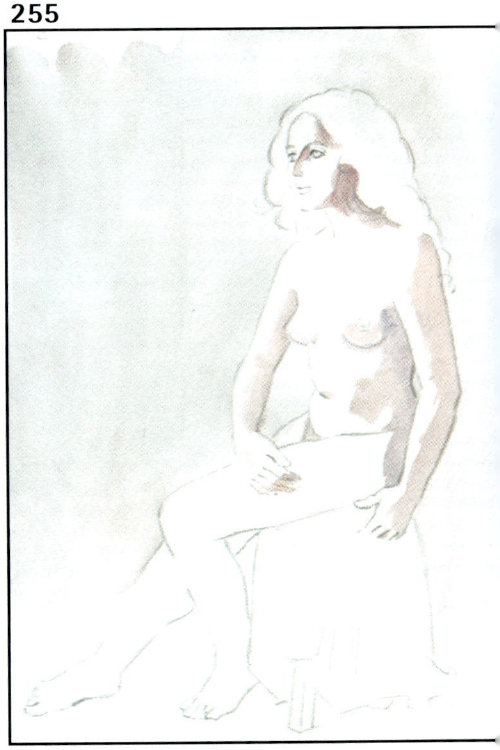

Farbschicht für das rote Samttuch auf dem Hocker (Abb. 257). Auf Abbildung 258 bearbeitet Segú in einem mittleren Ton Amelias Gesicht, also die Augen, die Nase und den Mund, und verschmilzt die Farbflecken für die Schatten der Nase und der Wange. Anschließend befaßt er sich mit dem Haar und fährt mit der Ausarbeitung des Körpers fort, der inzwischen mehr Farbe an den hellen Stellen aufweist. Zum Abschluß modelliert er Amelias roten Sitz.

Innerhalb der Abschlußarbeiten befaßt sich Segú zunächst mit dem Kopf und verstärkt die Gesichtszüge. Mit Ultramarinblau, Karmin und Paynesgrau schließt er das Haar ab. Er stellt das rote Samttuch auf dem Hocker fertig und legt vor allem noch weitere Farbtupfer und Lasuren auf den Körper.

„Perfekt, Segú", sage ich. „Du kannst das Aquarell zufrieden signieren."

256

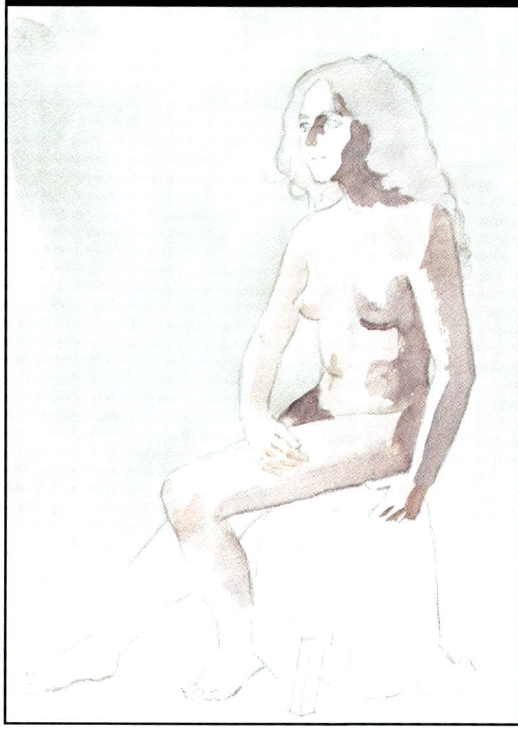

257

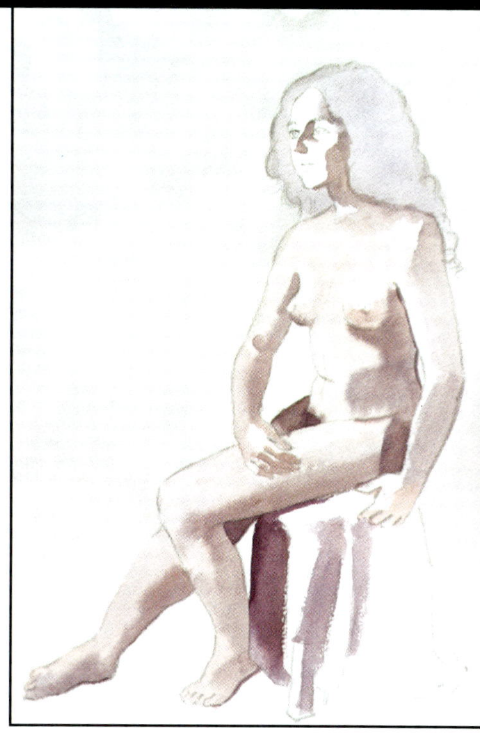

258

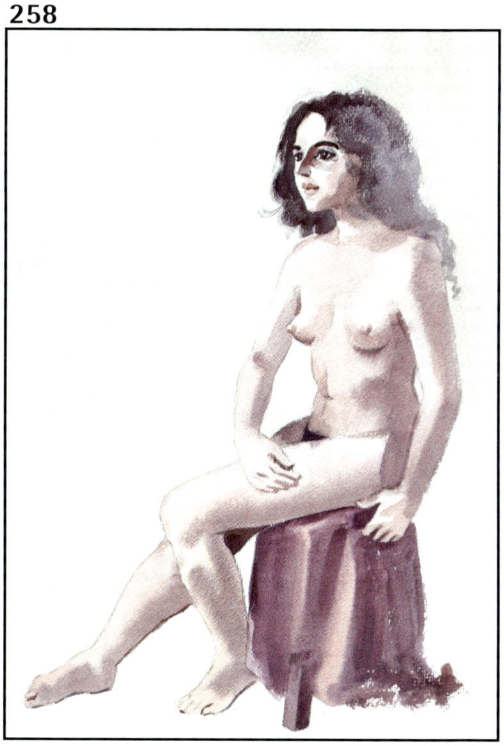

259

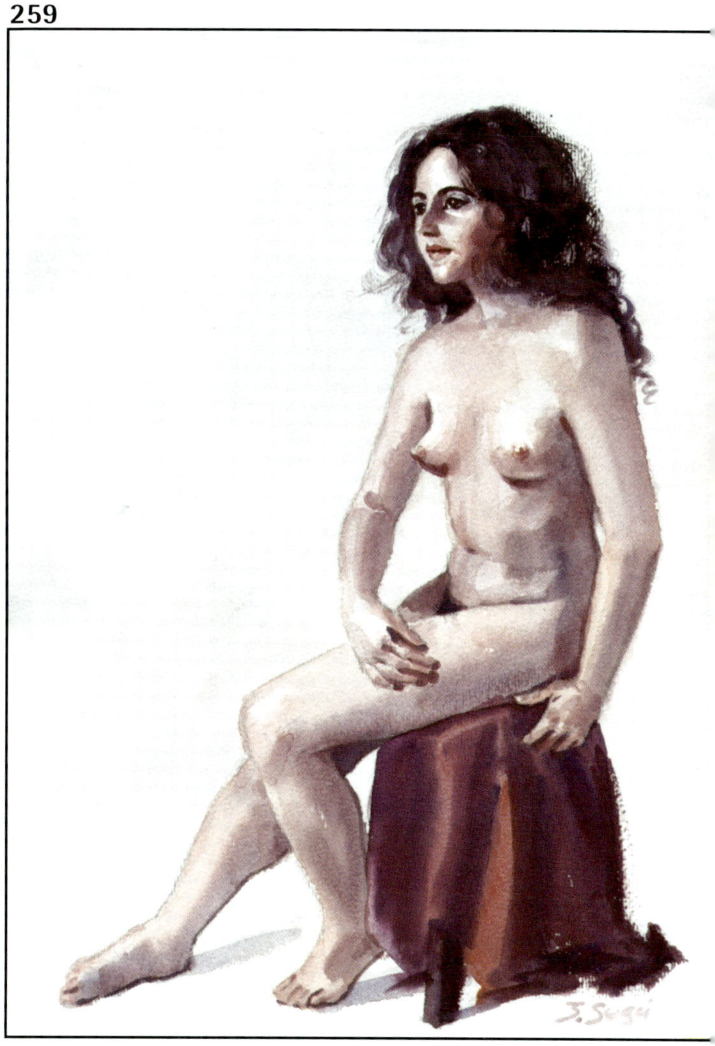

Abb. 256 und 257: Eine Lasur für den gesamten Körper unter Aussparung von Weiß für die beleuchteten Stellen sowie die Verstärkung der Schatten vor allem im Gesicht und am Oberkörper.

Abb. 258: Hier sind die Gesichtszüge bereits in einem schwächeren Ton angedeutet, und das Haar ist halb fertig. Außerdem ist der Hocker kurz vor dem Abschluß.

Abb. 259: Der fertige Akt: ein Aquarell, das Jordi Segú mit der gewohnten technischen Meisterschaft angefertigt hat.

Die menschliche Gestalt in der Perspektive

Wie alle Körper in der Natur unterliegt die menschliche Gestalt den Gesetzen der Perspektive. Die Grundregel für diese Gesetze besagt, daß die Größe der Gestalt stets von der Horizontallinie bestimmt wird. Das ist logisch, wenn wir uns erinnern, daß die *Horizontallinie aus einer gedachten Linie besteht, die sich bei einem nach vorn gerichteten Blick in unserer Augenhöhe befindet.* Hier einige unterschiedliche Beispiele für menschliche Gestalten in der Perspektive. Verfolgen Sie die Einzelheiten bitte anhand der entsprechenden Illustrationen.

Abbildung 260: Ziehen Sie die Horizontallinie (HL), legen Sie nun den Fluchtpunkt (FP1) an, und zeichnen Sie die Figur A im Vordergrund. Ziehen Sie die beiden Geraden vom Kopf und den Füßen zum Fluchtpunkt (FP1), und errichten Sie in Punkt B die Senkrechte D, welche die Höhe der zweiten Gestalt angibt (B).

Abbildung 261: Nachdem die Größe der Gestalt B feststeht, können wir deren Proportionen ermitteln, indem wir weitere Geraden – E, F, G etc. – von der ersten Gestalt zum Fluchtpunkt ziehen, die der Höhe des Kopfes, des Oberkörpers, der Taille etc. entsprechen.

Abbildung 262: Zeichnen wir nun eine dritte und eine vierte Gestalt. Die dritte Gestalt H befindet sich auf derselben Höhe wie die Gestalt B, so daß wir nur die Waagerechten I und J zu ziehen brauchen, um ihre Höhe und ihre Proportionen zu erhalten. Für die vierte Gestalt E benötigen wir zunächst eine Diagonale vom Punkt E zum zweiten Fluchtpunkt (FP2) auf der linken Seite der Horizontallinie.

Abbildung 263: Ziehen wir nun eine Waagerechte vom FP2 über den Kopf der zweiten Gestalt zu Punkt K, der etwas oberhalb von der Horizontallinie liegt, erhalten wir mit der Senkrechten L die Größe der vierten Gestalt.

260

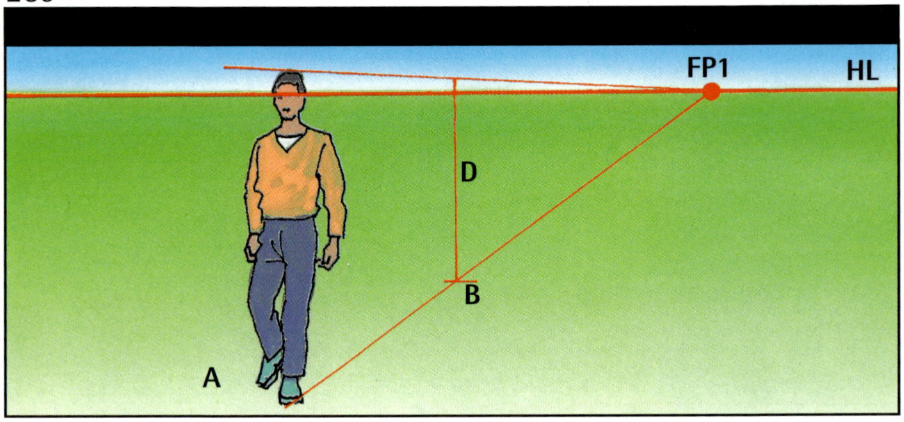

261

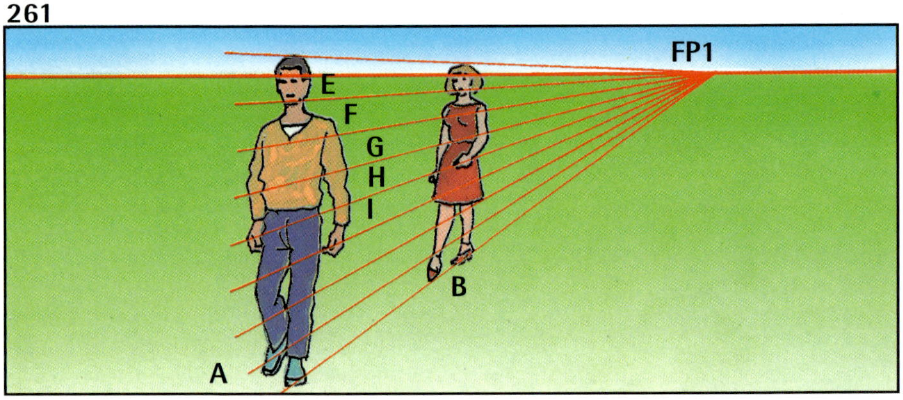

262

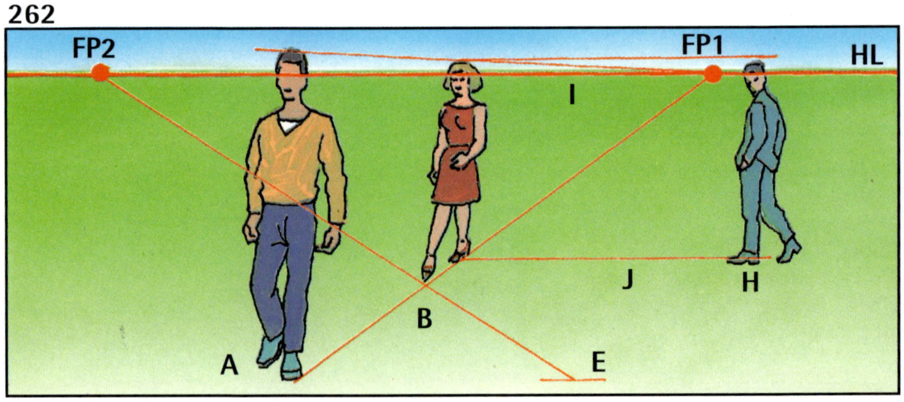

263

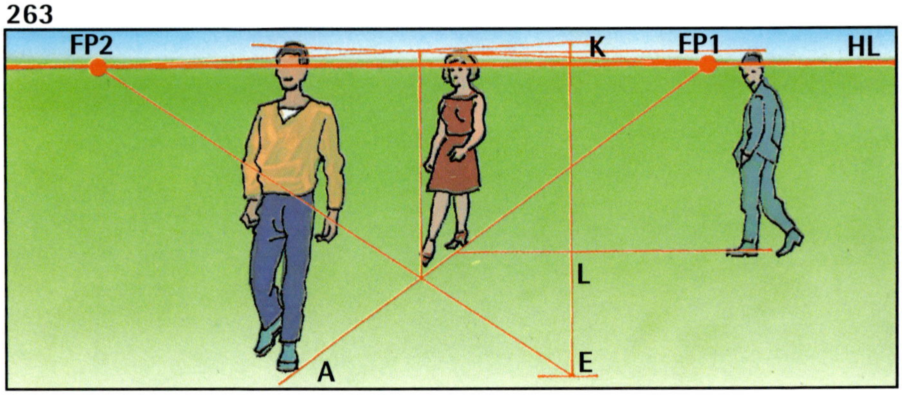

264

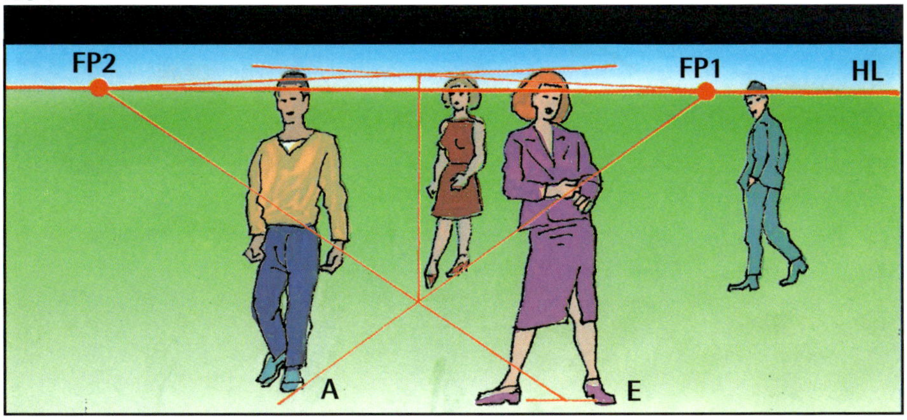

Abbildung 264: Hier ist die vierte Gestalt perspektivisch korrekt gezeichnet. Sie ist etwas größer als die erste Gestalt A, da sie sich stärker im Vordergrund befindet.

Abbildungen 265 und 266: Nun zwei Sonderfälle, bei denen der Horizont höher oder tiefer liegt. Sie werden feststellen, daß die korrekte Zeichnung keine Schwierigkeiten bereitet. Die Methode ist dieselbe wie zuvor. Man legt die Gestalt A an, zieht die Geraden zum Fluchtpunkt 2 (FP2) und zeichnet die Gestalt B auf der ferneren Ebene mit Hilfe der Geraden zum Fluchtpunkt 1 (FP1). Abbildung 266 zeigt die gleiche Lösung für Gestalten in einer anderen Lage zu den Fluchtpunkten.

265

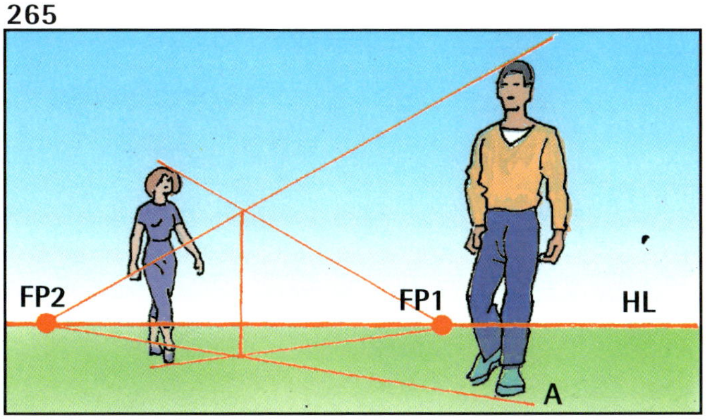

266

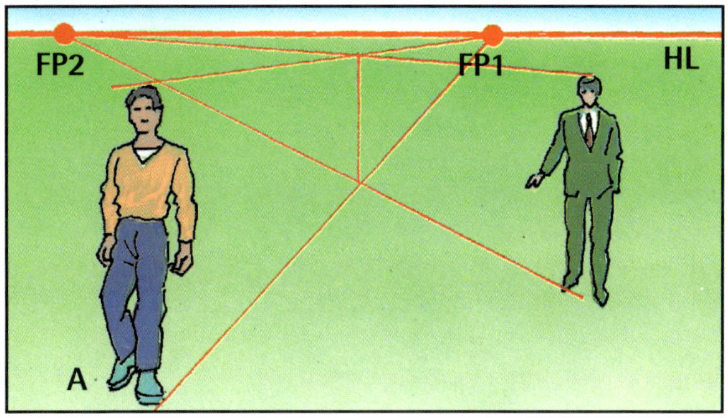

267

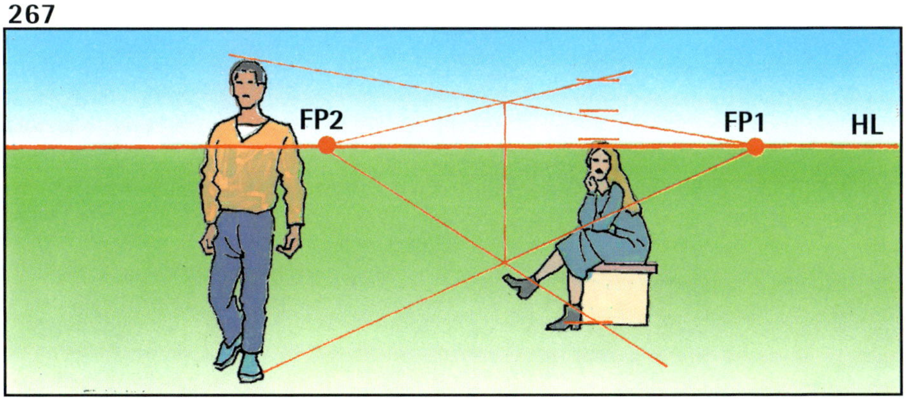

Abbildung 267: Für die Perspektive einer sitzenden Gestalt geht man von einer stehenden Person mit der ideale Höhe von acht Köpfen aus und wendet sechs davon auf die sitzende Gestalt an.

268

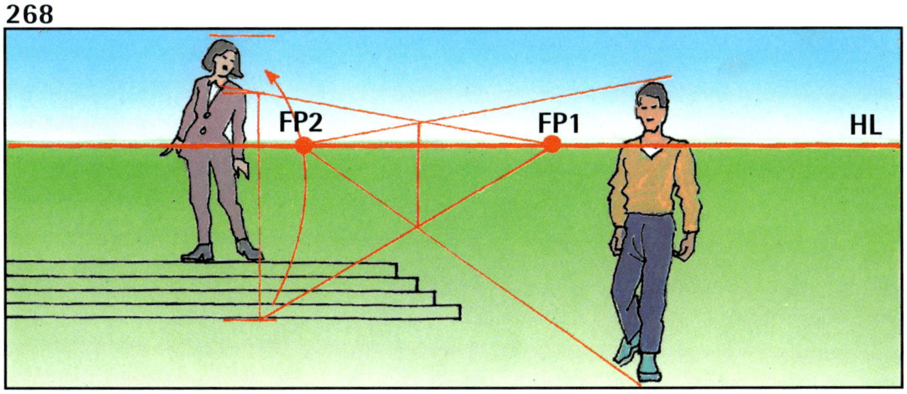

Abbildung 268: Befindet sich die zweite Gestalt auf einer erhöhten Ebene, müssen Sie sich diese zunächst auf derselben Ebene wie die übrigen Personen vorstellen und die Perspektive entsprechend ermitteln. Anschließend brauchen Sie deren Maße nur noch auf die erhöhte Ebene zu übertragen. Dieselbe Methode gilt, wenn sich die Gestalt auf einer niedrigeren Ebene befindet.

Eine Landschaft als Aquarell

Eine Landschaft im Hochgebirge, etwa 120 km von Barcelona entfernt, ein Motiv, das wegen seiner Komposition, seiner Farbgebung und seiner Kontraste die Aufmerksamkeit erregt. Ein Motiv zum Malen (Abb. 269).

Ich male es im Atelier unseres Fotografen Paco, der die einzelnen Schritte festhalten wird. Einige Tage zuvor war ich an Ort und Stelle und fertigte die Farbskizze (Abb. 270) nach der Natur an. Wie immer hatte ich auch meine Kamera dabei und machte eine Aufnahme. Ich ließ das Foto auf das Format 18 x 24 cm vergrößern und male mein Aquarell anhand der Farbskizze und dieser Vergrößerung.

Ich bin zum Zeichnen und Malen bereit, und Paco wartet mit Kamera und Blitzlicht, um auf meine Anweisung zu fotografieren. Ich arbeite auf Fontenay-Papier von Canson mit den Maßen 47 x 32 cm. Abb. 271 zeigt meine Zeichnung mit dem Kreuz durch die Mitte, das mir die Berechnung der Maße und Proportionen erleichtert. Ich beginne mit dem Himmel – Ultramarinblau und Kobaltblau – und füge einige Wolken hinzu – Ultramarinblau und ein wenig Umbra gebrannt –, wie ich es bereits bei der Farbnotiz getan habe, obwohl der Himmel an jenem Tag klar war, wie das Foto beweist. Es ist fast immer gut, wenn man einige Wolken an den blauen Himmel legt (Abb. 272).

269

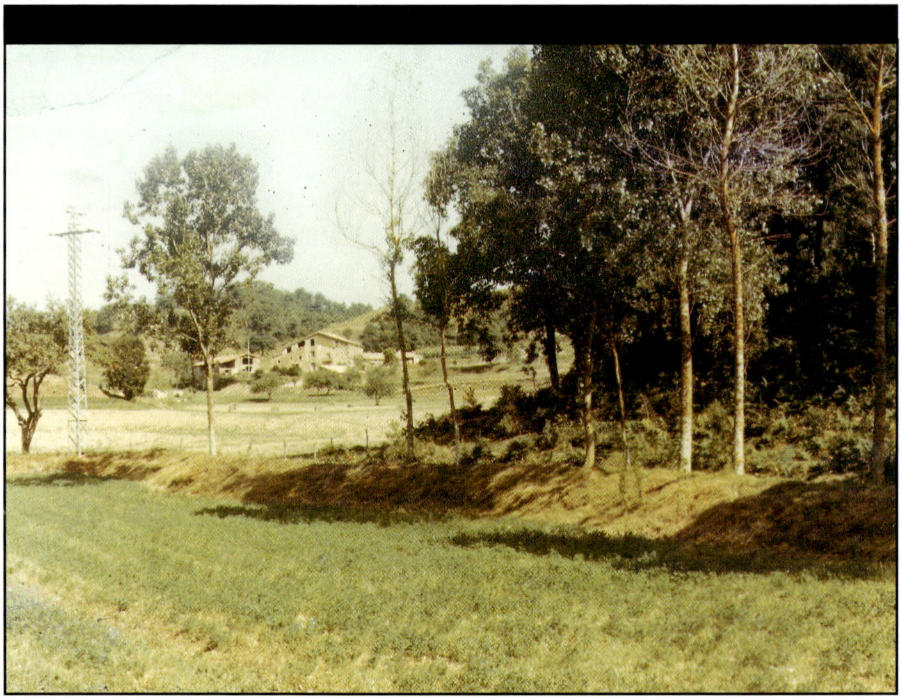

270

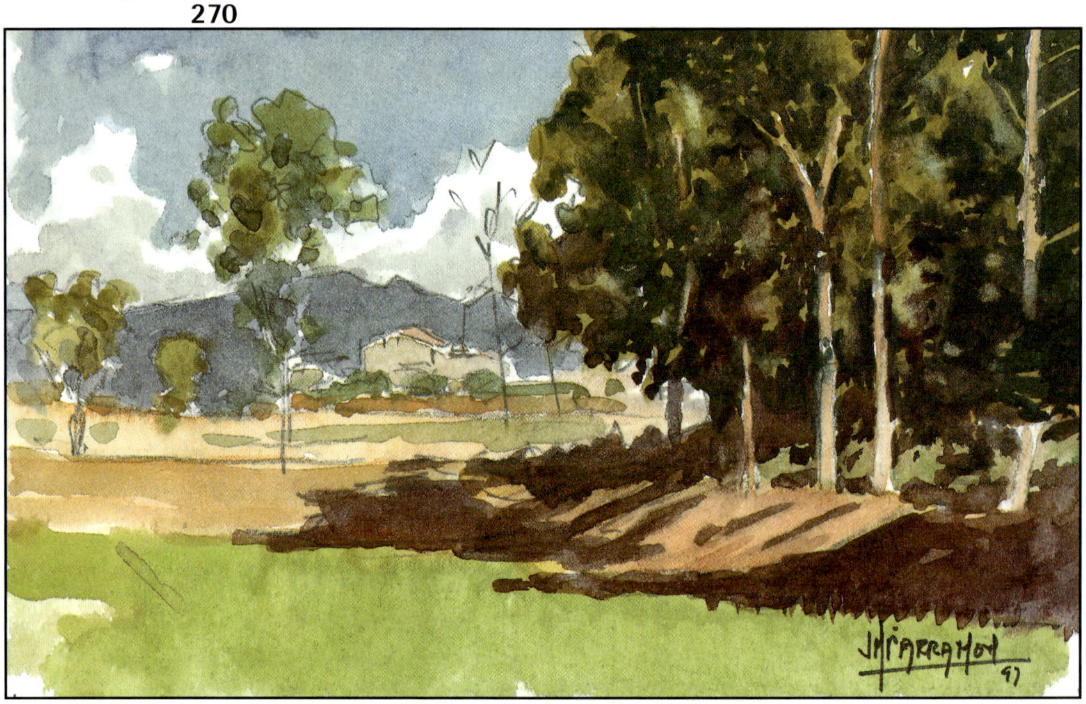

Abb. 269 (oben): Das Modell, eine Landschaft, die zum Malen einlädt. Sie besteht aus einem Vordergrund mit einer Baumgruppe und einem Streifen Erde mit den Schatten der Bäume, die wegen ihrer Größe, ihrer Deutlichkeit und ihrer Kontraste den Eindruck von Tiefe vermittelt. Der Baum im Mittelgrund und das Gehöft sowie die Berge bleiben wegen ihres Farb- und Tonwerts „weiter hinten" und deuten durch ihren Kontrast mit dem Vordergrund die dritte Dimension an.

Abb. 270: Angesichts einer Landschaft wie dieser kann man praktisch nicht anders, als seinen Wagen abzustellen und Farbnotizen oder Skizzen anzufertigen. Ich tat dies und machte außerdem ein Foto von meinem Motiv. Beide zusammen bilden die Grundlage für das Aquarell, das ich jetzt malen werde.

Anschließend befasse ich mich mit der großen Gruppe der Bäume auf der rechten Seite. Dazu wiederhole ich das Verfahren, das ich bei der Anfertigung der Farbskizze nach der Natur verwendet habe (Abb. 270), und lege zunächst eine gleichförmige Schicht aus Ocker und Permanentgrün für die beleuchteten Stellen an (Abb. 273 und 274). Im Moment enthält sie noch keine Nuancen. Diese werde ich später hinzufügen.

Wie zuvor bei der Farbnotiz spare ich auch diesmal die Stellen für die Stämme und Äste sorgfältig weiß aus. Zum Abschluß dieses Stadiums male ich mit einer Mischung aus Preußischblau, etwas Karmin und einer Spur Umbra gebrannt das Gebirge im Hintergrund (Abb. 274).

271

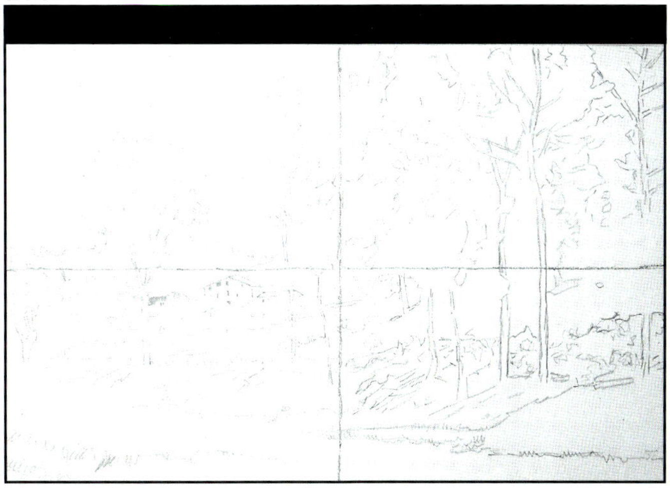

272

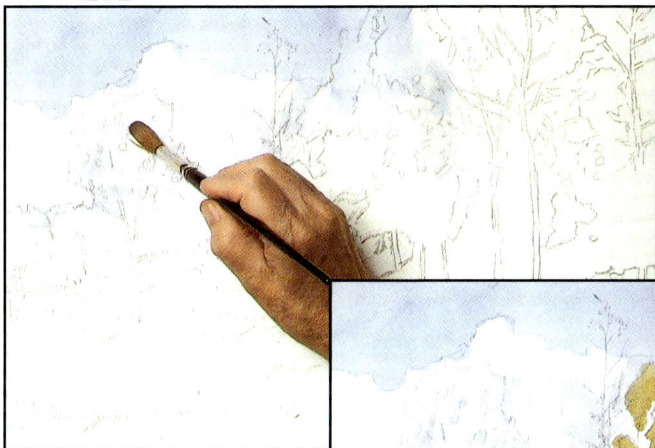

273

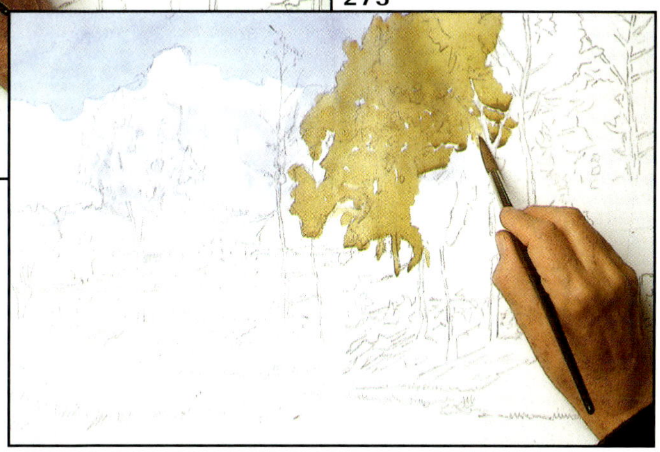

Abb. 272: Auf dem Foto ist der Himmel völlig klar. Ich nehme jedoch wie in meiner Farbnotiz einige Kumuluswolken darin auf. Übrigens rate ich Ihnen, häufig Wolken nach der Natur zu malen. Dann können Sie in Fällen wie diesen aus dem Gedächtnis arbeiten.

Abb. 271: Ich beginne die Zeichnung wie immer mit einem Kreuz durch das Zentrum, um mir die Berechnung der Maße und Proportionen zu erleichtern.

Abb. 273 und 274: Ich male die große Masse der Bäume im Vordergrund und beginne mit den beleuchteten Stellen. Dabei spare ich das Weiß für die Stämme und die dünnen Äste von vornherein innerhalb der gelbgrünen Farbe aus. Auf Abbildung 274 habe ich ebenfalls die Berge im Hintergrund gemalt und das Grau der Wolken verstärkt.

274

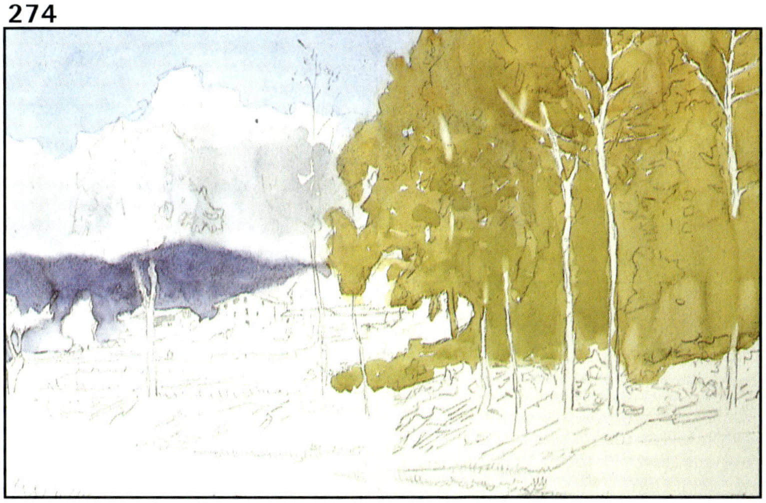

Eine Landschaft als Aquarell

Ich fahre fort mit Dunkelgrün für die Schatten in der großen Baumgruppe. Die Farbe besteht hauptsächlich aus einer Mischung von Chromoxidgrün und Karmin, zu der ich gelegentlich Preußischblau und Umbra gebrannt gebe. Es ist ein Wechselspiel zwischen der Anlage von Blättern und Blattgruppen und dem Aussparen von Lücken, durch die das Blau des Himmels scheint. Die Stämme und Äste bleiben weiterhin weiß ausgespart. Nichts wird restlos ausgearbeitet, wie die Abb. 275 bis 282 auf dieser Doppelseite zeigen. Betrachten wir dies nun Schritt für Schritt:
Auf Abb. 275 beginne ich mit dem dunklen, fast schwarzen Grün und spare etliche Öffnungen zwischen den Blättern aus. Auf Abb. 276 ist die gesamte Fläche im Schatten mit dem beinahe schwarzen Dunkelgrün bedeckt. Beachten Sie, daß die Stämme und Äste weiterhin ausgespart sind. Es herrscht ein maximaler Kontrast: Hellgrün, Dunkelgrün und das Weiß der Aussparungen stehen sich gegenüber. Abb. 277 zeigt bereits einige dunklere Nuancen innerhalb des Hellgrün. Diese Bereicherung der Farbe für die Bäume wird auf Abbildung 278 und 279 fortgesetzt.
Anschließend verlasse ich die Bäume, wie Sie den Abbildungen entnehmen können, und male die Wiese mit Permanentgrün und einer Spur Gelb und

275

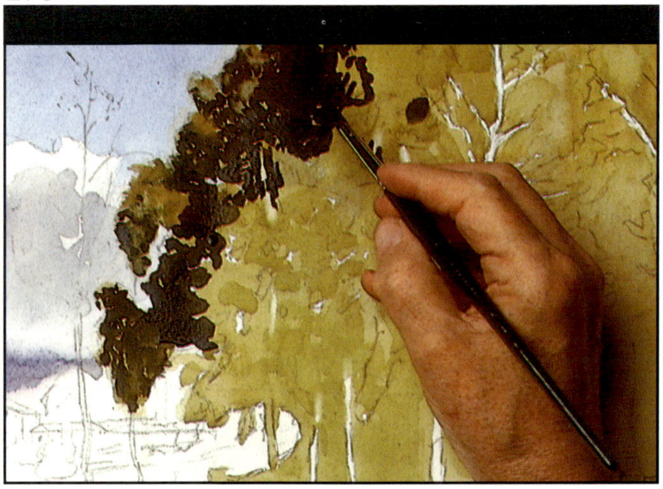

276

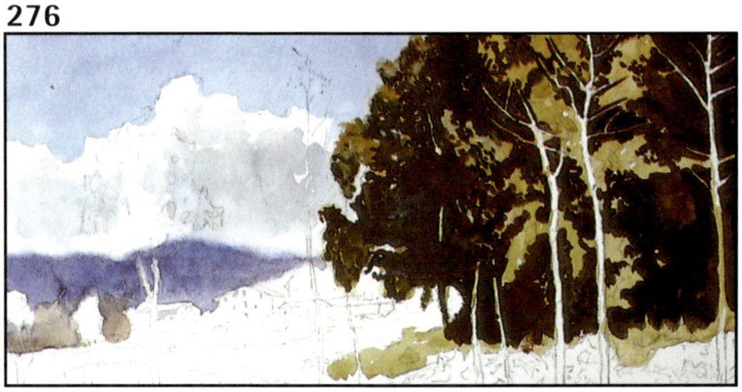

277

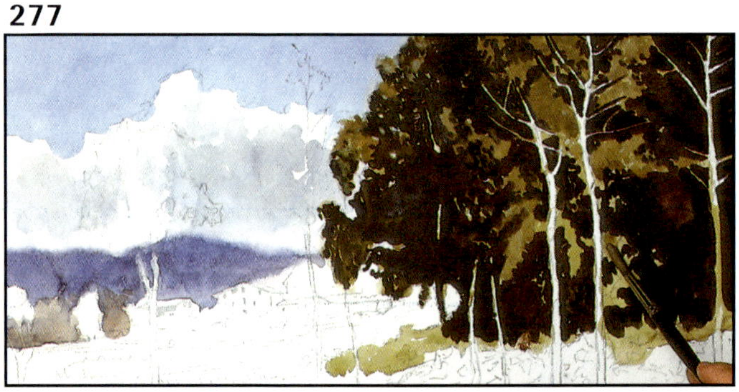

278

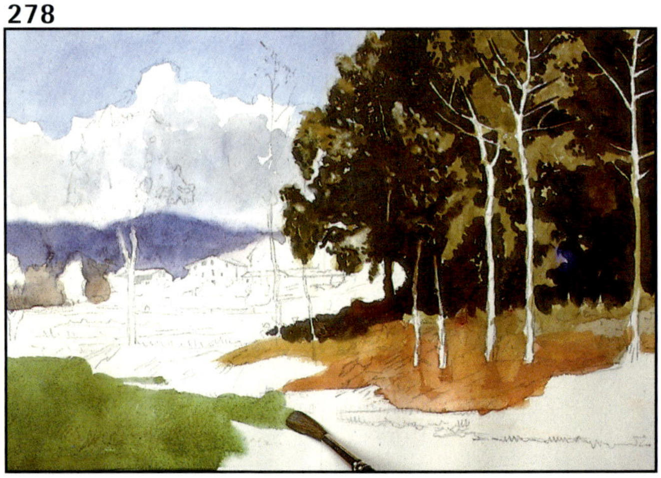

Abb. 275 bis 277: Mit dunklem, beinahe schwarzem Grün male ich die Schatten der großen Baumgruppe, allerdings zunächst als flache Farbe ohne Nuancen. Letztere kommen später bei der Ausarbeitung hinzu. Das Gelbgrün für die beleuchteten Stellen wurde verändern. Auf Abbildung 277 erkennen Sie, daß ich es mit einer dunkleren Gelbgrünlasur überzogen habe.

Abb. 278 und 279: Ich lasse die Bäume mit ihren Blättern, ihren Stämmen, ihren Aussparungen und ihrem Spiel von Licht und Schatten für eine Weile beiseite und wende mich den anderen Arbeiten für das Aquarell zu. So male ich die Wiese im Vordergrund, den Boden und den Schatten, den die Bäume auf die Erde werfen. Auf diese Weise schreitet das ganze Bild gleichzeitig voran.

die Erde zu Füßen der Bäume mit Kadmiumgelb dunkel und einer Spur Karmin.
Auf den Abbildungen 280 und 281 kehrte ich zu den Bäumen zurück und öffnete kleine weiße Stellen und helle Flächen durch Anfeuchten der Farbe (Abb. 280) und Absaugen mit Küchenpapier (Abb. 281).
Es bedarf einer geduldigen, langwierigen Arbeit, bis das Spiel von Licht und Schatten innerhalb des Laubs so wiedergegeben ist, wie Abb. 282 zeigt. Die Stämme haben inzwischen ebenfalls Farbe erhalten. Zwar fehlen noch einige Details, bevor ich die Baumgruppe abschließen kann. Dennoch befasse ich mich zunächst mit den beleuchteten Stellen des Baums und des Erdstreifens im Mittelgrund.

279

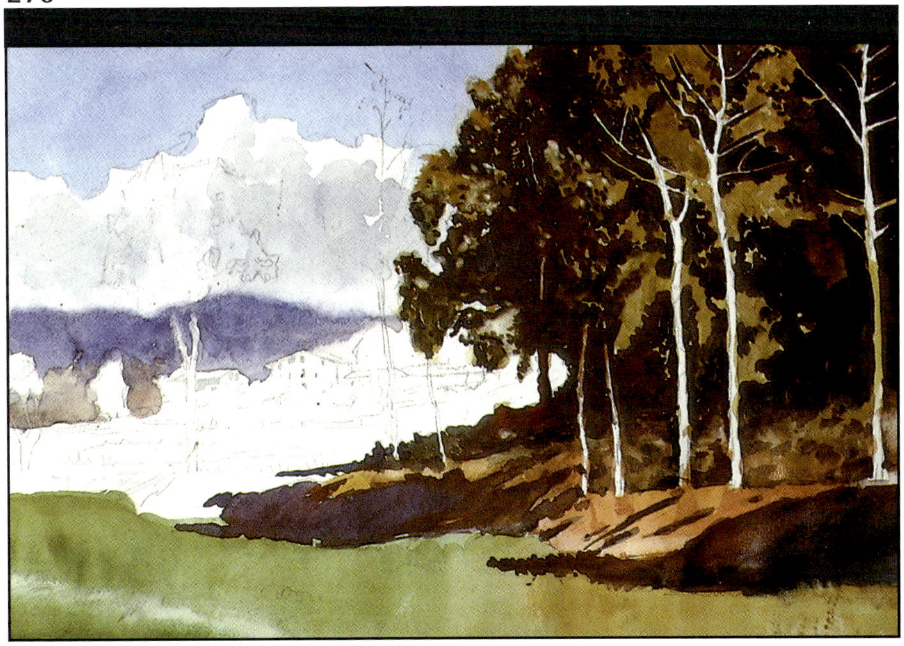

280

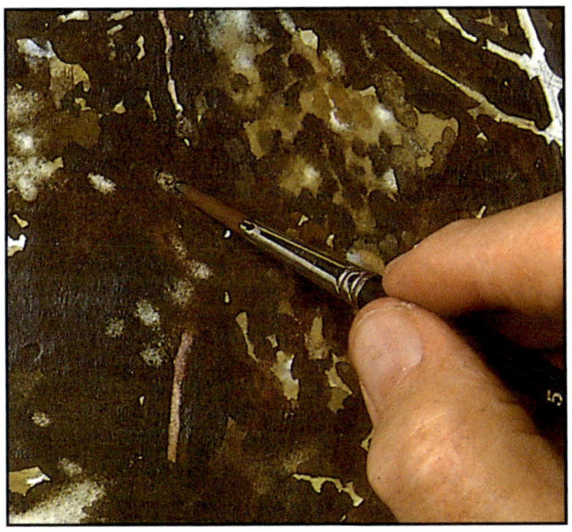

281

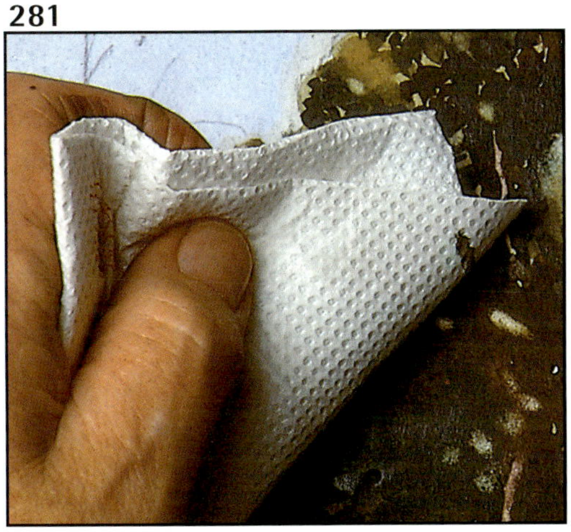

Abb. 280 und 281: Ich kehre zu den Bäumen zurück und mache mich an die Abschlußarbeiten. Ich öffne winzige weiße oder hellgrüne Lücken, feuchte die entsprechenden Stellen mit dem Synthetikfaserpinsel an (Abb. 280) und sauge die Farbe mit einem gefalteten Papiertuch ab (Abb. 281), bis die gewünschte Wirkung erzielt ist. In manchen Fällen öffne ich auch Weiß, um es anschließend mit einem mittleren Ton zu übermalen etc.

282

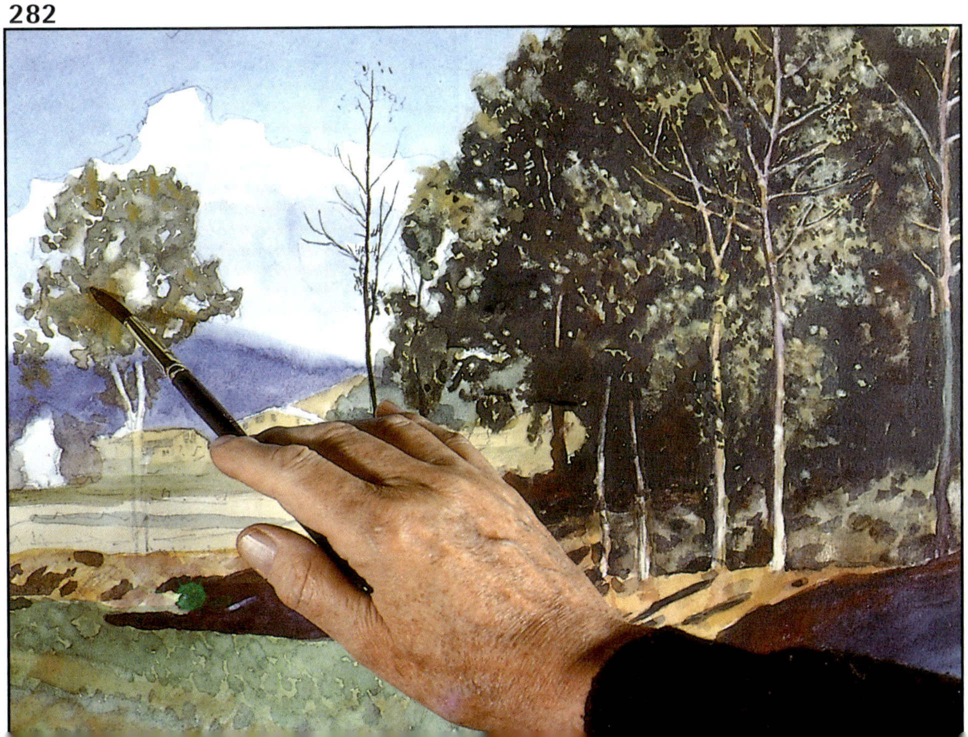

Abb. 282: Endlich erhalte ich dieses Ergebnis, in dem die Farben und die Nuancen der Stämme und Äste endgültig erreicht sind. Sie werden nicht mehr verändert, sondern im fertigen Aquarell so bleiben. Nun male ich die beleuchteten Stellen des Baums im Mittelgrund sowie den Erdstreifen und lege die beiden kahlen Bäume neben der dichten Baumgruppe an. Auch die Wiese wurde erheblich verändert und ist beinahe fertig.

Eine Landschaft als Aquarell

Das Gebirge im Hintergrund gefällt mir nicht. Das Blau enthält zuviel Karmin und hat daher einen Violettstich. Ich verändere die Farbe und wähle graustichigeres Blau, das der Entfernung und der Atmosphäre besser entspricht. Finden Sie nicht auch? Die Ausführung bereitet keine Probleme. Ich feuchte die Fläche mit einem Synthetikfaserpinsel an, streiche behutsam mit dem Haarkörper darüber und ziehe die aufgelöste Farbe mit Saugpapier ab. Aus Abbildung 283 geht außerdem hervor, wie ich die Wiese dargestellt habe. Auf der nächsten Abbildung 284 male ich die Schatten des Baums im Mittelgrund. Abbildung 285 – ein schlechtes, unterbelichtetes Bild, behauptet Paco, der Fotograf – zeigt die fertigen Bäume und Büsche auf der linken Seite. Es fehlt nur noch das Gehöft im Hintergrund.

Die Darstellungsweise des Gehöfts, der Wiese und der ganzen Landschaft erkennen Sie am besten anhand des fertigen Aquarells auf der Seite gegenüber (Abb. 286). Ich habe mein Werk noch eine ganze Weile retuschiert und mit Schwarz verstärkt, nicht nur aus der Mischung von Chromoxidgrün, Karmin und Preußischblau, sondern auch mit Aquarellschwarz für die dunkelsten Stellen des Laubs. Außerdem habe ich den Karminstich der Stämme und Äste verstärkt, die Formen und Farben der Schatten auf dem Erdfleck im Vordergrund verändert und die Farben und Tonwerte der Wiese bereichert. Dabei habe ich Farbe zugefügt und abgesaugt und einen zusätzlichen Streifen Erde im Vordergrund links gemalt. Die Mühe und die Arbeit haben sich gelohnt. Das war das letzte Aquarell innerhalb dieses Bandes von *Parramóns Aquarellmalschule*. Ich hoffe und wünsche von ganzem Herzen, daß Ihnen das Buch helfen wird, noch bessere Bilder als zuvor mit Aquarellfarben zu malen.

283

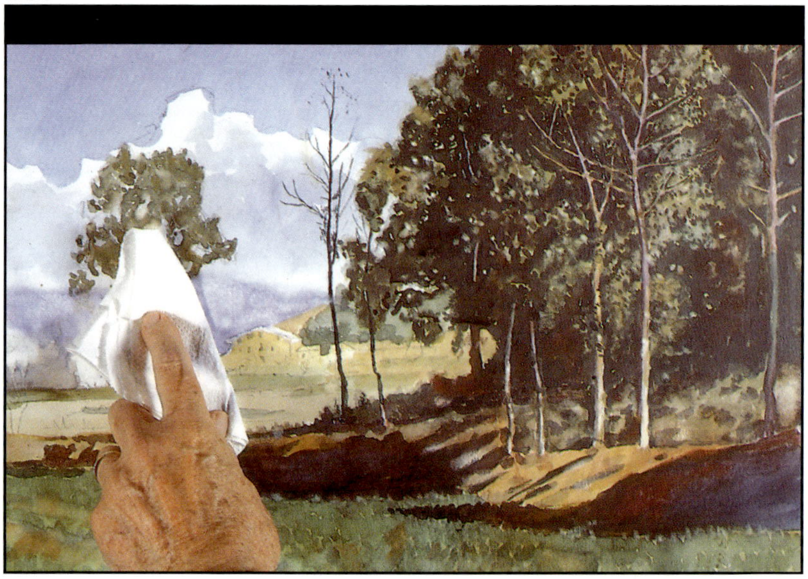

284

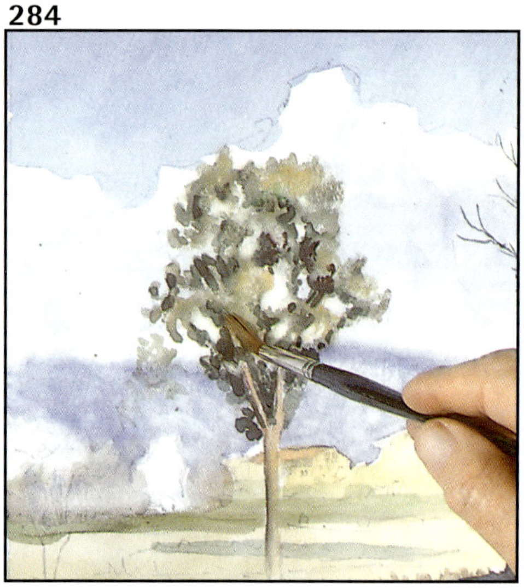

Abb. 283 und 284: Jetzt geht es um eine Verbesserung. Mir fällt auf, daß die Farbe für die Berge im Hintergrund violettstichig ist, was nicht der blauen Nuance in meiner Farbnotiz entspricht. Deshalb feuchte ich die Fläche an, streiche vorsichtig mit dem Synthetikfaserpinsel darüber und sauge die Mischung mit einem Tuch ab (Abb. 283). Anschließend kehre ich zu dem Baum im Mittelgrund zurück und male dessen Schatten.

285

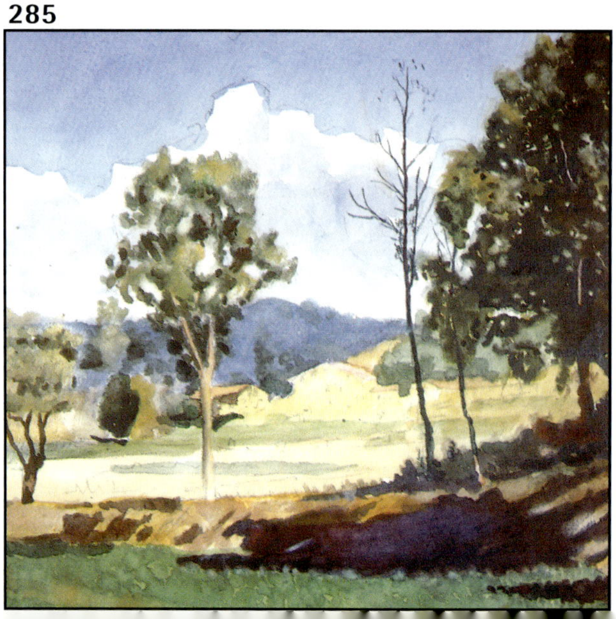

Abb. 285: Hier sehen Sie die veränderte Farbe der Berge im Hintergrund. Außerdem habe ich den graustichigen Baum links im Bild sowie die weiteren Bäume auf der letzten Ebene dargestellt. An sich brauche ich nur noch das Gehöft zu malen, dann wäre das Aquarell fertig. Aber ...

286

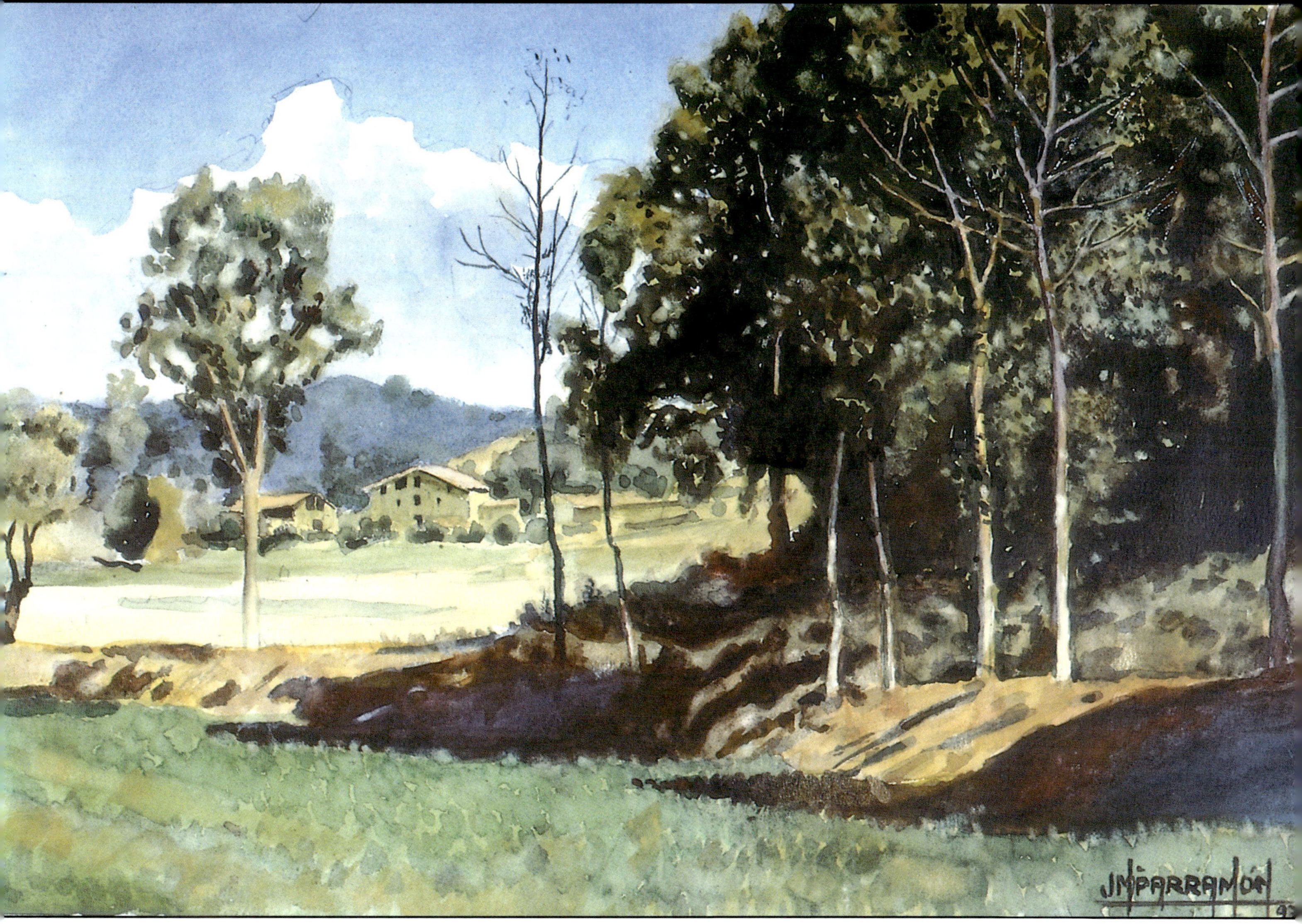

Abb. 286: Das fertige Aquarell. Abgesehen von dem komplexen Gehöft und seinen Nebengebäuden mit den Dächern, Fenstern und Türen sowie dem Spiel von Licht und Schatten, habe ich die kleinen Bäume vor und hinter den Häusern gemalt, die Formen der Schatten der Baumgruppe im Vordergrund leicht verändert, die Wiese retuschiert und einige Farbtupfen zusätzlich in den Erdstreifen vorne links aufgenommen. Schließlich habe ich die Kontraste innerhalb der Baumgruppe betont und die dunkelsten Stellen unmittelbar mit schwarzer Aquarellfarbe übermalt. Endlich habe ich mein Werk signiert, denn ich erinnerte mich an jene Anekdote des verstorbenen Malers Federico Lloveras von der Hand Fortunys, die Carmen Freixas auf Seite 29 zum Abschluß ihres Aquarells mit den Margeriten und Anemonen erzählt.

Das war's. Ich habe mein Aquarell und den letzten Band von Parramóns Aquarellmalschule abgeschlossen. Es war mir ein Vergnügen, die Texte zu verfassen und einige Bilder und schrittweise Folgen selbst zu malen. Es war mir eine Freude, bei Ihnen zu sein und Ihnen die Techniken und unterschiedlichen Methoden zu erklären. Ich verlasse Sie ungern. Und ich hoffe, daß wir uns in anderen Büchern erneut begegnen werden: Ich beim Schreiben und Illustrieren und Sie beim Malen von herrlichen, wunderschönen Aquarellen.

Glossar

A

Airbrush: Spritzpistole, mit der man einen Farbstrahl mit Hilfe eines Kompressors auf das Papiers sprüht. Man legt vor allem Hintergründe, gleichförmige Flächen und Abstufungen damit an, kann unter Verwendung von Schablonen aber auch sehr präzise Formen erzielen.

Asymmetrie: Die freie, intuitive Verteilung der Elemente eines Bildes, in dem aber trotzdem ein gewisses Gleichgewicht der Massen besteht.

Atmosphäre: Sie macht sich vor allem bei Gegenlicht in Landschaften und Seestücken bemerkbar und besteht aus der Luft, die zwischen dem Vordergrund und den ferneren Ebenen liegt und nach hinten immer dunstiger wird. Folglich sind die Kontraste im Vordergrund am schärfsten und nehmen mit zunehmender Entfernung ab. Leonardo da Vinci entdeckte dieses Phänomen und berücksichtigte es in seinen Gemälden.

B

Bindemittel: Flüssige Substanzen zum Binden der pulverförmigen Pigmente. Bei der Aquarellmalerei bestehen sie aus Wasser und Gummiarabikum sowie Glyzerin, Honig und einem Konservierungsmittel.

Bleistift: Bezeichnung für den normalen Stift aus zylindrischem Zedernholz und einer Mine aus Graphit und Ton.

Botanikmalerei: Studien von Blumen, Pflanzen, Bäumen und Früchten unter wissenschaftlichen Aspekten. Ihren Höhepunkt hatte diese Malerei im 18. Jahrhundert.

Büttenrand: Ein Papierrand mit kleinen Unregelmäßigkeiten. Er war bis vor kurzem ein Merkmal für ein handgeschöpftes Papier. Heutzutage ist er ein Kennzeichen für Qualitätspapier.

C

Cennini Cennino: Italienischer Künstler und Kunstpädagoge. Sein Werk *Il libro dell'Arte* war die erste Abhandlung über die künstlerische Malerei in italienischer Sprache. Cennino führte den Begriff der Lavierung ein.

Cutter(messer): Kunststoffgriff mit verschiebbarer Metallklinge zum äußerst präzisen Schneiden. Beim Schneiden von Papier empfiehlt sich der Gebrauch eines Metallineals.

D

Dominante: Der Ausdruck stammt aus der Musik und bezeichnet den fünften Ton der diatonischen Skala oder die wichtigste Note. Analog dazu verwendet man das Wort in der Malerei für die vorherrschende Farbe innerhalb einer warmen, kalten oder gebrochenen Skala.

F

Fauvismus (fauve: wild): Künstlerische Bewegung, die 1905 in Paris entstand. Ihr Stil zeichnet sich durch grelle Farben, flache Formen und die Gegenüberstellung von Komplementärfarben aus. Die Bezeichnung stammt von dem französischen Kunstkritiker Louis Vauxelles, der sich über die heftigen Farben empörte. Zu den wichtigsten Vertretern der Fauves gehören Matisse, Derain, Vlaminck und Rouault.

Filbertpinsel (oder Katzenzungenfaçon): die Fachbezeichnung für den flachen, abgerundeten Pinsel. Er ist in unterschiedlichen Größen erhältlich und wird für die Aquarellmalerei verwendet.

Fehhaarpinsel: Sein Haarkörper ist etwas härter und steifer als der Rotmarderpinsel. Er hält größeren Druck aus, ist kompakter und bildet ebenfalls eine ausgezeichnete Spitze. Daher eignet er sich sehr gut für die Aquarellmalerei.

Fleischfarben: In der Malerei die Bezeichnung für die Hautfarben.

Flüssigfarben: Sie ähneln den Anilinfarben und ergeben kräftige, leuchtende Farbflächen von erheblicher Transparenz. Man verwendet sie vor allem für Hintergründe und große Abstufungen sowie für den Airbrush.

Freihandzeichnung: Eine Zeichnung ohne Hilfsmittel wie Lineal und Zirkel und daher eine spontane künstlerische Arbeit.

Frottis: Durchscheinender Farbauftrag, der in der Aquarellmalerei auch als Technik des trockenen Pinsels bezeichnet wird. Dabei streicht man mit wenig Farbe über das grobkörnige Papier.

G

Gebrochene Farben: Die Skala der gebrochenen Farben besteht aus der Mischung zweier Komplementärfarben zu ungleichen Teilen (plus Weiß bei der Ölmalerei).

Goldener Schnitt: Die Regel des goldenen Schnitts

wurde von dem römischen Architekten Vitruv aufgestellt, der sie den Werken Euklids entnahm. Sie unterteilt eine gegebene Fläche in ungleiche harmonische Abschnitte und legt die idealen Punkte für das Interessenzentrum fest. Die Malerei der Renaissance enthält zahlreiche Beispiele für die Anwendung des goldenen Schnitts.

Gouachefarben (auch Temperafarben genannt): Sie enthalten dieselben Bestandteile wie Aquarellfarben, sind jedoch dichter und deckend, so daß man hell auf dunkel legen kann. Gouachefarben trocknen matt auf und werden rasch fest.

Gummiarabikum: Pflanzliche Substanz die von der afrikanischen Akazie gewonnen wird. Sie wird mit Wasser verdünnt und als Bindemittel für Aquarell- und Gouachefarben verwendet.

H

Helldunkel: Rembrandt war ein großer Meister des Helldunkel oder Clair-obscur. In seinen Gemälden finden sich Stellen im tiefsten Schatten, die dennoch sichtbar sind. José M. Parramón definiert diesen Begriff in seinen Lehrbüchern als „die Kunst, Licht im Schatten zu malen".

I

Induktion von Komplementärfarben: Ein Phänomen, das sich aus den Simultankontrasten ergibt. Um eine bestimmte Farbe zu verändern, braucht man nur den Hintergrund zu wechseln, der sie umgibt.

J

Japanpinsel: Ein Pinsel aus Damhirschhaar mit Bambusstiel. Er ist von ähnlicher Qualität wie der Rindshaarpinsel. Der Flachpinsel eignet sich vor allem für Lasuren und für die Anlage sehr großer Hintergründe.

K

Knetgummi: Radierer aus einem Material ähnlich dem Plastilin, der sich beliebig formen läßt, auch zu einer Spitze. Er entfernt nicht nur perfekt Striche mit Bleistift, Kohle, Rötel und Pastell. Man kann auch hervorragend Weiß damit hervorholen.

Koloristen: Van Gogh, Matisse und die Fauves malten koloristisch, denn sie legten mehr Wert auf die Farbe als auf die Tonwerte. Sie drückten die Körper ausschließlich mit Farbe aus. Der Kolorismus ist auch ein Bestandteil der zeitgenössischen Malerei.

Komplementärfarben: Mischt man zwei Pigment-Primärfarben zu gleichen Teilen (zum Beispiel Gelb und Zyanblau), erhält man eine Sekundärfarbe (hier Grün). Diese Sekundärfarbe ist die Komplementärfarbe für jene Primärfarbe, die nicht in ihrer Mischung enthalten ist (hier also Purpur bzw. Magenta). Malen Sie einen grünen Streifen und legen Sie einen purpurnen darunter oder darüber, erzeugen Sie den größtmöglichen Farbkontrast. Die Mischung zweier Komplementärfarben zu ungleichen Teilen (plus Weiß bei den Ölfarben) ergibt eine schmutzige, graustichige Farbe innerhalb einer gebrochenen Harmonieskala.

Kontrast: Der offensichtliche Gegensatz zweier Farben, die sich wechselseitig verstärken. Eine Farbe wirkt je nach ihrem Umfeld heller oder dunkler.

Kreiden: Zylindrische oder viereckige Stäbe aus pulverisierten Farbstoffen natürlicher oder synthetischer Herkunft, die mit Öl, Wasser und gummimilchhaltigen Substanzen gebunden werden. Sie ähneln Pastellkreiden, sind jedoch kompakter und liefern einen dichteren Strich. Man erhält sie in zahlreichen Farbskalen.

L

Lasur: Eine transparente Schicht aus Öl- oder Aquarellfarbe auf einer weiteren Farbschicht, um diese zu verstärken oder zu verändern.

Lavierung: Malstil der meisten Künstler der Renaissance und des Barocks. Die Lavierung besteht aus einer linearen Zeichnung ohne Schatten, die mit einer einzigen Farbe, normalerweise Sepia, und Wasser in der Aquarelltechnik koloriert wird. Die Technik eignet sich sehr gut zum Erlernen der Aquarellmalerei. Sie kann auch mit anderen dunklen Farben durchgeführt werden, zum Beispiel mit Blau, Grün, Schwarz etc.

Lineare Zeichnung: Graphische Darstellung aus Linien ohne Angabe von Tonwerten. Sie eignet sich vor allem als Vorzeichnung für die Aquarellmalerei, da Schattierungen mit Graphit die Farben verschmutzen würden. Auch technische Zeichnungen werden linear angefertigt.

Lokalfarbe: Das Rot der Kirsche, das Gelb der Zitrone, das Blau einer Blüte. Die Eigenfarbe jedes Körpers, solange sie weder von Licht oder Schatten noch von reflektierenden Farben beeinflußt wird.

M

Malgrund: So bezeichnet man die Fläche, auf denen sich ein Gemälde anlegen läßt. Manche Malgründe erfordern je nach vorgesehener Maltechnik eine bestimmte Grundierung. Für die Aquarellmalerei benötigt man Papier, das auf einer steifen Unterlage befestigt sein muß.

Malpappe: Auf Pappe aufgezogenes Qualitätspapier, für das man kein Zeichenbrett benötigt. Malpappe wird gewöhnlich in kleineren Formaten und als Vorlage für Fresken, Mosaiken, Teppiche etc. verwendet, die anschließend mit der Rastermethode auf den endgültigen Malgrund übertragen werden.

Medium: Anderer Begriff für Hilfsmittel in der Malerei.

Motiv: Synonym der Impressionisten und insbesondere Cézannes für den Begriff Thema und ein Modell, das spontan gemalt wird, wie es ist.

N

Naß-in-Naß-Technik: Eine Aquarelltechnik, bei der man das Papier entweder zuvor mit Wasser anfeuchtet oder auf der noch feuchten vorigen Farbschicht weitermalt und den Feuchtigkeitsgrad entsprechend der gewünschten Wirkung kontrolliert.

P

Palettkasten: Blechkasten mit Daumenring und einfachem oder doppeltem Deckel sowie häufig einem herausnehmbaren Farbeinsatz. Geöffnet kann er als Palette für die Aquarellmalerei dienen.

Papierkorn: Das Korn ergibt sich aus der Verteilung der Papierfasern. Feinkörniges Papier verwendet man für Bleistiftzeichnungen; für die Aquarellmalerei eignet sich eher Papier mit mittlerem und grobem Korn.

Perspektive: Darstellung der dritten Dimension auf einer flachen Fläche. Man unterscheidet drei Hauptperspektiven: die Parallelperspektive mit der frontalen Ansicht, die Schrägperspektive mit der Sicht von der Seite und die Luftperspektive mit einem erhöhten Blickpunkt.

Pigmente: Bestandteile, die – in Flüssigkeit gelöst – eine Farbe zum Malen ergeben. Sie sind meistens pulverförmig und können organischen, mineralischen oder synthetischen Ursprungs sein.

Primamalerei: Der Ausdruck stammt von dem Italienischen „alle prima vista“ und läßt sich etwa mit „auf Anhieb“ übersetzen. Es ist eine direkte Malweise ohne Vorstudie, bei der das Bild in einer einzigen Sitzung fertiggestellt wird.

Primärfarben: Die Grundfarben des Sonnenspektrums. Die Primärfarben des Lichts sind Rot, Grün und Dunkelblau; die Pigment-Primärfarben sind Zyanblau, Purpur und Gelb.

O

Ochsengalle (gereinigte): Substanz aus der Galle des Rindes zum Entfetten von Malgründen und als Verlaufmittel für alle Wasserfarben. Ochsengalle ist in kleinen Flaschen erhältlich.

R

Reflektierte Farbe: Ein Faktor, der sich direkt oder indirekt bemerkbar macht, sobald sich andersfarbige Körper in der Nähe befinden.

Rindshaarpinsel: Haarkörper aus der Schulter des Rindes. In der Aquarellmalerei wird er vor allem zum Anfeuchten des Papiers und zum Malen großer Flächen verwendet. Dazu benötigt man die höheren Nummern 18, 20 oder 24. Sie sind eine ausgezeichnete Ergänzung für den Rotmarderpinsel.

Rotmarderpinsel: Der beste Pinsel für die Aquarellmalerei. Der Haarkörper ist fest, aber geschmeidig, hält die Farbfüllung ausgezeichnet und bildet immer eine gute Spitze. Rotmarderpinsel sind teuer, aber von guter Qualität und langer Haltbarkeit.

Rubbelgummi: Leicht eingefärbte Gummimilch zum Aussparen kleinerer Formen bei der Aquarellmalerei. Das Material stößt Wasser ab und kann daher gefahrlos übermalt werden. Nach Abschluß der Arbeit wird es durch Reiben mit dem Finger oder einem Radierer wieder entfernt. Zum Auftragen sollte man aber keinen Rotmarder- oder Rindshaarpinsel verwenden, sondern nur einen Synthetikfaserpinsel, der anschließend sofort mit Wasser gereinigt werden muß.

S

Saugpapier: Papier mit erhöhter Saugkraft. Wird in der Aquarellmalerei gern zum Absaugen von Farbe und Hervorholen von hellen Stellen verwendet. Normalerweise ist es in jedem Haushalt als Servietten, Handtücher oder Küchenpapier vorhanden.
Sekundärfarben: Zweitfarben aus der paarweisen Mischung der Primärfarben. Die Sekundärfarben des Lichts sind Zyanblau, Purpur und Gelb; die Pigment-Sekundärfarben sind Rot, Grün und Dunkelblau.
Simultankontrast: Eine optische Täuschung, bei der eine Farbe um so dunkler erscheint, je heller ihre Umgebung ist, und umgekehrt.
Skala: Seit der Renaissance verwendet man diesen Begriff aus der Musik auch für Farbfolgen und unterscheidet die Skala der warmen, der kalten und der gebrochenen Farben.
Skizze: Die Vorstufe oder noch nicht endgültige Version eines geplanten Bildes. Alle großen Meister der Vergangenheit fertigten Skizzen an, bevor sie ein wichtiges Werk in Angriff nahmen.
Sukzessivbilder: Sie wurden von dem Physiker Chevreul entdeckt. Nach dessen Gesetz taucht beim Anblick jeder Farbe „aus Sympathie" auch ihre Komplementärfarbe auf.
Sumi-e: Traditionelle östliche Maltechnik, die auf die Philosophie des ZEN zurückgeht. Sie wird mit Tusche und einem Japanpinsel aus Damhirschhaar und Bambusstiel ausgeführt.
Symmetrie: In der künstlerischen Komposition die Wiederholung der einzelnen Bildelemente zu beiden Seiten der Mittelachse.
Synthetikfaserpinsel: Er ist seit gut zehn Jahren im Handel und hat wegen der Ähnlichkeit seines Haarkörpers mit dem Rotmarderpinsel und seines erheblich geringeren Preises eine ausgezeichnete Aufnahme seitens der Künstler gefunden. Manche Hersteller verbessern die Qualität noch, indem sie Rotmarderhaar unter die Fasern mischen.

T

Tertiärfarben: Drittfarben aus der paarweisen Mischung einer Primärfarbe mit einer Sekundärfarbe. Bei den Pigmentfarben handelt es sich um Hellgrün, Chromoxidgrün, Ultramarinblau, Violett, Karmin und Orange.
Tonale Farbe: Die Schattenfarbe der Körper.
Tonwert: Er bestimmt das Verhältnis der verschiedenen Töne eines Modells zueinander und ergibt sich aus dem Spiel von Licht und Schatten.
Trockentechnik: Normale klassische Aquarelltechnik. Das Adjektiv „trocken" soll nur von der Naßtechnik unterscheiden, die eine eigene Malweise ist.

U

Umrahmung: Eine Vorzeichnung, bei der Grundformen und Komposition eines Bildes mit Hilfe geometrischer Formen wie Vierecke, Dreiecke, Würfel etc. aufgebaut werden.

V

Valoristen: Als solche bezeichnet man jene Maler, die im Gegensatz zu den Koloristen die Volumen ihres Modells mit dem Spiel von Licht und Schatten wiedergeben.
Veduten (italienisch „veduta": Ansicht): Zeichnungen mit Baudenkmälern des antiken Roms, die im 18. Jahrhundert vor allem in England große Mode waren und nach ihrer Kolorierung zu der Anerkennung der Aquarellmalerei führten.

W

Wellen: Es entsteht durch Anfeuchten des Aquarellpapiers und macht sich vor allem bei dünnen Sorten bemerkbar

Z

Zwinge: Metallring, der die Pinselhaare zusammenhält und mit dem Stiel verbindet. Die Zwinge kann rund oder flach sein.
Zyanblau: Eine der Pigment-Primärfarben des Spektrums. Es handelt sich um neutrales Blau, das aufgehelltem Preußischblau entspricht. Die Bezeichnung Zyanblau ist heutzutage in allen Farbenkarten für die Aquarellmalerei enthalten.

Danksagungen

Der Autor möchte folgenden Unternehmen, Firmen und Personen für ihre Mitarbeit an diesem Buch danken:
Agrupació d'Aquarel·listes de Catalunya für die freundliche Genehmigung zum Abdruck zahlreicher Aquarelle aus dem Besitz der Vereinigung;
Gabriel Martín für seine Mitarbeit und seine Redaktion der Texte;
dem Fotoatelier Vila Massip für die Reproduktion des Materials und die Aufnahmen der einzelnen Schritte bei der Anfertigung der Aquarelle durch die unten erwähnten Künstler;
Manel Úbeda von der Firma Novasis für seine Hilfe bei der Fotokomposition und der fotomechanischen Herstellung dieses Buches;
Jordi Segú für seine uneigennützige Mitarbeit und seine freundliche Bereitschaft, die einzelnen Schritte für seine Aquarelle hier darzustellen, sowie den Künstlern und Künstlerinnen Carmen Freixas, Antón Martín, Mercedes Romero und José Gaspar Romero für die schrittweise Anfertigung von Aquarellen extra für dieses Buch.

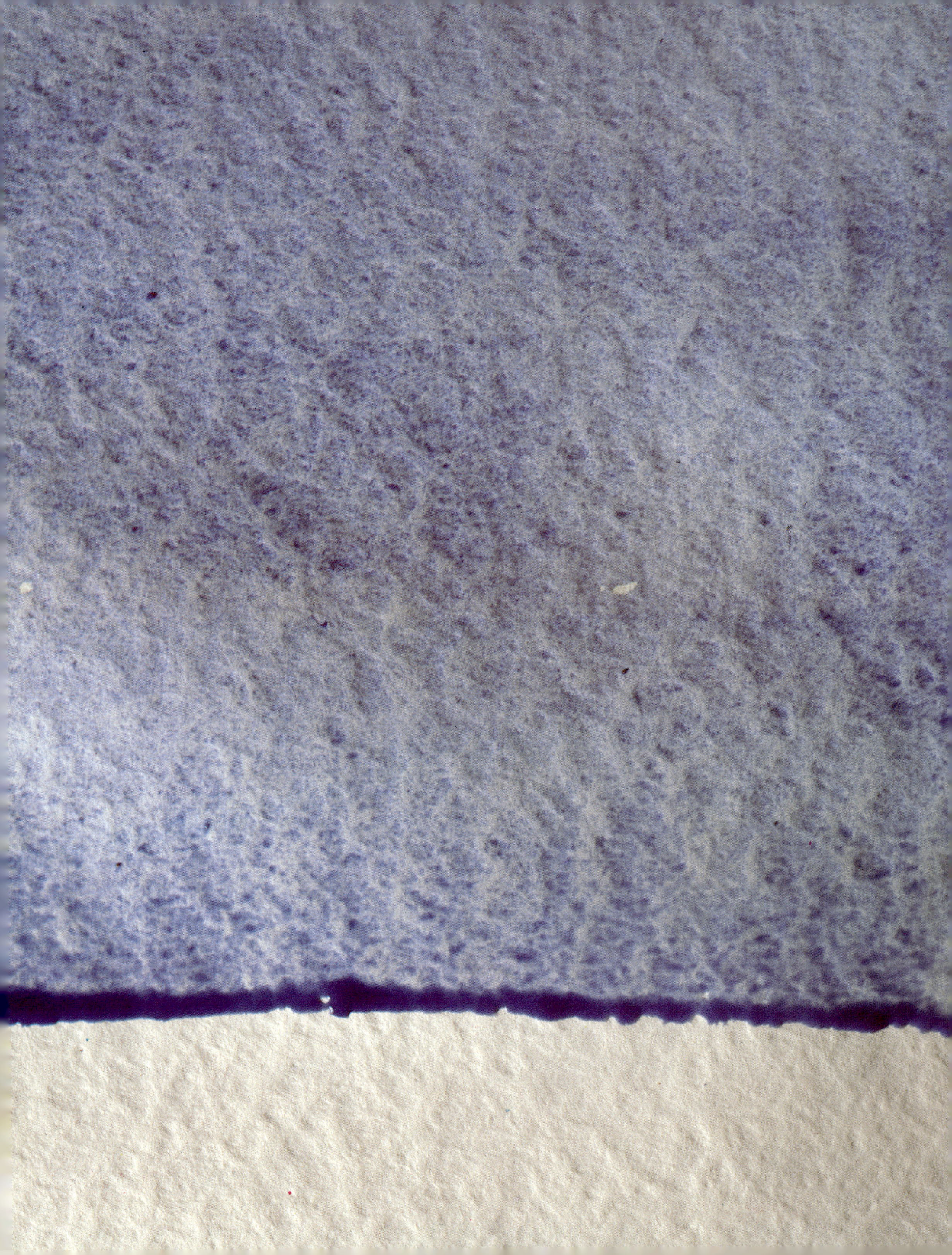